中国轻工业"十三五"规划立项教材

新能源专业实验与实践教程

常启兵 主 编
田传进 徐 序 副主编

化学工业出版社
·北京·

本书介绍了新能源专业所涉及的专业实验，包括专业基础实验，涉及半导体材料性质和电化学性能测试等；专业综合实验，涉及太阳能电池性质及其系统和新型能源转化与存储器件，如燃料电池、锂离子电池和超级电容器等；以及专业创新实验，以燃料电池、锂离子电池和超级电容器为例展示了新能源专业创新实验的开展方法。本书的各个实验项目自成体系，读者可以根据需要自行选择实验顺序或者抽取部分实验内容来使用。

本书可作为新能源专业本科教学用书，也可作为物理专业或材料科学与工程专业本科教学实验辅助参考书。

图书在版编目（CIP）数据

新能源专业实验与实践教程/常启兵主编. —北京：化学工业出版社，2019.1

ISBN 978-7-122-33240-0

Ⅰ.①新… Ⅱ.①常… Ⅲ.①新能源-发电-实验-教材 Ⅳ.①TM61-33

中国版本图书馆 CIP 数据核字（2018）第 255409 号

责任编辑：李玉晖　　文字编辑：汲永臻

责任校对：宋　玮　　装帧设计：史利平

出版发行：化学工业出版社（北京市东城区青年湖南街 13 号　邮政编码 100011）

印　　装：三河市双峰印刷装订有限公司

787mm×1092mm　1/16　印张 14　字数 344 千字　2019 年 4 月北京第 1 版第 1 次印刷

购书咨询：010-64518888　　售后服务：010-64518899

网　　址：http://www.cip.com.cn

凡购买本书，如有缺损质量问题，本社销售中心负责调换。

定　　价：49.00 元

前言

FOREWORD

新能源技术是 21 世纪世界经济发展中最具有决定性影响的技术领域之一，新能源材料与器件是实现新能源的转化和利用以及发展新能源技术的关键。新能源材料与器件本科专业是为了适应我国新能源、新材料、新能源汽车、节能环保、高端装备制造等国家战略性新兴产业发展需要而设立的，是由材料、物理、化学、电子、机械等多学科交叉，以能量转换与存储材料及其器件设计、制备工程技术为培养特色的战略性新兴专业。目前，全国有 40 余所学校开设了新能源材料与器件专业。

实验技能的培养是人才培养的重要一环。为使新能源材料与器件专业拥有具有专业特色且自成体系的实验教材，我们编写了《新能源专业实验与实践教程》。本书分为 5 章，第一章侧重材料性能测试，主要通过测量半导体材料的晶体学和电学性质，理解能源转化材料性能。第二章侧重电化学仪器的使用方法，使学生能够掌握对薄膜材料的光学性能和电学性能的测试，为后续实验奠定实验技能基础。第三章侧重对新能源器件性能的认知，以太阳能电池为例，加深学生对能源转化器件性能的认识，并在此基础上理解能源转化系统。第四章侧重各种新能源器件的性能检测与制备，加深学生对新能源转化和能量存储器件的结构与性能的认识，并通过制备相关器件深入理解其结构对能量转化与存储的影响。第五章侧重创新能力的培养，让学生在掌握了基本知识和实验技能的基础上，根据个人对新能源材料与器件的兴趣，掌握查阅文献、设计实验、开展实验并最终解决问题的方法，为进入本行业奠定创新能力基础。其中，常启兵编写了实验 1~27，并对全文进行了统稿；徐序编写了实验 28；田传进编写了实验 29 和实验 30。曾涛博士、赵文燕博士、杨志胜博士和孙良良博士也对本书的编写提供了建议，并承担了部分资料收集、整理的工作。

在本书编写中，编者努力使实验涵盖新能源专业所涉及的实验内容。各位同仁在使用本书时，可根据本校实际情况（培养方向和课时要求），对实验内容进行选择。部分仪器因型号不同，其操作过程略有不同，需要根据实际情况进行适度调整。

限于作者水平和经验，书中难免有疏漏之处，敬请读者批评指正。

编　者

2018 年 10 月

第一章 半导体材料基本性能测试 1

实验 1 ▶ 半导体的晶面光学定向 …… 1
实验 2 ▶ 半导体材料的缺陷显示及观察 …… 8
实验 3 ▶ 半导体材料的光刻工艺 …… 15
实验 4 ▶ 半导体霍尔系数及电阻率测量 …… 21
实验 5 ▶ 微波反射光电导衰减法测量少数载流子寿命 …… 26
实验 6 ▶ 高频光电导衰退法测量少数载流子寿命 …… 38
实验 7 ▶ 硅片的减反层制备与效果测试 …… 45

第二章 测试仪器使用 51

实验 8 ▶ 真空蒸发镀膜 …… 51
实验 9 ▶ 椭圆偏振法测量薄膜的厚度和折射率 …… 56
实验 10 ▶ 四探针测试仪测量薄膜的电阻率 …… 66
实验 11 ▶ 循环伏安曲线测定电极性能 …… 76
实验 12 ▶ 电化学交流阻抗谱分析电化学过程 …… 82
实验 13 ▶ 紫外可见分光光度计测量 ZnO 的光学禁带宽度 …… 92

第三章 太阳能电池性能测试 99

实验 14 ▶ 太阳辐照检测 …… 99
实验 15 ▶ 太阳能电池基本特性测试 …… 104
实验 16 ▶ 太阳能光伏电池串并联与直接负载实验 …… 112
实验 17 ▶ 太阳能控制器工作原理实验 …… 116
实验 18 ▶ 光伏逆变器工作原理实验 …… 123
实验 19 ▶ 光伏发电系统实验 …… 133

第四章 新能源转化与存储系统实验 139

实验 20 ▶ 风力发电原理及性能测试 …… 139
实验 21 ▶ 多晶硅太阳能电池的制备及性能测试 …… 149
实验 22 ▶ 染料敏化 TiO_2 太阳能电池的制备及性能测试 …… 157
实验 23 ▶ 量子点太阳能电池的制作与性能检测 …… 163
实验 24 ▶ 低温燃烧合成固体氧化物燃料电池用超细粉体 …… 171
实验 25 ▶ 质子交换膜燃料电池的制备与综合特性测试 …… 176
实验 26 ▶ 锂离子电池的制备合成及性能测定 …… 185
实验 27 ▶ 超级电容器的制作与性能检测 …… 192

第五章 新能源转化与存储创新性实验 199

实验 28 ▶ 固体氧化物燃料电池的设计与改进 …… 199
实验 29 ▶ 高倍率性能锂离子电池的设计和制备 …… 205
实验 30 ▶ 超级电容器的设计与性能改进 …… 211

半导体材料基本性能测试

本章包含 7 个实验，主要涉及半导体材料的晶体学、电学性能测试和薄膜半导体材料的制备与加工。实验的目的是加深对半导体材料性能的认识，并理解其结构对半导体的光电转化性能的影响。

半导体的晶面光学定向

一、实验目的

1. 学会使用激光测定硅单晶的＜111＞、＜110＞、＜100＞晶轴，并标定观察到的反射光斑所对应的晶面。

2. 掌握 X 射线法测定硅单晶取向的原理和方法。

二、实验原理

硅单晶中原子按金刚石结构排列。在不同方向上，原子的排列和原子间距不同，原子间键合情况也不一样，因此，其物理化学性质也各不相同。例如：晶面的法向生长速度、腐蚀速度、氧化速度、杂质扩散速度以及晶面的解理特性等都和晶体取向有关。在科研和生产中测定半导体单晶晶轴方向常常是必不可少的。通常可以用晶体外形、X 射线衍射法或光学方法测定硅单晶轴，激光测定硅单晶晶面方向。

1. 从晶体外形确定晶向

由于硅、锗的金刚石结构以及 GaAs 的闪锌矿结构的特点，晶体在沿某一晶向生长时，单晶的外表将规律地分布着生长棱线。沿（111）方向生长的硅单晶锭有六个或三个对称分布的棱线。沿（010）方向生长的硅单晶锭有四个对称分布的棱线。（110）方向生长的硅单晶锭则有四个不对称分布的棱线。晶体表面的这些棱线都是由晶体生长过程中生长最慢的{111}晶面族中各晶面在交界处形成的。这是由于{111}晶面是金刚石晶体的密排面，晶体表面有取原子密排面的趋势。也就是说，在晶体生长过程中不同晶面的生长速率不同。即原子沿晶面横向生长速率快，垂直生长速率慢。

原子密度比较大的晶面，面上的原子间距较小，在面横切方向上，原子间相互联合的键能较强，容易拉取介质中的原子沿横向生长。而晶面与晶面之间的距离较大，相互吸引较弱，因此介质中的原子在这样的面上生长新的晶面相对要困难。所以｛111｝晶面是生长速率最慢的原子密排面，晶体的棱边就是这些｛111｝晶面的交线。综上所述，我们很容易由晶体的外形判定它们的晶向，如沿（111）晶向直拉生长的硅单晶体有三条对称分布的棱。单晶的生长方向为：若将籽晶对着自己，眼睛看过去的方向为（111）；反之为（111）晶向。在<111>硅单晶横截面上任意连接两棱，将连线向另一棱线方向偏 54°44′垂直切下，为｛100｝。而若向另一棱线相反的方向偏 36°16′垂直切下，切面为｛110｝，如图 1-1（a）、图 1-1（b）所示。

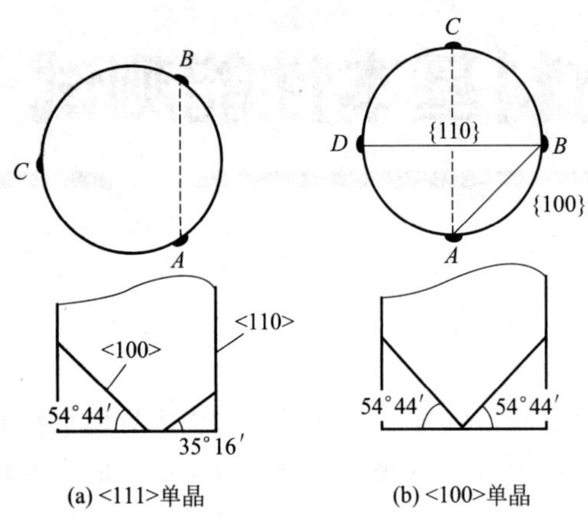

(a) <111>单晶　(b) <100>单晶

图 1-1　直拉硅单晶的定向示意图

2. 光学反射图像法定向

单晶表面经适当的预处理工艺，在金相显微镜下会观察到许多腐蚀坑，即所谓晶相腐蚀坑（或称晶相的光像小坑）。这些腐蚀坑是由与晶格主要平面平行的小平面组成的。它们是一些有特定晶向的晶面族，构成各具特殊对称性的腐蚀坑，这是晶体各向异性的结果。锗、硅单晶的｛111｝晶面是原子密排面，也是解理面（或称劈裂面）。当用金刚砂研磨晶体时，其研磨表面将被破坏，出现许多由低指数晶面围成的小坑。这些小坑对于不同晶面具有不同的形状，可以利用这些小坑进行光学定向。但由于光的散射和吸收较严重，使得反射光像较弱，图像不清晰，分辨率低。为获得满意的效果，可在晶体研磨后进行适当腐蚀，使小坑加大。在进行腐蚀之前，应先将晶体端面用 80# 金刚砂在平板玻璃上湿磨，使端面均匀打毛，洗净后，按指定的腐蚀工艺条件（表 1-1）进行腐蚀。

表 1-1　腐蚀预处理工艺

晶体材料	腐蚀液配方	腐蚀温度/℃	腐蚀时间/min
Ge	$HCl(49\%):H_2O_2(30\%):H_2O=1:1:4$	25	7
Si	5%NaOH 水溶液	沸腾	7～15
GaAs(Ga 面)	$HNO_3(60\%):H_2O=1:1$	室温	7
GaAs(As 面)	$HF(46\%):HNO_3(60\%):H_2O=3:1:2$	室温	7

经过腐蚀的硅单晶的｛111｝或｛100｝、｛110｝截面上会出现许多腐蚀坑，腐蚀坑底的平面平行于上述截面，而其边缘上的几个侧面是另一些具有特定的结晶学指数的晶面族，这些侧面按轴对称的规律围绕着腐蚀坑的底面，就构成各种具有特殊对称性的腐蚀坑构造。

经过腐蚀处理的晶面，不但形状完整，而且具有光泽。当一束细而强的平行光垂直入射到具有这种小坑的表面时，在光屏上就能得到相应的反射光像。因为激光束的直径约 1mm，而小坑的大小一般为微米量级，因而激光束可投射到众多小坑上。这个光像就是由众多小坑上相同取向的晶面反射的光线朝相同的方向汇聚在光屏上而成的光瓣。

例如，测定沿<111>轴方向生长的直拉硅单晶时，我们知道还有三个{111}面，它们与生长面的夹角均为70°22′，组成一个正四面体。又因为{111}的特点，这三个斜{111}面在交会处产生三个间隔120°的生长棱线。垂直晶轴切片，经研磨和腐蚀处理后，在金相显微镜下会看到许多如图1-2（a）上所示的三角坑，它实际上是由三个{111}晶面作为侧面的三角截顶锥形坑，其截顶面也是{111}面。当一束平行光束垂直入射至被测的{111}晶面上时，这三个侧面和截项面将反射成如图1-2（a）下所示的光像；这三条主反射线外，有时也可以看到另外三条次要的反射线，它们与主反射线的图像在光屏上呈60°相位差。

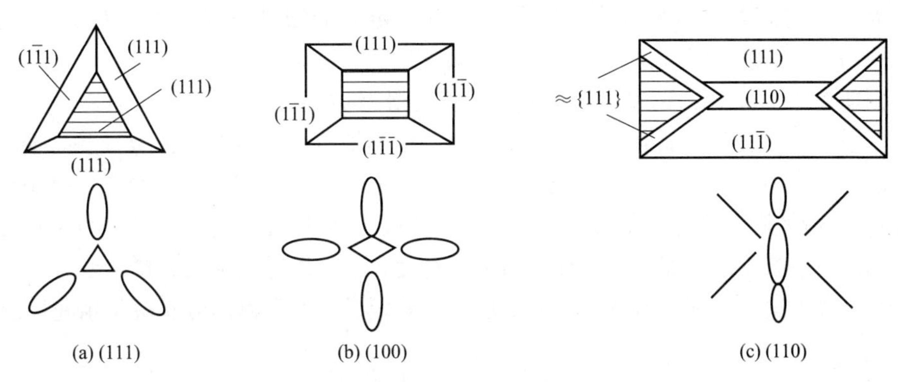

图1-2 低指数晶面腐蚀坑及其对应光路图

对于{100}晶面，其腐蚀坑形状如图1-2（b）所示。它由四个{111}晶面所围成。四角截顶锥形坑，其截顶面是{100}晶面。其反射光图为对称的四叶光瓣。

对于{110}晶面，其腐蚀坑形状如图1-2（c）所示。它有两个{111}晶面与（110）方向的夹角为5°44′，它们是光像的主要反射面；另有两个{111}晶面族与（110）方向平行或与（110）面垂直。当一束平行光束垂直入射到被测的{110}晶面上时，一般情况形成由主反射面反射的光像，近似为一直线。如果样品做得好，入射光又足够强，则可能得到如图1-2（c）下所示的光像。

实际上，光像图的对称性反映了晶体的对称性。光像图的中心光斑是由特征蚀坑的底面反射光束形成的，这底面又与相应的低指数晶面一致。因而使光束与相应的低指数晶面垂直，那么样品晶轴与入射光平行。我们立即可以用光像图中的对称性直观地识别出晶向。

在定向操作中，光像图对称性的判别可以在光屏上同时使用同心圆和极坐标来衡量，如图1-3（a）、（b）所示。

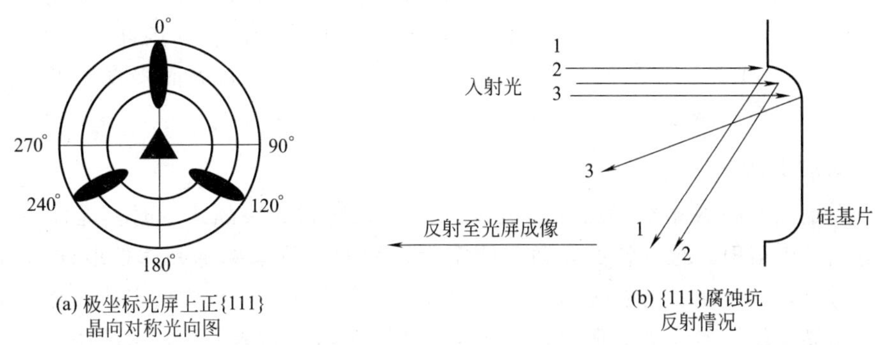

(a) 极坐标光屏上正{111}晶向对称光向图　(b) {111}腐蚀坑反射情况

图1-3 同心圆和极坐标法判定光像图对称性

当将光像图调整到光瓣高度对称，也就是每一个光瓣都落在极坐标刻度线上，而且处于同心圆上时，这时光轴就给出相应的晶向。如果反射光图中几个光瓣不对称（光瓣大小不同，光瓣之间的夹角偏离理论值），说明被测晶面与基准晶面（或晶轴）有偏离。适当调整定向仪夹具各个方位的调整机构（如俯仰角、水平角等），直至获得对称分布的反射光图，使得基准晶面垂直于入射光轴，由此可以测出晶面与基准面的偏离。

定向夹具有六个可调方位，它们分为两类：一类是改变激光在晶体端面投射部位的三维可调，它被用来调整被测晶轴与激光光轴之间的偏离角度；另一类是沿 X 导向、Y 导向和 Z 导向的平移，用来调整光屏与晶体端面的相对距离。

上面介绍的定向方法称为直接定向法，它有一定的局限性。对于偏离度大于 9°的待测表面和一些指数较高的晶面，如｛331｝等晶面难以直接定向。

间接定向是在直接定向的基础上运用晶带理论来实现的。

在晶体中，如果若干个晶面族同时平行于某一根晶轴时，则前者总称为一个晶带，后者称为一个晶带轴。例如图 1-4 中的（001）、（113）、（112）、（111）、（221）、（331）、（110）等晶面都和［$1\bar{1}0$］晶轴平行。因此上述晶面构成一个以［$1\bar{1}0$］为晶带轴的晶带，它们相互存在简单的几何关系。如果将一个晶面绕晶带轴转动某一角度，就可以将一个已直接定好方向的低指数晶面的空间位置由同一晶带的另一个晶面所取代。确定后一个晶面的方法就是用间接定向法。

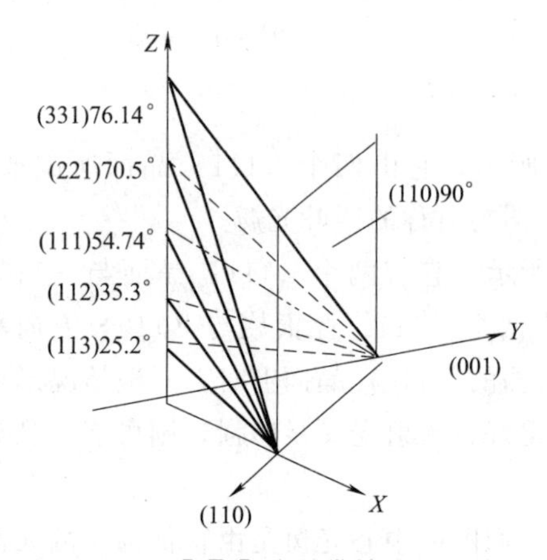

图 1-4 以［$1\bar{1}0$］为晶带轴的不同晶面的相对方位

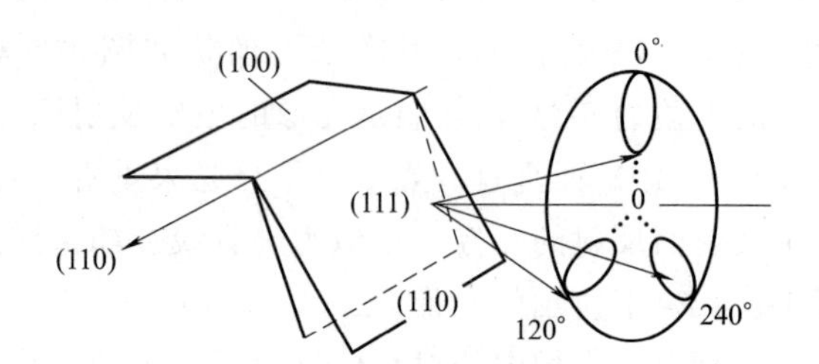

图 1-5 （111）晶面特征光图与（100）晶面方位关系

所以可以先用直接定向法使（111）晶面垂直于入射光轴，在光屏上得到三叶光图（见图 1-5）。然后使晶体绕光轴旋转，使三叶光图中的一个光瓣与极坐标的 0°度线重合，此时［$1\bar{1}0$］晶带轴处于水平位置，即与晶体夹具上的俯仰轴相平行。转动俯仰轴，前倾 35.26°，使（110）晶面垂直于光轴；若使晶体后仰 54.74°，即使（001）晶面垂直于光轴。这时垂直于光轴分别切割出的晶面即为（110）晶面或（001）晶面。

3. X 射线衍射法定向

当用一固定波长的 X 射线（或称单色 X 射线）入射到一块晶体上时，晶体中某一定晶面便会对射线发生衍射，这时就可以通过测定衍射线的方位来确定晶体的取向。因为 X 射线被晶体衍射时，入射线、衍射线和衍射面的法线之间必须遵守布拉格定律，另外不同结构的晶体和不同晶面的衍射线所出现的方位不同，所以定向时必须事先知道晶体的某些重要晶面的布拉格角，以便确定衍射线的方位。

当波长为 λ 的单色 X 射线照射晶体时，入射线与晶体中某一晶面之间的掠射角为 θ，在符合布拉格定律时

$$2d\sin\theta = n\lambda \tag{1-1}$$

便在与入射线之间角度为 2θ 的位置上出现衍射线。

用 X 射线定向仪测定晶体取向时，一般使用铜靶阳极，经过薄镍片滤光可以得到单色 X 射线 K_{α}，其波长 $\lambda = 0.1542\text{nm}$。立方晶系的面间距 d 与点阵常数 α 有如下关系

$$d = \frac{a}{\sqrt{h^2 + k^2 + l^2}} \tag{1-2}$$

其中 h、k、l 为晶面的晶面指数。将上式代入式（1-1）中便可以得到布拉格角 θ

$$\sin\theta = \frac{\lambda}{2}\frac{\sqrt{h^2 + k^2 + l^2}}{a} \tag{1-3}$$

上式适用于 $n=1$ 的一级衍射的情况。硅晶体属于金刚石型结构，是立方晶系，点阵常数 $a=0.543073\text{nm}$。对于（111）晶面和（220）晶面来说，由式（1-3）可以算出用铜靶 K_{α} 辐射衍射时的布拉格角分别为 14°14′和 23°40′。用完全类似的方法可以计算出锗、硅、砷化镓晶体的几个常用晶面对铜靶 K_{α} 辐射衍射的布拉格角，如表 1-2 所示。

表 1-2　锗、硅、砷化镓晶体的几个常用晶面对铜靶 K_{α} 辐射衍射的布拉格角

衍射晶面(hkl)	硅($a_0 \approx 0.54305\text{nm}$)	锗($a_0 \approx 0.56575\text{nm}$)	砷化镓($a_0 \approx 0.56534\text{nm}$)
111	14°14′	13°394′	13°404′
220	23°40′	22°404′	22°41′
311	28°05′	26°52′	26°53′
400	34°36′	33°02′	33°03′
331	38°13′	36°26′	36°28′
422	44°14′	41°524′	41°55′
511	47°32′	45°74′	45°9′

通常，单晶的横截面或单晶切割片表面与其一低指数结晶平面如（100）或者（111）会有几度的偏离，用结晶平面与机械加工平面的最大角度偏差加以体现，并可以通过测量两个相互垂直的偏差分量而获得。

三、实验设备与材料

1. JCD-Ⅲ型激光晶轴定向仪

如图 1-6 所示，JCD-Ⅲ型激光晶轴定向仪上有 6 个方位调整机构，可以分为两类：一类是只做平移，即 x 轴导轨，z 轴垂直升降立柱以及 y 轴导轨。前二者设计在夹具上，用于改变激光投射在晶体端面上的部位，后者设计在光源底座下面，用以改变晶体端面至光屏的相对距离，可调节光图的大小。第二类是用以调整被测晶轴的方位角度，即俯仰角度、水平角度和轴向角度，前二者可使被测晶轴与激光光轴同轴，并垂直对准光屏平面，以获得严格对称的光图；调整后者，可使光图绕激光光轴转动，以与极坐标刻度线重合。由于光屏本身设计成可以转动，因此，在“直接定向”时可以转动光屏，使刻线去重合光图。但在“间接定向”时必须将光屏的极坐标线置于零位，并调节轴向角度调节机构，使晶带轴与水平轴平行，转动水平角即能间接定出其他的晶轴方向。

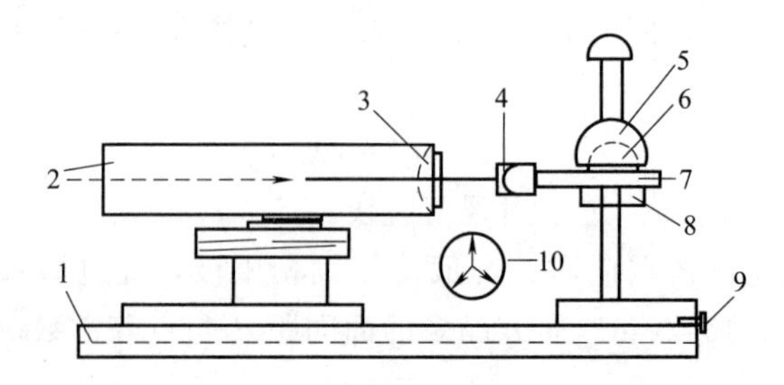

图 1-6 JCD-Ⅲ型激光晶轴定向仪示意图

1—底板；2—He-Ne激光管；3—光屏；4—被测单晶；5—升降紧固手柄；
6—俯仰角调整螺钉；7—燕尾托板；8—升降调整螺钉；9—水平角度调整螺钉；
10—屏上的光图

2. MiniFlex 600 台式 X 射线衍射仪

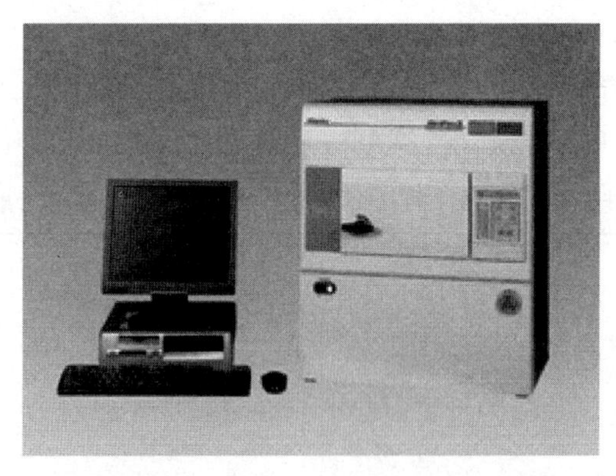

图 1-7 MiniFlex 600 台式 X 射线衍射仪

图 1-7 为 MiniFlex 600 台式 X 射线衍射仪，该设备技术特点有：①功率 600W，强度大大提高（上一代产品 MiniFlexⅡ最大功率 450W）。②测角仪精度高、放置样品方便。③测角仪配程序式可变狭缝，改善低角度 P/B，提高高角度强度。④安全设计，放置样品时自动关闭 X 射线。

四、实验内容与步骤

1. 光学反射图像法定向

(1) 接上 220V、50Hz 的交流电源，开启激光管，调整光屏，使激光束对准光屏上的透光孔射出。

(2) 硅单晶<111>晶向的确定。

① 将端面用 80# 金刚砂在平板玻璃上湿磨，用清水冲洗。

② 先将 5%NaOH 水溶液煮沸，将待检晶体浸入，勿使被检端面贴到烧杯底部，让腐蚀液不断腐蚀端面，并使产生的气泡能迅速逸出。在沸腾的溶液中腐蚀 7min（在通风橱中进行）后取出，用清水冲洗、烘干。在金相显微镜下观察腐蚀坑的形貌。

③ 按直接定向方式，将预处理过的晶锭置于定向仪上。在晶体夹具端面贴一画有“+”标记的纸卡，使“+”中心对准激光光点。调节晶体夹具底座的轴向水平移动旋钮，使晶体夹具朝向激光光轴来回移动，并使激光照射在没有样品和蜡的载玻片表面部分。如果晶体夹具底座导轨与光轴平行，则光点位置始终不变；如果不平行，则光偏离“+”中心，这时可

调节夹具的角度（水平角、仰俯角）或垂直升降，使光点移至“＋”中心点，使在光屏上获得严格对称的三叶形光圈。记下俯仰角度及水平角度的刻度 α_1、β_1。

（3）晶锭端面晶向偏离度的测定。在晶锭端面上紧贴一小块平面镜，调整俯仰角，使光束在小镜表面的反光点与出射光重合。记下刻度 α_2、β_2，这时可得晶向的垂直偏离度 $\alpha_1-\alpha_2$ 和水平偏离度 $\beta_1-\beta_2$。然后按照式（1-4）计算被测晶面与主晶面的偏离角。

$$\cos\phi=\cos\alpha\cos\beta \quad 或 \quad \phi^2=\alpha^2+\beta^2(\phi<5^\circ) \tag{1-4}$$

其中，$\alpha=\alpha_1-\alpha_2$；$\beta=\beta_1-\beta_2$。

（4）按间接定向的方法观察（111）、（110）、（100）的相互方位与特征光图的关系。

（5）判别在特征光图中所有显示出来的斑点所对应的晶面。

2. X 射线衍射法定向

（1）根据需定向晶体的晶体结构和所需定向晶面的晶面指数，利用式（1-2）和式（1-3）分别算出该晶面的面间距和布拉格衍射角 θ，或从有关资料查出。

（2）按照定向仪使用要求校准 θ 角。

（3）在定向仪的 2θ 位置处放置计数管。

（4）将待测晶片吸附在样品台上，样品上可用十字线标记四个方位。

（5）转动定向仪的主轴即 θ 角，使计数管的衍射强度指示达到极大值，此时记录转角 δ_1，求得水平偏离角 $\alpha_1=\delta_1-\theta$。将样品方位转动 180°后，按照相同的方法求得水平偏离角 $\alpha_2=\delta_2-\theta$。由两次测量结果，求得水平偏离角平均值

$$\alpha=\frac{1}{2}(\alpha_1+\alpha_2) \tag{1-5}$$

（6）将样品方位转动 90°，按照和第（5）步相同的方法，即转动定向仪的 θ 角，使计数管的衍射强度指示达到极大值，此时记录转角 δ_1，求得垂直偏离角 $\beta_1=\delta_1-\theta$。将样品方位转动 180°后，按照相同的方法求得垂直偏离角 $\beta_2=\delta_2-\theta$。由两次测量结果，求得垂直偏离角平均值

$$\beta=\frac{1}{2}(\beta_1+\beta_2) \tag{1-6}$$

（7）按照式（1-4）计算晶向偏离角。

五、注意事项

1. 激光管的正、负极不能接反，激光管电流应在规定的电流下工作（一般小于 5mA），否则容易损坏激光管或缩短其使用寿命。

2. 腐蚀好的样品应具有许多光洁明亮的小坑。如果表面发暗，小坑不明显，可能被氧化了，须重新处理。

3. 实验样品轻拿轻放，严防损坏。

4. 仔细阅读仪器说明书，严格按照使用说明操作，确保人身和设备安全。

六、数据记录及处理

1. 采用光学反射图像定向法测定硅单晶端面的晶向偏离度，记下（111）、（110）、（100）三晶面特征光圈方位的相互关系，标出所有光斑对应的反射晶面的面指数。

2. 采用X射线衍射定向法测定硅晶片的晶向偏离度。

七、思考题

1. 腐蚀时间过长或腐蚀时间反射光圈会出现什么情况？

2. 解理法得到的特征光图中反射光斑对应什么晶面？(111)、(110)、(100) 晶面的三个特征光图之间的相互方位如何？

实验2 半导体材料的缺陷显示及观察

一、实验目的

1. 掌握半导体的缺陷显示技术、金相观察技术。
2. 了解缺陷显示原理，位错的各晶面上的腐蚀图像的几何特性。
3. 了解层错和位错的测试方法。
4. 学习晶体缺陷的腐蚀图像与腐蚀条件之间的关系，根据缺陷形态判断晶体的晶面。
5. 掌握晶体各向异性的特点、晶体不同晶面的差别、不同晶面上显现缺陷的腐蚀条件。
6. 掌握位错缺陷的特点和位错缺陷密度的测量方法。

二、实验原理

1. 半导体的位错

半导体晶体在其生长过程或器件制作过程中都会产生许多晶体结构缺陷，缺陷的存在直接影响着晶体的物理性质及电学性能，晶体缺陷的研究在半导体技术上有着重要的意义。

半导体晶体的缺陷可以分为宏观缺陷和微观缺陷，微观缺陷又分点缺陷、线缺陷和面缺陷。位错是半导体中的主要缺陷，属于线缺陷；层错是面缺陷。

在晶体中，由于部分原子滑移的结果，造成晶格排列的“错乱”，因而产生位错。所谓“位错线”，就是晶体中的滑移区与未滑移区的交界线，但并不是几何学上定义的线，而近乎是有一定宽度的“管道”。位错线只能终止在晶体表面或晶粒间界上，不能终止在晶粒内部。位错的存在意味着晶体的晶格受到破坏，晶体中原子的排列在位错处已失去原有的周期性，其平均能量比其他区域的原子能量大，原子不再是稳定的，所以在位错线附近不仅是高应力区，同时也是杂质的富集区。因而，位错区就较晶格完整区对化学腐蚀剂的作用灵敏些，也就是说，位错区的腐蚀速率大于非位错区的腐蚀速率，这样就可通过腐蚀坑的图像来显示位错。

位错的显示一般都是利用校验过的化学显示腐蚀剂来完成。用作腐蚀显示的腐蚀剂按作用不同大体可分为两大类。一类是非择优腐蚀剂，它主要用于晶体表面的化学抛光，目的在于达到清洁处理，去除机械损伤层和获得一个光亮的表面；另一类是择优腐蚀剂，用来揭示缺陷。一般腐蚀速率越快则择优性越差，而对择优腐蚀剂则要求缺陷坑的出现率高、特征性强、再现性好和腐蚀时间短。

通常用的非择优腐蚀剂的配方为 HF（40%～42%）：HNO_3（65%）＝1：2.5。

它们的化学反应过程为

$$Si+4HNO_3+6HF = H_2SiF_6+4NO_2\uparrow+4H_2O$$

通常用的择优腐蚀剂主要有以下二种。

（1）希尔腐蚀液（铬酸腐蚀液） 先用 CrO_3 与去离子水配成标准液，标准液为 50g CrO_3＋100g H_2O，然后配成下列几种腐蚀液：

A. 标准液：HF（40%～42%）＝2：1（慢速液）；

B. 标准液：HF（40%～42%）＝3：2（中速液）；

C. 标准液：HF（40%～42%）＝1：1（快速液）；

D. 标准液：HF（40%～42%）＝1：2（快速液）。

一般常用的为配方 C 液。它们的化学反应过程为：$Si+CrO_3+8HF = H_2SiF_6+CrF_2+3H_2O$。

（2）达希腐蚀液 达希（Dash）腐蚀液的配方为：

$$HF(40\%\sim42\%):HNO_3(65\%):CH_3COOH(99\%以上)=1:2.5:10$$

硅单晶中不同种类的缺陷选用上述不同配方，采用不同的腐蚀工艺。

位错腐蚀坑的形状与腐蚀表面的晶向有关，与腐蚀剂的成分、腐蚀条件有关，与样品的性质也有关，影响腐蚀的因素相当繁杂，需要实践和熟悉的过程，以硅为例，图 2-1 显示了硅中位错在各种界面上的腐蚀图像。

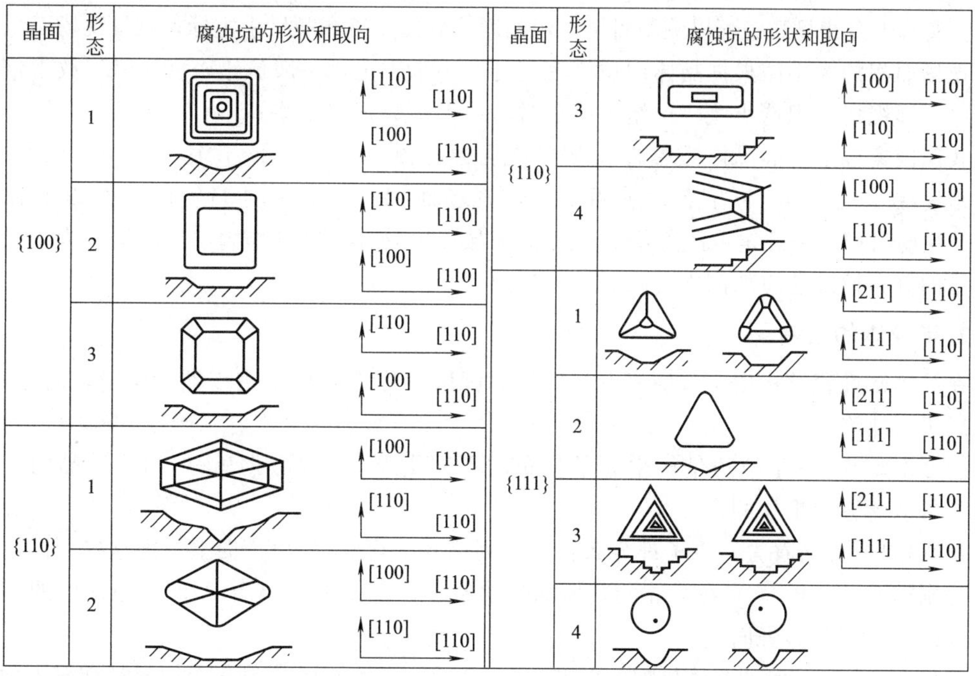

晶面	形态	腐蚀坑的形状和取向
{100}	1	[110] [110]；[100] [110]
{100}	2	[110] [110]；[100] [110]
{100}	3	[110] [110]；[100] [110]
{110}	1	[100] [110]；[110] [110]
{110}	2	[100] [110]；[110] [110]
{110}	3	[100] [110]；[110] [110]
{110}	4	[100] [110]；[110] [110]
{111}	1	[211] [110]；[111] [110]
{111}	2	[211] [110]；[111] [110]
{111}	3	[211] [110]；[111] [110]
{111}	4	

图 2-1 硅中位错在各种晶面上的腐蚀图像

当腐蚀条件为铬酸腐蚀剂时，{100} 晶面上呈正方形蚀坑，{110} 晶面上呈菱形或矩形蚀坑，{111} 晶面上呈正三角形蚀坑（见图 2-2）。

为获得较完整晶体和满足半导体器件的某些要求，通常硅单晶都选择（111）方向为生长方向，硅的四个{111}晶面围成一正四面体，当在金相显微镜下观察{111}晶面的位错蚀坑形态时，皆呈黑褐色有立体感且规则的形态。图 2-2（a）是在朝籽晶方向的{111}晶面上获得的刃形位错蚀坑形状，呈金字塔顶式，即正四面体的顶视图形态。

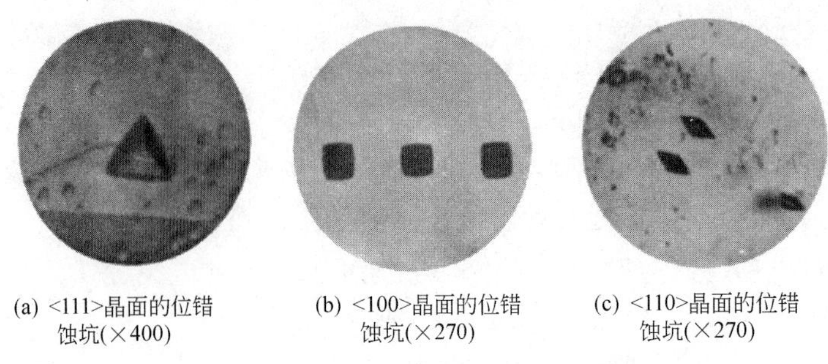

(a) <111>晶面的位错蚀坑(×400)　(b) <100>晶面的位错蚀坑(×270)　(c) <110>晶面的位错蚀坑(×270)

图 2-2　硅中位错蚀坑的形状

位错的面密度——穿过单位截面积的位错线数，用 ρ_S 表示

$$\rho_s = \frac{N}{S} \tag{2-1}$$

式中，S 为单晶截面积；N 为穿过截面积 S 的位错线数。

位错的面密度在金相显微镜下测定，金相显微镜是专门用来研究金属组织结构的光学显微镜。金相技术在半导体材料和器件的生产工艺中有着极其广泛的应用；它直观、简单，是进行其他研究的基础，也是研究晶体缺陷的有力工具。

用金相显微镜来测定位错的面密度，显微镜视场面积应计算得准确，否则将引起不允许的误差。实验中金相显微镜配以测微目镜，用刻度精确的石英测微尺来定标，测量视场面积。

视场面积的大小需根据晶体中位错密度的大小来决定，一般位错密度大时，放大倍数也应大些，即视场面积选小些、位错密度小时，放大倍数则应小些。

我国国家标准《硅晶体完整性化学择优腐蚀检测方法》(GB/T 1554—2009）中规定：位错密度在 10 个/cm^2 以下者，采用 1mm^2 视场面积，位错密度 10^4 个/cm^2 以上者采用 2mm^2 视场面积，并规定取距边缘 2mm^2 的区域以内的最大密度作为出厂依据，为了粗略反映位错的分布情况还应加测中心点。

2. 半导体的层错

在晶体密堆积结构中正常层序发生破坏的区域被称为堆积层错或堆垛层错，简称层错，层错属于面缺陷。

图 2-3 画出了面心立方结构中原子分布的不同类型，AA 方向就是（111）晶向，外延层通常是沿此方向生长的。

从（111）方向看去，原子都分布在一系列相互平行的{111}面上。把这些不同层的原子，分别标成 A、B、C。在晶体的其他部分的原子，都是按照 ABCABC……这样的层序重复排列的，直到晶体表面。

如果把这些原子画成立体排列的形式［取（111）晶面向上］，则每个原子都和它上面一层最近邻的三个原子组成一正四面体。完整的晶体可认为是这些正四面体在空间有规则重复地排列所构成的，如图 2-4 所示。在实际的外延生长过程中，发现硅原子并不完全按照 ABCABC……这样的层序排列，而可能出现缺陷，层错就是最常见的一种。所谓层错，就是在晶体的生长过程中，某些地方的硅原子，按层排列的次序发生了混乱。例如，相对于正常排列的层序 ABCABC……少了一层，成为 ABCACABC……或者多出一层，成为 ABCACBC……在晶体中某处发生错乱的排列后，随外延生长，逐渐传播开来，直到晶体的表面，成为区域性的缺陷。

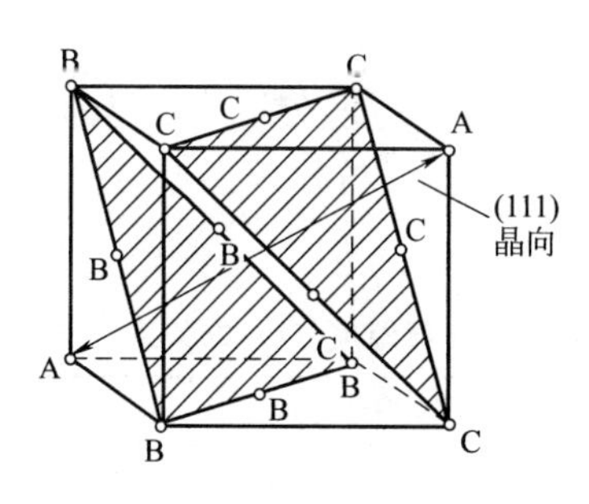

图 2-3 面心立方结构中原子分布的不同类型

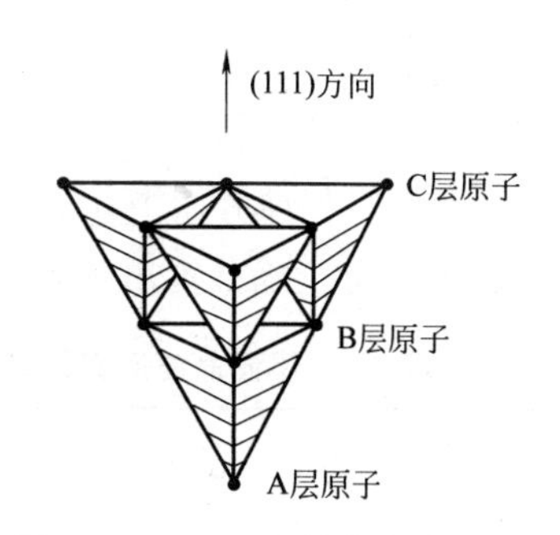

图 2-4 面心立方结构中原子排列的层序和四面体结构

在外延生长过程中，层错的形成和传播如图 2-5 所示。假定衬底表面层的原子是按 A 型排列的，即按正常生长层序，外延生长的第一层应为 B 型排列。但由于某种原因，使得表面的某一区域出现反常情况而成 C 型排列，即按 ABCACABC……（抽出 B 层）排列。它向上发展，并逐层扩大，最终沿三个｛111｝面发育成为一倒立的四面体（见图 2-6）。

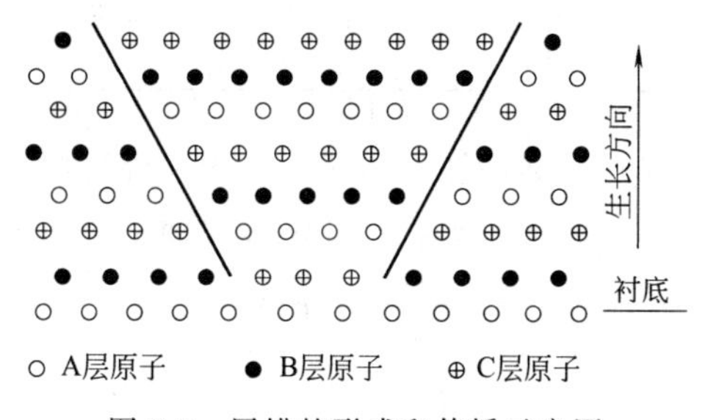

图 2-5 层错的形成和传播示意图

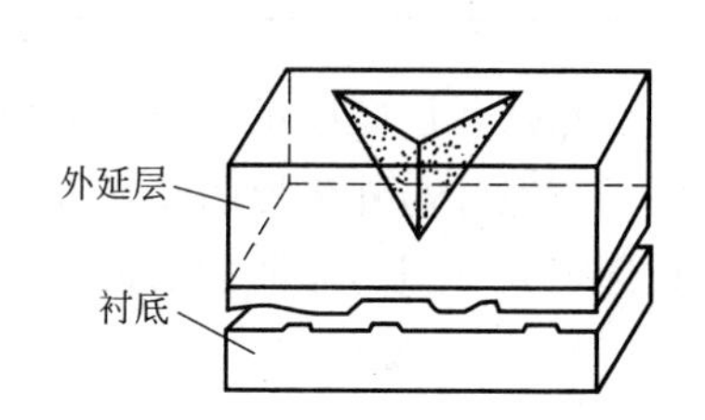

图 2-6 层错示意图

这个四面体相当于前述的许多小正四面体堆积起来的。由于此四面体是由错配的晶核发育而成的，因此，在它与正常生长的晶体的界面两侧，原子是失配的。也就是说，晶格的完整性在这些界面附近受到破坏，但在层错的内部，晶格仍是完整的。

由错配的晶核为起源的层错，并不一定都能沿三个｛111｝面发展到表面，即在表面并不都呈三角形。在外延生长过程中，形成层错的机理较复杂。在某些情况下，层错周围的正常生长可能很快，抢先占据了上面的自由空间，因而使得层错不能充分发育。这表现在层错的腐蚀图形不是完整的三角形，而可能是一条直线，或者为一角，如图 2-7 所示。

以上讨论的是沿（111）晶向生长的情况，发育完全的层错在｛111｝面上的边界是正三角形。当沿其他晶向生长时，层错的边界线便是生长面与层错四面体的交线。在不同的生长面上，层错的边界形状也不相同。在外延生长时，引起表面某一区域排列反常的原因，主要是衬底表面的结构缺陷、衬底面上的外来杂质或生长过程中出现的晶体内部的局部应力等。因此，层错一般起始于外延层和衬底的交界面，有时也发生在外延生长过程中。

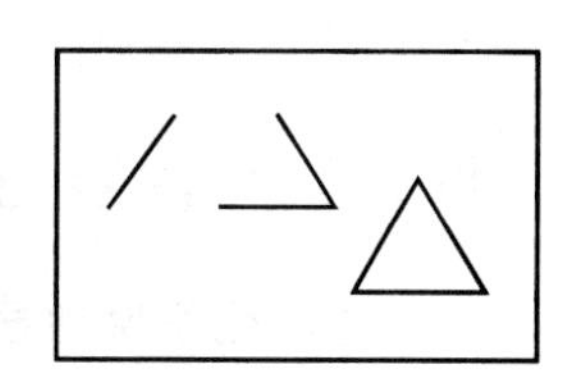

图 2-7 层错在｛111｝面上的边界的几种形状

3. 利用层错三角形计算外延层的厚度

利用化学腐蚀的方法可以显示缺陷图形，虽然有的层错、是从外延层中间开始发生的，但多数从衬底与外延层界面上开始出现，因此缺陷图形与外延层厚度之间有一简单关系。利用这种关系通过测定缺陷图形的几何尺寸，便可计算出外延层厚度。

不同晶向的衬底，沿倾斜的｛111｝面发展起来的层错、终止在晶片表面的图形也各不相同。表 2-1 列出了各种方向上生长外延层时缺陷图形各边长与外延层厚度之间的比例关系，依据比例关系可正确推算出外延层的厚度。

表 2-1　不同晶向层错图形边长（λ_1、λ_2、λ_3）与外层厚度（t）的关系

晶面（生长面）	边长与外延层厚度 t 的比例		
	t/λ_1	t/λ_2	t/λ_3
｛110｝	0.5	0.577	—
｛221｝	0.707	0.785	0.236
｛111｝	0.816	—	—
｛334｝	0.85	0.776	0.142
｛112｝	0.866	0.655	0.288
｛114｝	0.5	0.833	0.575
｛100｝	0.707	—	—

层错法测外延层厚度虽然比较简便，但也存在一些问题，应予以注意。外延层层错有时不是起源于衬底片与外延层的交界面，这时缺陷的图形轮廓就不如从交界面上发生的层错图形大，在选定某一图形作测量之前，应在显微镜下扫描整个外延片面积，然后选定最大者进行测量。

三、实验设备与材料

4X 型金相显微镜 2 台（其中 1 台配有电子目镜）；

MCV-15 测微目镜 1 架；

各种半导体晶体样品（｛111｝面硅单晶片）；

300$^{\#}$、600$^{\#}$、302$^{\#}$、303$^{\#}$ 金刚砂；

格值 0.01mm 石英标尺 1 片；

化学腐蚀间：通风柜、冷热去离子水装置；

化学试剂：硝酸、氢氟酸、三氧化铬、酒精、丙酮、甲苯等；

器皿：量筒、烧杯、氟塑料杯、塑料腐槽、镊子等。

四、实验内容与步骤

1. 晶体的化学腐蚀显示

（1）样品的预处理　要正确地判断分析各种缺陷的蚀坑图形，晶体背景干扰必须小，所以切割下的晶体表面必须经过预处理，使晶体表面清洁且光亮如镜。

① 沿硅单晶棒的（111）或（100）、（110）晶向垂直切下薄圆片（偏角必须小于 7°，越

小越好）依次用 $300^{\#}$、$600^{\#}$、$302^{\#}$、$303^{\#}$ 金刚砂细磨其表面（用内割圆切片机切割的样品只需用 M10 刚玉粉研磨，去掉切片刀痕即可）。

② 把样品放入 10%的洗洁精中加热至沸腾约 10～20min 去除油污，然后用去离子水冲洗干净。

③ 把样品放入化学抛光液中腐蚀去除研磨损伤层，化学抛光液即前述的非择优腐蚀液。抛光液配比为 HF(42%)∶HNO_3(65%)＝1∶2.5。配制好抛光液倒入氟塑料杯中，将清洗干净的硅片用镊子轻轻夹入抛光液中，密切注意表面变化；操作时注意样品应始终淹没在抛光液中，同时应当不停地搅拌以改进抛光均匀性，待硅片表面光亮如镜，则抛光毕；迅速将硅片夹入预先准备好的去离子水杯中，再用流动的去离子水冲洗。在抛光过程中，蚀速对温度异常敏感，一般说来在温度 18～25℃的范围，抛光时间约为 1.5～4min。

必须将样品浸没在腐蚀液中，而且要不停地搅拌以增加抛光的均匀性，抛光结束后用去离子水将样品冲洗干净。

④ 把样品放入 HF 溶液中漂洗，除去残存的氧化层，再用去离子水冲洗干净，经上述处理后即可得到一个清洁的、光亮如镜的表面。

外延片本身是平整的镜面，可不必做任何预处理。

(2) 样品的化学腐蚀显示

① 腐蚀剂的配制。对于｛111｝面的样品，希尔腐蚀液是一种十分有效的显示液。其配方如前所述，可针对缺陷（如位错）密度高低而分别选用 A～D 液，一般常用的为 C 液。还可以用增减 HF 来调整腐蚀速率，HF 增加，腐蚀速率增大，反之则减小，此种腐蚀液对｛110｝面的样品也是种很好的显示液。

对于｛100｝面的样品通常用达希腐蚀液，它的配方如前所述，应该注意的是腐蚀液配方力求严格，对 HF 更应计量精确。

② 样品的腐蚀

A. 配制铬酸标准，标准液为 5g CrO_3＋100g 去离子水。

B. 按需要配制下述比例腐蚀剂：

a. 标准液∶HF(40%)＝2∶1　　（慢蚀速）；

b. 标准液∶HF(40%)＝3∶2　　（中蚀速）；

c. 标准液∶HF(40%)＝1∶1　　（快蚀速）；

d. 标准液∶HF(40%)＝1∶2　　（快蚀速）。

一般采用第三种配方，将抛光后的样品放入蚀槽，倒入腐蚀剂，腐蚀剂量的多少以样品不露出液面为准。根据不同样品所要显示的不同缺陷，选用不同的腐蚀时间和腐蚀温度。通常显示层错在室温下腐蚀时间是 10～30s，显示位错在室温下腐蚀 5～10min，对微缺陷显示要求在沸腾的腐蚀液中腐蚀 2～3min，若在室温下往往需要腐蚀 20～30min，与（110）的缺陷腐蚀条件类似。腐蚀结束后用去离子水冲洗干净。

2. 半导体缺陷观测

把样品抛光的一面朝下放在显微镜上，用带电子目镜的显微镜观察硅｛111｝晶面刃型位错蚀坑图形（应为正三角形，有立体感；操作方法：将电子目镜上的 USB 连接线连到计算机的 USB 接口上。样品放在样品架上。鼠标双击桌面快捷方式 Capturepro. exe，进入主界面，点击“查看”/“预览”，弹出“预览”窗口。调节显微镜焦距，使在“预览”窗口看到清晰的图像。鼠标单击“捕捉”/“单帧”/“到文件”，弹出保存文件对话框，保存图像文件。鼠标单击“文件”/“打开”，打开刚才保存的图像文件。鼠标单击“图像”/“距离信息”，在弹出的对话框中选择“显微镜放大倍数”“是否使用转接镜”，然后“确定”。将鼠标的十字对准待测长度的一点，单击之，移到另一点再单击，图像上即显示两点间的距离读数)，保存图形文件，打印输出，附在实验报告中。

取下电子目镜，换上普通目镜，测量位错密度 $\rho=N/S$，N 为显微镜视场内的位错蚀坑个数，S 为视场面积，视场直径校正如下：

目镜	物镜	视场直径
10×	10×	ϕ1.8mm
10×	40×	ϕ0.44mm

在有电子目镜的显微镜上观察层错三角形：硅 {111} 晶面的层错蚀坑图形为正三角形或不完整的正三角形（60°夹角或一条直线），当层错重叠时会出现平行线。层错三角形无立体感。保存该图像文件，并打印输出，附在实验报告中。

利用层错三角形推算硅外延层厚度：硅 {111} 晶面层错三角形的边长 L 与硅外延层厚度 t 的关系为：$t=0.816L$。

为了用显微镜测量层错三角形的边长 L，必须先用石英标尺对显微镜视场进行刻度校正，校正方法如下：将石英标尺有刻度的一面朝下放在显微镜上，调节显微镜使在视场中清晰地观察到石英标尺中心圆环内的刻度线，然后测量出两条刻度线之间的距离读数 x（注意：显示屏上的读数并非实际尺寸），该读数对应的实际尺寸是 0.01mm，记下这一校正比例关系。

在测量出层错三角形边长的读数值 y 后，利用校正比例关系求出层错三角形的边长$L=0.01y/x$。

五、注意事项

1. 盐酸和硝酸是挥发性强酸，不要去闻其味道。
2. 氢氟酸会腐蚀玻璃，故不与玻璃器械接触，也不要去闻氢氟酸的味道。
3. 如果酸或碱不小心溅入眼内或溅到脸上，请立即打开洗脸/洗眼池上盖进行冲洗。

六、数据记录及处理

1. 对几块有位错、位错排、小角度晶界和微缺陷的单晶及有层错的外延片进行腐蚀显示后，用金相显微镜仔细地观察其蚀坑形态，并区分各种不同的缺陷。
2. 用金相显微摄影仪拍摄所观察到的各种缺陷的典型照片。
3. 对一块单晶样品的位错密度（或者微陷密度）做定量行计数，求出缺陷密度。

七、思考题

1. 位错、层错是怎样形成的？它们对器件有何影响？
2. 在单晶样品的腐蚀显示中往往发现有位错的区域就不存在微缺陷，而在微缺陷存在的区域里就没有位错，如何解释这种现象？
3. Si {111}、{100} 和 {110} 面上的位错坑分别呈现什么图形？
4. 腐蚀速率对腐蚀坑的形状有无影响？
5. 如何根据蚀坑的特征确定位错的性质及蚀坑所在面的指数？
6. 位错密度的计算有何使用价值？本实验采用的计算方法有何局限性？

实验 3 半导体材料的光刻工艺

一、实验目的

1. 掌握基本的半导体光刻实验步骤。
2. 利用光刻和刻蚀将掩模上的图形转移到衬底，完成图形转移。
3. 掌握相关光刻实验的设备的使用。

二、实验原理

1. 光刻工艺

光刻（photolithography）是半导体器件制造工艺中的一个重要步骤，该步骤利用曝光和显影在光刻胶层上刻画几何图形结构，然后通过刻蚀工艺将光掩模上的图形转移到所在衬底上。这里所说的衬底不仅包含硅晶圆，还可以是其他金属层、介质层，例如玻璃、SOS中的蓝宝石。

光刻工艺流程如图 3-1 所示，包括程序如下。

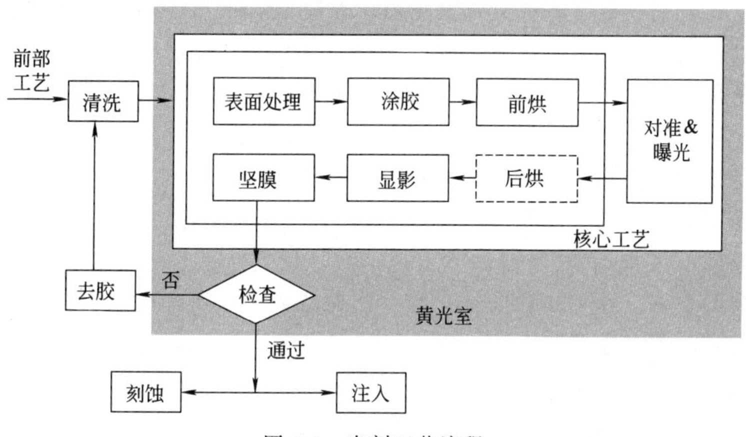

图 3-1 光刻工艺流程

（1）衬底的准备 在涂抹光刻胶之前，硅衬底一般需要进行预处理。一般情况下，衬底表面上的水分需要蒸发掉，这一步通过脱水烘焙来完成。此外，为了提高光刻胶在衬底表面的附着能力，还会在衬底表面涂抹化合物。目前应用比较多的是六甲基乙硅氮烷（hexamethyldisilazane，HMDS）、三甲基甲硅烷基二乙胺（trimethylsilyldiethylamime，TMS-DEA）等。

（2）光刻胶的涂抹 首先，将硅片放在一个平整的金属托盘上，托盘内有小孔与真空管相连。由于大气压力的作用，硅片可以被“吸附”在托盘上，这样硅片就可以与托盘一起旋转。涂胶工艺一般分为三个步骤：①将光刻胶溶液喷洒在硅片表面；②加速旋转托盘（硅片），直到达到所需的旋转速度；③达到所需的旋转速度之后，以这一速度保持一段时间。以旋转的托盘为参考系，光刻胶在随之旋转中受到离心力，使得光刻胶向着硅片外围移动，故涂胶也被称作甩胶。经过甩胶之后，留在硅片表面的光刻胶不足原有的1%。

（3）软烘干（前烘） 在液态的光刻胶中，溶剂成分占65%～85%。虽然在甩胶之后，液态的光刻胶已经成为固态的薄膜，但仍有10%～30%的溶剂，容易沾污灰尘。通过在较高温度下进行烘培，可以使溶剂从光刻胶中挥发出来（前烘后溶剂含量降至5%左右），从而降低了灰尘的污染。同时，这一步骤还可以减轻因高速旋转形成的薄膜应力，从而提高光刻胶衬底上的附着性。在前烘过程中，由于溶剂挥发，光刻胶厚度也会减薄，一般减薄的幅度为10%～20%。

（4）曝光 在这一步中，将使用特定波长的光对覆盖衬底的光刻胶进行选择性地照射。光刻胶中的感光剂会发生光化学反应，从而使正性光刻胶被照射区域（感光区域）、负性光刻胶未被照射的区域（非感光区）化学成分发生变化。这些化学成分发生变化的区域，在下一步能够溶解于特定的显影液中。

在接受光照后，正性光刻胶中的感光剂DQ会发生光化学反应，变为乙烯酮，并进一步水解为茚并羧酸（indene carboxylic acid，CA），羧酸在碱性溶剂中的溶解度比未感光部分的光刻胶高出约100倍，产生的羧酸同时还会促进酚醛树脂的溶解。利用感光与未感光光刻胶对碱性溶剂的不同溶解度，就可以进行掩膜图形的转移。

（5）显影 通过在曝光过程结束后加入显影液，正性光刻胶的感光区、负性光刻胶的非感光区，会溶解于显影液中。这一步完成后，光刻胶层中的图形就可以显现出来。为了提高分辨率，几乎每一种光刻胶都有专门的显影液，以保证高质量的显影效果。

（6）硬烘干 光刻胶显影完成后，图形就基本确定，不过还需要使光刻胶的性质更为稳定。硬烘干可以达到这个目的，这一步骤也被称为坚膜。在这过程中，利用高温处理，可以除去光刻胶中剩余的溶剂，增强光刻胶对硅片表面的附着力，同时提高光刻胶在随后刻蚀和离子注入过程中的抗蚀性能力。另外，高温下光刻胶将软化，形成类似玻璃体在高温下的熔融状态。这会使光刻胶表面在表面张力作用下圆滑化，并使光刻胶层中的缺陷（如针孔）减少，这样修正光刻胶图形的边缘轮廓。

（7）刻蚀或离子注入

（8）光刻胶的去除 这一步骤简称去胶。刻蚀或离子注入之后，已经不再需要光刻胶作保护层，可以将其除去。去胶的方法如下：

① 湿法去胶

a. 有机溶剂去胶：利用有机溶剂除去光刻胶。

b. 无机溶剂：通过使用一些无机溶剂，将光刻胶这种有机物中的碳元素氧化为二氧化碳，进而将其除去。

② 干法去胶：利用等离子体将光刻胶剥除。

除了这些主要的工艺以外，还经常采用一些辅助过程，比如进行大面积的均匀腐蚀来减小衬底的厚度，或者去除边缘不均匀的过程等。一般在生产半导体芯片或者其他元件时，一个衬底需要多次重复光刻。

2. 光刻胶

光刻胶（photoresist），亦称为光阻或光阻剂，是指通过紫外线、深紫外线、电子束、离子束、X射线等光照或辐射，其溶解度发生变化的耐蚀刻薄膜材料，是光刻工艺中的关键材料，主要应用于集成电路和半导体分立器件的细微图形加工。

光刻胶根据在显影过程中曝光区域的去除或保留可分为两种：正性光刻胶（positive photoresist）和负性光刻胶（negative photoresist）。

正性光刻胶的曝光部分发生光化学反应会溶于显影液，而未曝光部分不溶于显影液，仍然保留在衬底上，将与掩膜上相同的图形复制到衬底上。

负性光刻胶的曝光部分因交联固化而不溶于显影液，而未曝光部分溶于显影液，将与掩膜上相反的图形复制到衬底上。

光刻胶通常使用紫外线波段或更小的波长（小于400nm）进行曝光。根据使用的不同波长的曝光光源，如KrF（248nm）、ArF（193nm）和EUV（13.5nm），相应的光刻胶组分也会有一定的变化。如248nm光刻胶常用聚对羟基苯乙烯及其衍生物为光刻胶主体材料，193nm光刻胶为聚酯环族丙烯酸酯及其共聚物，EUV光刻胶常用聚酯衍生物和分子玻璃单组分材料等为主体材料。除主体材料外，光刻胶一般还会添加光刻胶溶剂、光致产酸剂、交联剂或其他添加剂等。

20世纪80年代初，基于化学放大概念的光刻过程大大加快了光刻技术的发展。化学放大是指在紫外线的作用下，通过光致产酸剂（photoacid generator，PAG）的分解产生强酸，在热作用下扩散并将光刻胶主体材料中对酸敏感的部分分解为碱可溶的基团，并在显影液中根据溶解度的差异将部分主体材料溶解，从而获得正像或负像图案。

光致产酸剂分为离子型和非离子型两类。离子型PAG常由二芳基碘鎓盐或三芳基硫鎓盐组成，非离子型PAG最常见的是硝基苄基酯或磺酸酯类化合物。通常离子型PAG溶解性较非离子型差；非离子型通过在分子结构的特定位置引入合适的位阻基团可以显著地提高热稳定性，而其对光敏感性较差，与离子型相比需要更大的光强和更长的曝光时间。

光刻胶的性能参数包括：

（1）分辨率（resolution）：区别硅片表面相邻图形特征的能力，一般用关键尺寸（critical dimension，CD）来衡量分辨率。形成的关键尺寸越小，光刻胶的分辨率越好。

（2）对比度（contrast）：指光刻胶从曝光区到非曝光区过渡的陡度。对比度越好，形成图形的侧壁越陡峭，分辨率越好。

（3）敏感度（sensitivity）：光刻胶上产生一个良好的图形所需一定波长光的最小能量值（或最小曝光量）。单位：毫焦/平方厘米或mJ/cm^2。光刻胶的敏感性对于波长更短的深紫外线（DUV）、极深紫外线（EUV）等尤为重要。

（4）黏滞性/黏度（viscosity）：衡量光刻胶流动特性的参数。黏滞性随着光刻胶中溶剂的减少而增加；高的黏滞性会产生厚的光刻胶；越小的黏滞性，就有越均匀的光刻胶厚度。黏度的单位为泊（poise），光刻胶一般用厘泊（cps，又称百分泊）来度量，为绝对黏滞率。运动黏滞率定义为：运动黏滞率＝绝对黏滞率/比重，单位为百分斯托克斯（cs）＝cps/SG。

（5）光刻胶的比重（specific gravity，SG）：衡量光刻胶密度的指标。它与光刻胶中的固体含量有关。较大的比重意味着光刻胶中含有更多的固体，黏滞性更高、流动性更差。

（6）黏附性（adherence）：表征光刻胶黏着于衬底的强度。光刻胶的黏附性不足会导致硅片表面的图形变形。光刻胶的黏附性必须经受住后续工艺（刻蚀、离子注入等）。

（7）抗蚀性（anti-etching）：光刻胶必须保持它的黏附性，在后续的刻蚀工序中保护衬底表面耐热稳定性、抗刻蚀能力和抗离子轰击能力。

(8) 表面张力 (surface tension): 液体中将表面分子拉向液体主体内的分子间的吸引力。光刻胶应该具有比较小的表面张力，使光刻胶具有良好的流动性和覆盖率。

三、实验设备与材料

实验设备：匀胶机、光刻机、烘烤机、划片机、四探针仪等。

实验材料：硅片、光刻胶、光刻掩膜板。

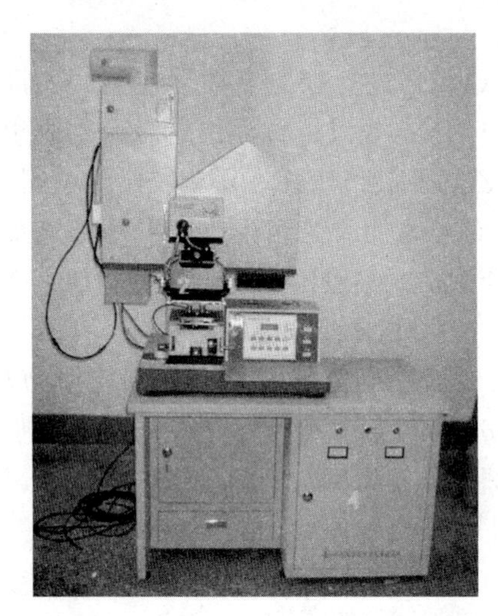

图 3-2 URE-2000B 型紫外光刻机

如图 3-2 所示，URE-2000B 型紫外光刻机主要由以下各分系统组成：曝光光学系统、对准显微镜、工件台、电控系统和单片机系统。

设备参数如下。

曝光波长：365nm；

曝光面积：110mm×110mm；

分辨力：1.0μm；

对准精度：≤±1.0μm；

最大胶厚：600μm；

掩模尺寸：2.5in (1in=0.0254m)、3in、4in、5in (可扩展至 7in)；

照明均匀性：≤±3% (ϕ100mm 范围内)；

掩模样片整体运动范围 X：±6mm，Y：±6mm；

样片尺寸：直径 ϕ15～100mm (可适应非标准片或碎片)，厚度 0.1～6mm；

照明均匀性：3% (100mm 范围)；

掩模相对于样片运动行程 X：5mm，Y：5mm，θ：6°；

曝光能量密度：≥15mW/cm^2 (365nm)；

汞灯功率：1000W (直流)；

曝光方式：定时 (倒计时)。

四、实验内容与步骤

(1) 清洁硅片　去离子水和有机溶液冲洗，边旋转边冲洗，以去除污染物；所用硅片尺寸：2in，厚度为 400μm，单面抛光。掺杂类型：p 型。

(2) 干燥硅片　硅片前烘去除水分，80℃保温 10min。

(3) 涂胶　设置匀胶机第一、第二级转速和各转速的运转时间：第一级转速 500r/min，时间为 3s；第二级转速为 4000r/min，时间为 60s。把处理好的硅片放在承片台正中，按下吸片按钮，硅片被吸住。检查确定被吸住后，开始滴加光刻胶，确保光刻胶覆盖整个硅片表面后停止。等匀胶结束后，按下吸片按钮。取出硅片，检查匀胶效果。

(4) 前烘　检查确定匀胶效果符合要求后，将硅片放在热板上烘干 2min，温度为 100℃。烘干结束后，取下硅片。

(5) 曝光　在光刻机上按照后面所附光刻机操作说明进行曝光。设置好曝光时间 9s，开始曝光。曝光结束后，取下硅片。

(6) 显影　将曝光后的硅片在 0.5% NaOH 碱溶液中进行显影操作，左右晃动，时间为 8s。曝光后，取出硅片放入去离子水中清洗，再将硅片放在匀胶机上旋转甩干上面的水渍。

（7）后烘 将甩干后的硅片在烘胶台上再次烘干，使显影后的光刻胶硬化，提高强度。

（8）观测 在显微镜下观测拍照。检查光刻质量。

五、实验设备使用

1. 匀胶机使用方法

（1）将设备电源和真空泵电源打开。

（2）将设备旋转盘保护上盖旋开，选择好与需要加工的晶元配套的吸盘，将吸盘放在匀胶电机轴套上，注意吸盘的方向，务必放稳、放平。

（3）将硅片放到吸盘上，并点胶。

（4）打开控制面板上的“真空”按钮，吸盘上形成真空。

（5）将旋转盘保护上盖旋到旋转盘上方，盖好，操作人员手扶旋转保护盘。

（6）选择好匀胶时间和匀胶频率后，按下“匀胶启动”的绿按钮。

（7）待匀胶完全停止后，关闭真空电源取出硅片。

2. 光刻机使用方法

（1）开机准备

① 供给机器的电源为 220V，在总电源插头插上后，机柜已通电。

② 开启空气压缩机、真空泵、循环水冷却系统。

（2）开机 如图 3-3 所示，先按“汞灯电源”按钮，接着按“汞灯触发”启辉汞灯。汞灯点燃 10min 后才能稳定。按下“控制电源”按钮，控制电源打开，几秒钟后控制面板上的“复位”键指示灯亮，曝光时间显示默认值“0010.0”，表明控制系统工作正常。

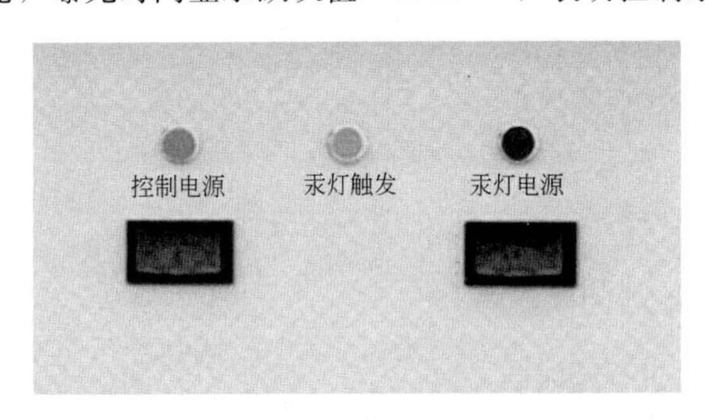

图 3-3 设备电源开关

（3）上片 放上掩模（将掩模与三个定位钉靠紧），扳下“掩模”按钮将掩模吸到掩模架上。拖出样品托盘，将样品放在承片台上，然后将托盘退回原位。

（4）调平 按“上升”按钮（指示灯亮），电动机带动样品台上升使样品自动调平，然后按“下调”键设定对准间隙进行对准。对准完毕后，按“上调”键消除间隙准备曝光。如不需对准则按“曝光”键，自动完成调平曝光。

（5）曝光时间设定 按下“设定”键，指示灯亮，同时曝光时间显示的百位数字闪烁，可按“+”“−”键对曝光时间的第一位数调整，调整好后，再次按“设定”（SET）键可进行下一位数字调整，当调整完最后一位时，再按“设定”键，退出“时间”设定，按“曝光”键，可进行曝光操作（倒计时曝光）。曝光过程中，显示窗显示曝光状态的倒计时。

（6）显微镜对准调节　一般来说调平完成被锁紧后，按“下调”键使掩模和样片间出现一定的间隙，可进行对准，间隙的大小既要保证掩模和样片的对准标记都能成清晰像，又要保证做对准运动时掩模和样片不摩擦（掩模和样片不一起运动）。

对准台分三部分，下层为整体运动台（样片和掩模一起做整体运动，能保证掩模和样片对准标记进入到显微镜的视场内，也可用于增大曝光面积）；中心为转动，调节旋转手轮可使承片台相对掩模旋转；上层为相对运动台，旋转其手轮，可使掩模相对于样片做 X、Y 对准运动。

（7）关机　关机的顺序和开机相反，先关掉控制系统电源，再关掉汞灯电源。

六、注意事项

1. 匀胶过程

光刻胶有刺激性气味，对皮肤也有腐蚀，操作必须在通风橱中进行，并戴好手套。

2. 显影过程

避免显影液以及各种清洗溶剂碰到皮肤，实验室中的所有操作应佩戴手套。

3. 曝光过程

紫外线对人体有伤害，在曝光的过程中，应避免眼睛对着曝光光源看，也避免手被曝光光源照射。

4. 烘干过程

因为硅片是在热板上被加热的，温度都在100℃左右，因此取放硅片的时候，应采用镊子。

5. 氮气瓶

氮气瓶内是高压气体，避免碰撞。

6. 硅片

硅片是易碎品，取放时候要注意。

七、数据记录及处理

1. 记录光刻胶的反应过程及时间。

2. 分析光刻后的硅片表面特征，并分析其产生原因。（光刻实验中，前烘、后烘、曝光、显影等过程都会对图形的转移产生重要的影响。前烘时间不足时，硅片表面还未干燥完全，导致光刻胶与基底不能牢固黏附，甚至在旋转涂覆光刻胶的过程中光刻胶不能在基底上形成足够厚度的膜层。后烘不足时，光刻胶硬度不够，图形易毁坏。在曝光过程中，曝光不足，光刻胶反应不充分，显影时部分胶膜被溶解，显微镜下观察会发现胶膜发黑；曝光时间过长，则使不感光的部分边缘微弱感光，产生“晕光”现象，边界模糊，出现皱纹。显影阶段，显影液溶度、显影时间都需要调整合适，否则易导致图形套刻不准确，边缘不整齐。）

八、思考题

1. 简述半导体光刻的原理、实验过程。

2. 分析影响半导体光刻质量的因素。

实验 4 半导体霍尔系数及电阻率测量

一、实验目的

1. 了解霍尔效应原理及测量霍尔元件有关参数。

2. 测绘霍尔元件的 V_H-I_s，V_H-I_M 曲线，了解霍尔电势差 V_H 与霍尔元件控制（工作）电流 I_s、励磁电流 I_M 之间的关系。

3. 学习利用霍尔效应测量磁感应强度 B 及磁场分布。

4. 判断霍尔元件载流子的类型，并计算其浓度和迁移率。

二、实验原理

1. 霍尔效应

霍尔效应是导电材料中的电流与磁场相互作用而产生电动势的效应。1879 年美国霍普金斯大学研究生霍尔在研究金属导电机构时发现了这种电磁现象，故称霍尔效应。后来曾有人利用霍尔效应制成测量磁场的磁传感器，但因金属的霍尔效应太弱而未能得到实际应用。随着半导体材料和制造工艺的发展，人们又利用半导体材料制成霍尔元件，由于它的霍尔效应显著而得到实用和发展，现在广泛用于非电量检测、电动控制、电磁测量和计算装置方面。在电流体中的霍尔效应也是目前在研究中的“磁流体发电”的理论基础。近年来，霍尔效应实验不断有新发现。1980 年原西德物理学家冯·克利青（K. Von Klitzing）研究二维电子气系统的输运特性，在低温和强磁场下发现了量子霍尔效应，这是凝聚态物理领域最重要的发现之一。目前对量子霍尔效应正在进行深入研究，并取得了重要应用，例如用于确定电阻的自然基准，可以极为精确地测量光谱精细结构常数等。在磁场、磁路等磁现象的研究和应用中，霍尔效应及其元件是不可缺少的，利用它观测磁场直观、干扰小、灵敏度高、效果明显。

霍尔效应从本质上讲是运动的带电粒子在磁场中受洛伦兹力的作用而引起的偏转。当带电粒子（电子或空穴）被约束在固体材料中，这种偏转就会导致在垂直电流和磁场方向上产生的正负电荷在不同侧的聚积，从而形成附加的横向电场。

如图 4-1 所示，磁场 B 位于 z 的正向，与之垂直的半导体薄片上沿 x 正向通以电流 I_S（称为控制电流或工作电流），假设载流子为电子（N 型半导体材料），它沿着与电流 I_S 相反的 x 负向运动。由于洛伦兹力 f_L 的作用，电子即向图中虚线箭头所指的位于 y 轴负方向的 B 侧偏转，并使 B 侧形成电子积累，而相对的 A 侧形成正电荷积累。与此同时，运动的电子还受到由于两种积累的异种电荷形成的反向电场力 f_E 的作用。随着电荷积累量的增加，f_E 增大，当两力大小相等（方向相反）时，$f_L=-f_E$，则电子积累便达到动态平衡。这时在 A、B 两端面之间建立的电场称为霍尔电场 E_H，相应的电势差称为霍尔电压 V_H。

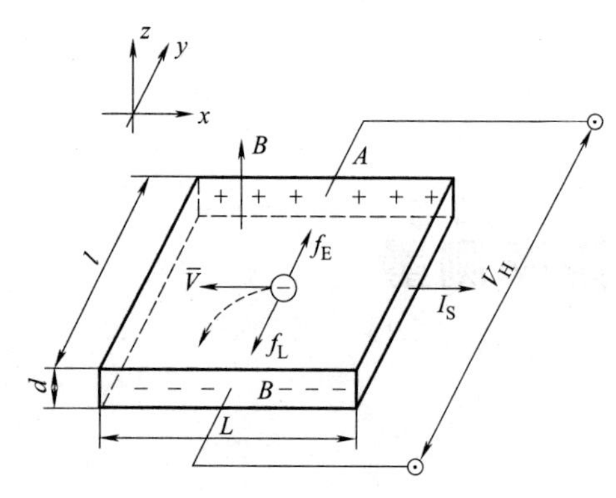

图 4-1 霍尔效应示意图

设电子按均一速度 $\overline{V}$ 向图示的 x 负方向运动，在磁场 B 作用下，所受洛伦兹力为 $f_L=-e\overline{V}B$，式中 e 为电子电量，$\overline{V}$ 为电子漂移平均速度，B 为磁感应强度。

同时，电场作用于电子的力为 $f_E=-eE_H=-eV_H/l$。式中，E_H 为霍尔电场强度；V_H 为霍尔电压；l 为霍尔元件宽度。当达到动态平衡时，$f_L=-f_E$

$$\overline{V}B=\frac{V_H}{l} \tag{4-1}$$

设霍尔元件宽度为 l，厚度为 d，载流子浓度为 n，则霍尔元件的控制（工作）电流为

$$I_S=ne\overline{V}ld \tag{4-2}$$

由（4-1）、（4-2）两式可得 $V_H=E_Hl=\frac{1}{ne}\frac{I_SB}{d}=R_H\frac{I_SB}{d}$ （4-3）

即霍尔电压 V_H（A、B 间电压）与 I_S、B 的乘积成正比，与霍尔元件的厚度成反比，比例系数 $R_H=1/ne$ 称为霍尔系数，它是反映材料霍尔效应强弱的重要参数，根据材料的电导率 $\sigma=ne\mu$ 的关系，还可以得到

$$R_H=\frac{\mu}{\sigma}=\mu\rho \tag{4-4}$$

式中，ρ 为材料的电阻率；μ 为载流子的迁移率，即单位电场下载流子的运动速率。一般电子迁移率大于空穴迁移率，因此制作霍尔元件时大多采用 N 型半导体材料。

当霍尔元件的材料和厚度确定时，设

$$K_H=\frac{R_H}{d}=\frac{1}{ned} \tag{4-5}$$

将式（4-5）代入式（4-3）中得

$$V_H=K_HI_SB \tag{4-6}$$

式中，K_H 为元件的灵敏度，它表示霍尔元件在单位磁感应强度和单位控制电流下的霍尔电势大小，单位为 mV/(mA·T)，一般要求 K_H 愈大愈好。

若需测量霍尔元件中载流子迁移率 μ，则有

$$\mu=\frac{\overline{V}}{E_I}=\frac{\overline{V}L}{V_I} \tag{4-7}$$

将式（4-2）、式（4-5）、式（4-7）联立求得

$$\mu=K_H\frac{L}{l}\frac{I_S}{V_I} \tag{4-8}$$

其中，V_I 为垂直于 I_S 方向的霍尔元件两侧面之间的电势差；E_I 为由 V_I 产生的电场强度；L、l 分别为霍尔元件长度和宽度。

由于金属的电子浓度 n 很高，所以它的 R_H 或 K_H 都不大，因此不适宜作霍尔元件。此外元件厚度 d 愈薄，K_H 愈高，所以制作时，往往采用减小 d 的办法来增加灵敏度，但不能认为 d 愈薄愈好，因为此时元件的输入和输出电阻将会增加，这对锗元件是不希望的。

应当注意，当磁感应强度 B 和元件平面法线成一角度时（如图 4-2），作用在元件上的有效磁场是其法线方向上的分量 $B\cos\theta$，此时

$$V_H = K_H I_S B\cos\theta \tag{4-9}$$

所以一般在使用时应调整元件两平面方位，使 V_H 达到最大，即 $\theta=0$，$V_H=K_H I_S B\cos\theta=K_H I_S B$。

由式（4-9）可知，当控制（工作）电流 I_S 或磁感应强度 B，两者之一改变方向时，霍尔电压 V_H 的方向随之改变；若两者方向同时改变，则霍尔电压 V_H 极性不变。

霍尔元件测量磁场的基本电路如图 4-3 所示，将霍尔元件置于待测磁场的相应位置，并使元件平面与磁感应强度 B 垂直，在其控制端输入恒定的工作电流 I_S，霍尔元件的霍尔电压输出端接毫伏表，测量霍尔电势 V_H 的值。

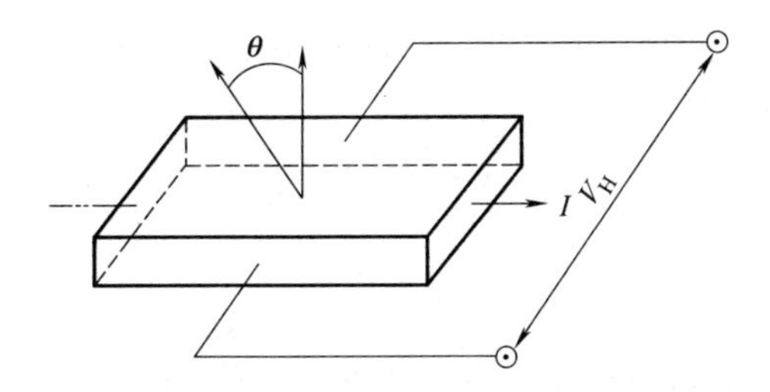

图 4-2　磁感应强度 B 和元件平面法线成一角度时的霍尔效应

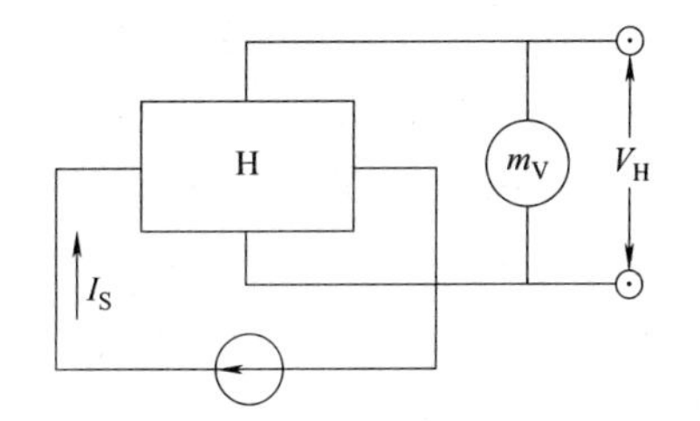

图 4-3　霍尔元件测量磁场的基本电路

在不同的温度范围，R_H 有不同的表达式。在本征电离完全可以忽略的杂质电流区，且主要只有一种载流子的情况，当不考虑载流子的统计分布时，对于 P 型半导体样品

$$R_H=\frac{1}{qp} \tag{4-10}$$

式中，q 为空穴电荷电量；p 为半导体载流子空穴浓度。

对于 N 型半导体样品

$$R_H=-\frac{1}{qn} \tag{4-11}$$

式中，n 为电子电荷电量。

考虑到载流子速度的统计分布以及载流子在运动中受到散射等因素的影响。在霍尔系数的表达式中还应引入霍尔因子 A，则式（4-10）、式（4-11）修正为

P 型半导体样品
$$R_H=\frac{A}{qp} \tag{4-12}$$

N 型半导体样品
$$R_H=-\frac{A}{qn} \tag{4-13}$$

A 的大小与散射机理及能带结构有关。在弱磁场（一般为 200mT）条件下，对球形等能面的非简并半导体，在较高温度（晶格散射起主要作用）情况下，$A=1.18$；在较低的温度（电离杂质散射起主要作用）情况下，$A=1.93$；对于高载流子浓度的简并半导体以及强磁场条件，$A=1$。

对于电子、空穴混合导电的情况，在计算 R_H 时应同时考虑两种载流子在磁场偏转下偏转的效果。对于球形等能面的半导体材料，可以证明

$$R_H=\frac{A(p-nb^2)}{q(p+nb)^2} \tag{4-14}$$

式中，$b=\frac{\mu_n}{\mu_p}$，μ_p、μ_n 分别为电子和空穴的迁移率；A 为霍尔因子，A 的大小与散射

机理及能带结构有关。

从霍尔系数的表达式可以看出：由 R_H 的符号可以判断载流子的型，正为P型，负为N型。由 R_H 的大小可确定载流子浓度，还可以结合测得的电导率算出如下的霍尔迁移率 μ_H

$$\mu_H = |R_H|\sigma \tag{4-15}$$

对于P型半导体 $\mu_H=\mu_P$，对于N型半导体 $\mu_H=\mu_N$。

霍尔系数 R_H 可以在实验中测量出来，表达式为

$$R_H=\frac{V_H d}{I_S B} \tag{4-16}$$

式中，V_H、I_S、d、B 分别为霍尔电势、样品电流、样品厚度和磁感应强度，单位分别为伏特（V）、安培（A），米（m）和特斯拉（T）。但为与文献数据相对应，一般所取单位为 U_H 伏（V）、I_S 毫安（mA）、d 厘米（cm）、B 高斯（Gs），则霍尔系数 R_H 的单位为厘米^3/库仑（cm^3/C）。

但实际测量时，往往伴随着各种热磁效应所产生的电位叠加在测量值 U_H 上，引起测量误差。为了消除热磁效应带来的测量误差，可采用改变流过样品的电流方向及磁场方向予以消除。

2. 霍尔系数与温度的关系

R_H 与载流子浓度之间有反比关系，当温度不变时，载流子浓度不变，R_H 不变，而当温度改变时，载流子浓度发生，R_H 也随之变化。实验可得 $|R_H|$ 随温度 T 变化的曲线。

3. 半导体电导率

在半导体中若有两种载流子同时存在，其电导率 σ 为

$$\sigma=qp\mu_p+qn\mu_n \tag{4-17}$$

实验中电导率 σ 可由下式计算出

$$\sigma=\frac{I}{\rho}=\frac{Il}{V_\sigma ad} \tag{4-18}$$

式中，ρ 为电阻率；I 为流过样品的电流；V_σ、l 分别为两测量点间的电压降和长度；a 为样品宽度；d 为样品厚度。

三、实验设备与材料

CVM200 为变温霍尔效应测试系统，见图 4-4。

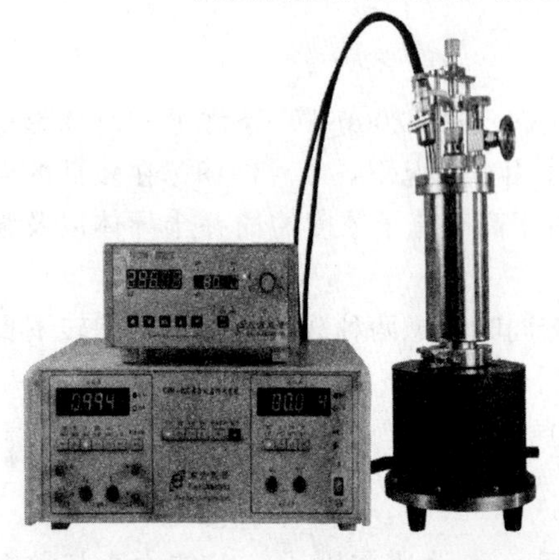

图 4-4 CVM200 变温霍尔效应测量系统

该仪器系统由可换向永磁体、CME12H 变温恒温器、TC202 控温仪、CVM-200 霍尔效应仪等组成。

系统的主要技术指标如下。

①磁场：大于 3500Gs；②样品电流：2nA～200mA；③测量电压：2μV～19.999mV；④控温精度：可达±0.2℃/30min（与实验技巧有关）；⑤最小分辨率：0.01℃/K；⑥变温范围：80～320K；⑦恒温器液氮容量：200mL；⑧静态液氮保持时间：4～6h（与预抽真空有关）。

其他材料：本系统自带有两块样品，样一是美国 Lakeshore 公司 HGT-2100 高灵敏度霍尔片，厚

度为0.18mm，最大工作电流≤10mA，室温下的灵敏度为55～140mV/kg；样二为锑化铟，厚度为1.11mm，最大电流为60mA，其在低温下是典型的P型半导体，而在室温下又是典型的N型半导体，相应的测试磁场并不高，但霍尔电压高，降低了对系统仪表灵敏度、磁铁磁场的要求。

四、实验内容与步骤

1. 常温下测量霍尔系数 R_H 和电导率 σ

（1）打开电脑、霍尔效应实验仪Ⅰ及磁场测量和控制系统Ⅱ电源开关（以下简称Ⅰ或Ⅱ；如Ⅱ电流有输出，则按一下Ⅰ复位开关，电流输出为零）。

（2）将霍尔效应实验仪Ⅰ，＜样品电流方式＞拨至“自动”，＜测量方式＞拨至“动态”，将Ⅱ〈换向转换开关〉拨至“自动”。按一下Ⅰ复位开关，电流有输出，调节Ⅱ电位器，至电流为一定电流值时测量磁场强度（亦可将Ⅱ开关拨至手动，调节电流将磁场固定在一定值，一般为200mT即2000Gs）。

（3）将测量样品杆放入电磁铁磁场中（对好位置）。

（4）进入数据采集状态，选择电压曲线。如没有进入数据采集状态，则按一下Ⅰ复位开关后进入数据采集状态。记录磁场电流正反向的霍尔电压 V_3、V_4、V_5、V_6。可在数据窗口得到具体数值。

（5）将Ⅰ＜测量选择＞拨至 σ，记录电流正反向的电压 V_1、V_2。

（6）计算霍尔系数 R_H，电导率 σ 等数据。

2. 变温测量霍尔系数 R_H 和电导率 σ

（1）将 I＜测量选择＞拨至“R_H”，将〈温度设定〉调至最小（往左旋到底，加热指示灯不亮）。

（2）将测量样品杆放入杜瓦杯中冷却至液氮温度。

（3）将测量样品杆放入电磁铁磁场中（对好位置）。

（4）重新进入数据采集状态（电压曲线）。

（5）系统自动记录随温度变化的霍尔电压，并自动进行电流和磁场换向。到了接近室温时调节〈温度设定〉至最大（向右旋到底）。也可一开始就加热测量。

（6）到加热指示灯灭，退出数据采集状态。保存霍尔系数 R_H 文件。

（7）将Ⅰ＜测量选择＞拨至“σ”。

（8）将测量样品杆放入杜瓦杯中冷却至液氮温度。

（9）将测量样品杆拿出杜瓦杯。

（10）重新进入数据采集状态。

（11）系统自动记录随温度变化的电压，到了接近室温时调节〈温度设定〉至最大。

（12）当温度基本不变时，退出数据采集状态。保存电导率 σ 文件。

五、注意事项

1. 请戴手套取液氮，防止冻伤。

2. 实验完毕后，一定将中心杆旋松，防止由于热膨胀系数不同，卡住聚四氟乙烯绝热塞，损坏恒温器。

3.霍尔元件及二维移动标尺易于发生折断、变形等损坏，应注意避免受挤压、碰撞等。实验前应检查两者及电磁铁是否松动、移位，并加以调整。

4.霍尔电压 V_H 测量的条件是霍尔元件平面与磁感应强度 B 垂直，此时 $V_H = K_H I_S B\cos\theta = K_H I_S B$，即 V_H 取得最大值。仪器在组装时已调整好，为防止搬运、移动中发生的形变、位移，实验前应将霍尔元件移至电磁铁气隙中心，调整霍尔元件方位，使其在 I_M、I_S 固定时，达到输出 V_H 最大。

5.为了不使电磁铁过热而受到损害或影响测量精度，除在短时间内读取有关数据，通以励磁电流 I_M 外，其余时间最好断开励磁电流开关。

6.仪器不宜在强光照射下、高温、强磁场和有腐蚀气体的环境下工作和存放。

六、数据记录及处理

1.数据记录

测一组室温数据，在液氮温度下，间隔10K变温测量，再记录6组数据。

样品＼次数	1	2	3	4	5	6	室温
样品一							
样品二							

2.数据处理

计算出室温下两样品的霍尔系数、载流子浓度、电阻率、霍尔迁移率。

计算出变温条件下两样品的电阻率，以温度为横坐标，电阻率为纵坐标，在坐标纸上做 ρ-t 关系曲线。

七、思考题

1.如何根据电场、磁场、霍尔电压的方向来判定半导体的导电类型？

2.测量样品的霍尔系数时怎样才能消除副效应？

微波反射光电导衰减法测量少数载流子寿命

一、实验目的

1.了解半导体中非平衡载流子产生和复合的微观过程。

2.了解影响复合寿命测量的相关因素。

3.理解用微波反射光电导衰减法测量硅片载流子复合寿命的原理。

4. 验证 S-R-H 模型的正确性并推算少子寿命。

二、实验原理

半导体中少数载流子的寿命对双极型器件的电流增益、正向压降和开关速度等起着决定性作用。半导体太阳能电池的换能效率、半导体探测器的探测率和发光二极管的发光效率也和载流子的寿命有关。因此，半导体中少数载流子寿命的测量一直受到广泛的重视。

1. 非平衡载流子的产生

处于热平衡状态的半导体，在一定温度下，载流子浓度是一定的。这种处于热平衡状态下的载流子浓度，称为平衡载流子浓度。用 n_0 和 p_0 分别表示平衡电子浓度和空穴浓度（单位：cm^{-3}）。在非简并的情况下，它们的乘积满足以下条件

$$n_0 p_0 = N_C N_V \exp\left(-\frac{E_g}{k_B T}\right) = n_i^2 \tag{5-1}$$

式中，N_C、N_V 分别表示导带和价带的有效态密度；E_g 为禁带宽度；k_B 为玻尔兹曼常数；本征载流子浓度 n_i 为温度的函数。在非简并情况下，无论掺杂多少，平衡载流子浓度 n_0 和 p_0 必定满足上式，因而它也是非简并半导体处于热平衡状态的判据式。

半导体的热平衡状态是相对的、有条件的。如果对半导体施加外界作用，破坏了热平衡的条件，这就迫使它处于与热平衡状态相偏离的状态，称为非平衡状态。处于非平衡状态的半导体，其载流子浓度也不再是 n_0 和 p_0，可以比它们多出一部分。比平衡状态多出来的这部分载流子称为非平衡载流子，有时也称为过剩载流子。

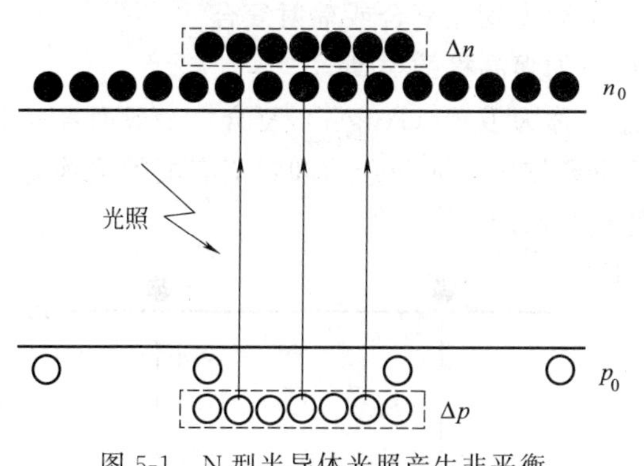

图 5-1　N 型半导体光照产生非平衡载流子的示意图

例如在一定温度下，当没有光照时，一块半导体中电子和空穴浓度分别为 n_0 和 p_0，假设是 N 型半导体，则 $n_0 \gg p_0$（电子为其多数载流子，简称多子；空穴为其少数载流子，简称少子），当用光子能量大于其禁带宽度的光照射该半导体时，光子就能够把价带上的电子激发到导带上去，产生电子-空穴对，使导带比平衡时多出一部分电子 Δn，价带比平衡时多出一部分空穴 Δp。它们被形象地表示在图 5-1 所示虚线框中。Δn 和 Δp 就是非平衡载流子浓度。这时把非平衡电子称为非平衡多数载流子，而把非平衡空穴称为非平衡少数载流子。对 P 型材料则相反。

此时载流子浓度变为

$$n = n_0 + \Delta n, p = p_0 + \Delta p \tag{5-2}$$

用光照使得半导体内部产生非平衡载流子的方法，称为非平衡载流子的光注入。光注入时

$$\Delta n = \Delta p \tag{5-3}$$

在一般情况下，注入的非平衡载流子浓度比平衡时的多数载流子浓度小得多，对 N 型材料，$\Delta n \ll n_0$，$\Delta p \ll n_0$，满足这个条件的注入称为小注入。例如电阻率 $1\Omega \cdot cm$ 的 N 型硅中，$n_0 \approx 5.5 \times 10^{15} cm^{-3}$，$p_0 \approx 3.1 \times 10^4 cm^{-3}$，若注入非平衡载流子 $\Delta n = \Delta p = 10^{10} cm^{-3}$，

$\Delta n \ll n_0$，是小注入，但是 Δp 几乎是 p_0 的 10^6 倍。这个例子说明，即使在小注入的情况下，非平衡少数载流子浓度还是可以比平衡少数载流子浓度大得多，它的影响就显得十分重要了，而相对来说非平衡多数载流子的影响可以忽略。所以实际上，往往是非平衡少数载流子起着重要作用，这种情况下所说的非平衡载流子通常是指非平衡少数载流子。

2. 非平衡载流子的复合及其寿命

当产生非平衡载流子的外部作用撤除以后，注入的非平衡载流子逐渐消失，也就是原来激发到导带的电子又回到价带，电子和空穴又成对地消失了。最后，载流子浓度恢复到平衡时的值，半导体又回到平衡态。这一过程称为非平衡载流子的复合。

当产生非平衡载流子的外部作用撤除以后，非平衡载流子并不是立刻全部消失，而是有一个过程，即它们在导带和价带中有一定的生存时间，有的长些，有的短些。非平衡载流子的平均生存时间称为非平衡载流子的寿命，一般主要研究半导体内部的复合过程，故也称为体复合寿命，简称复合寿命或寿命。在小注入情况下，由于相对于非平衡多数载流子，非平衡少数载流子的影响处于主导的、决定的地位，故常将小注入时的非平衡载流子的寿命称为少数载流子寿命，简称少子寿命。

非平衡载流子到底是怎样复合的？根据长期的研究结果，就复合过程的微观机构来讲，复合过程大致可以分为两种：

① 直接复合——电子在导带和价带之间的直接跃迁，引起电子和空穴的直接复合；

② 间接复合——电子和空穴通过禁带中的能级（复合中心）进行复合。

载流子复合时，一定要释放出多余的能量。放出能量的方法有三种：

① 发射光子。伴随着复合，将有发光现象，常称为发光复合或辐射复合。

② 发射声子。载流子将多余的能量传给晶格，加强晶格的振动。

③ 将能量给予其他载流子，增加它们的动能，称为俄歇（Auger）复合。一般而言，带间俄歇复合在窄禁带半导体中及高温情况下起着重要作用，而与杂质和缺陷有关的俄歇复合过程，则常常是影响半导体发光器件发光效率的重要原因。

（1）直接复合　半导体中的电子和空穴在运动中会有一定概率直接相遇而复合，使一对电子和空穴同时消失。从能带角度讲，就是导带中的电子直接落入价带与空穴复合，如图 5-2 所示。同时，还存在着上述过程的逆过程，即由于热激发等原因，价带中的电子也有一定概率跃迁到导带中去，产生一对电子和空穴。这种由电子在导带与价带间直接跃迁而引起非平衡载流子的复合过程就是直接复合。

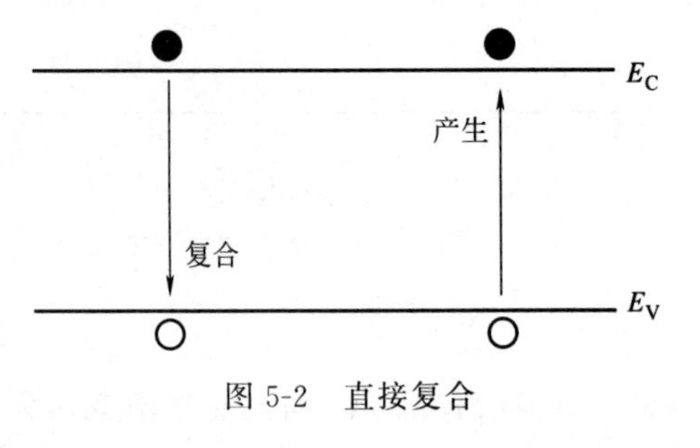

图 5-2　直接复合

一般，禁带宽度越小，直接复合的概率越大。所以在锑化铟（E_g=0.18eV）等窄禁带宽度的半导体中，直接复合占优势。

（2）间接复合　在实际使用的硅、锗单晶材料中，决定非平衡载流子寿命的主要不是直接复合。很早就发现，硅、锗单晶中少子寿命主要不是由材料本身性质决定的，而是由杂质和缺陷决定的，半导体中杂质越多，晶格缺陷越多，寿命就越短。这说明杂质和缺陷有促进复合的作用。这些促进复合过程的杂质和缺陷称为复合中心。间接复合指的是非平衡载流子通过复合中心的复合。这里只讨论具有一种复合中心能级的简单情况。

禁带中有了复合中心能级，就好像多了一个台阶，电子-空穴的复合可分两步走：第一步，导带电子落入复合中心能级；第二步，这个电子再落入价带与空穴复合。复合中心恢复了原来空着的状态，又可以再去完成下一次的复合过程。相对于复合中心能级 E_t 而言，共有 4 个微观过程，如图 5-3 所示。

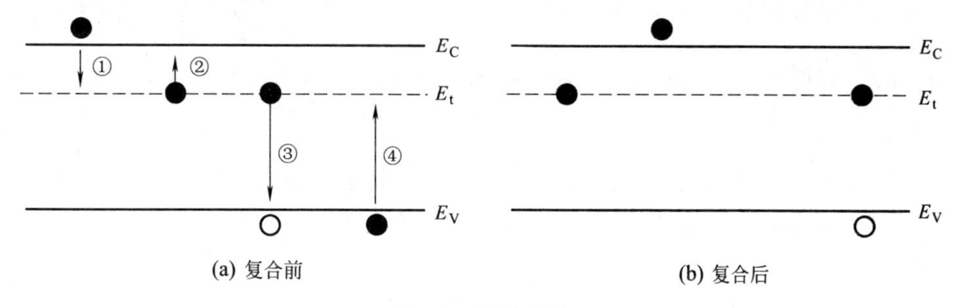

图 5-3　间接复合

间接复合的 4 个过程：①俘获电子过程。复合中心能级 E_t 从导带俘获电子。②发射电子过程。复合中心能级 E_t 上的电子被激发到导带（①的逆过程）。③俘获空穴过程。电子由复合中心能级 E_t 落入价带与空穴复合。也可看成复合中心能级从价带俘获了一个空穴。④发射空穴过程。价带电子被激发到复合中心能级 E_t 上。也可以看成复合中心能级向价带发射了一个空穴（③的逆过程）。

半导体中载流子通过缺陷中心进行间接复合的基本模型，由 Hall 及由 Shockley 和 Read 各自独立推出。在 Shockley-Read-Hall（S-R-H）模型中，假定：①半导体的掺杂水平不太高，没有使半导体产生简并；②缺陷中心浓度与多数载流子浓度相比很小。在这两个假定下，非平衡电子的浓度（Δn）与非平衡空穴的浓度（Δp）相等。在半导体内部，以 μs 为单位的复合寿命可表示如下：

$$\tau=\frac{\tau_{n0}(p_0+p_1+\Delta p)+\tau_{p0}(n_0+n_1+\Delta n)}{n_0+p_0+\Delta n} \tag{5-4}$$

式中　τ_{n0} 为未被填充的缺陷中心俘获电子的时间常数，单位为 μs；τ_{p0} 为已被填充的缺陷中心俘获空穴的时间常数，单位为 μs；n_0 为非简并半导体处于热平衡状态时的电子浓度，单位为 cm^{-3}；p_0 为非简并半导体处于热平衡状态时的空穴浓度，单位为 cm^{-3}；n_1 为费米能级 $E_F=E_t$ 时，非简并半导体中电子的浓度，单位为 cm^{-3}；p_1 为费米能级 $E_F=E_t$ 时，非简并半导体中空穴的浓度，单位为 cm^{-3}。

复合中心能级 E_t 越深，寿命越小，所以深能级杂质对寿命影响极大，即使少量深能级杂质也能大大降低寿命。过渡金属杂质往往是深能级杂质，如 Fe、Cr、Mo 等杂质。

（3）表面复合对复合寿命测量的影响　实际上，复合寿命的测量在很大程度上受半导体样品的形状和表面状态的影响。例如，实验发现，经过吹砂处理或用金刚砂粗磨的样品，其寿命很短；而细磨后再经适当化学腐蚀的样品，寿命要长得多。实验还表明，对于同样的表面情况，样品越小，寿命越短。可见，半导体表面确实有促进复合的作用。表面复合是指在半导体表面发生的复合过程。表面处的杂质和表面特有的缺陷也在禁带形成复合中心能级，因而，就复合机构来讲，表面复合仍然是间接复合。

考虑到表面复合，实际测得的寿命值是体内复合和表面复合的综合结果。设这两种复合是单独平行地发生的，τ 表示体复合寿命，τ_s 表示表面复合寿命，那么有关系式

$$\frac{1}{\tau_{eff}}=\frac{1}{\tau}+\frac{1}{\tau_s} \tag{5-5}$$

式中，τ_{eff} 为有效复合寿命或表观寿命，即实际测量的寿命值。对硅片进行寿命测量，往往是为了确定硅片受污染的情况，而体复合寿命可以反映样品受污染的程度，故半导体测量中真正关心的是表征材料质量的体复合寿命。上式中，若 τ_s 项能忽略，则 $\tau \approx \tau_{eff}$。例如，当 $\tau_s=10\tau$ 时，算得 $\tau_{eff}=0.9\tau$，此时寿命的测量精度为 $\frac{\tau-\tau_{eff}}{\tau}=10\%$，我们称 τ_{eff} 以 10% 的精度表征 τ。

表面复合寿命主要由两项构成：载流子扩散到样片表面所引起的扩散项 τ_{diff} 和表面复合引起的复合项 τ_{sr}，因此，表面复合寿命可通过下面近似关系式计算

$$\tau_s=\tau_{diff}+\tau_{sr}=\frac{L^2}{\pi^2 D}+\frac{L}{2S} \tag{5-6}$$

式中，D 为少子的扩散系数，单位 cm^2/s；L 为样品厚度，单位 cm；S 为表面复合速率，单位 cm/s，描述表面复合的快慢，并假设两个表面的复合速率相等，其大小取决于表面状态。一般良好抛光面的表面复合速率约为 10^4cm/s，而研磨面的表面复合速率更大（约为 10^7cm/s，为载流子的饱和速率）。通过各种表面钝化处理，可以使 S 小于 10cm/s。

3. 微波反射光电导衰减法测量载流子复合寿命

通常寿命是用实验方法测量的，各种测量方法都包括非平衡载流子的注入和检测两个方面。最常用的注入方法是光注入和电注入，而检测非平衡载流子的方法很多。不同的注入和检测方法的组合就形成了许多寿命测量方法。

微波反射光电导衰减法（μ-PCD）是国家标准推荐的方法之一，其优点在于不需要绝对测量过剩载流子的大小，而是通过光电导进行相对测量。该方法可在有限的条件下通过比对某特定工艺前后载流子复合寿命测试值，识别引入沾污的工序，识别某些个别的杂质种类。本仪器即采用 μ-PCD 法。

μ-PCD 法测量载流子复合寿命的原理示意图如图 5-4 所示。

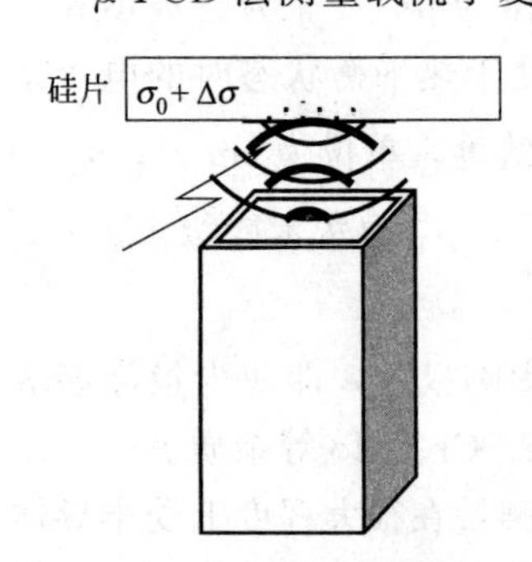

图 5-4 μ-PCD 法测量载流子复合寿命的原理示意图

μ-PCD 测量原理：微波信号在半导体表面反射，并检测反射信号的大小，当一束红外脉冲激光（能量略大于硅的禁带宽度）照射在硅片表面，在被照射区域内产生电子-空穴对，导致硅片的电导率发生改变，微波反射信号会随之改变。由于微波信号在空气中传播损失极小，可以认为微波反射信号的变化反映了硅片载流子浓度的变化。通过测量微波反射信号随时间的变化，即可得到载流子浓度随时间的变化，进而通过分析衰减曲线，得到有效复合寿命 τ_{eff}。

前面已经从理论上分析了影响硅片寿命的有关因素，下面针对本实验所用的方法和设备，指出在实际操作过程中可能会出现的影响因素及消除或减缓影响的办法。

（1）表面处理　半导体测量中真正关心的是表征材料质量的体复合寿命，故应当抑制表面复合，例如对表面做钝化处理。常见的单晶硅表面钝化的方法有干氧钝化和碘乙醇溶液钝化等。综合考虑安全性和可操作性，在室温条件下碘-乙醇溶液钝化最为安全、方便。本实验即采用碘-乙醇溶液钝化处理。将硅片包在小塑料袋中，并向塑料袋中滴加足

够钝化剂，使得在测量进行时，有一层钝化剂薄膜覆盖在硅片表面，利用钝化剂中的氢元素或卤素元素对硅片表面的悬挂键进行饱和，从而降低表面复合速率。注意：样片应始终保存在加厚密封塑料袋中，在向塑料袋中滴加完钝化剂后及时排出气泡，并尽量在短时间内完成测量。

(2) 曲线畸变 经表面处理后的样片，实际测得的微波反射功率 V 的衰减往往并不是理想的指数衰减曲线，在光照消失后的最初阶段偏离理想曲线，如图 5-5 (a) 或 (b) 所示（相关影响因素可参考后面介绍的“电导率”）。

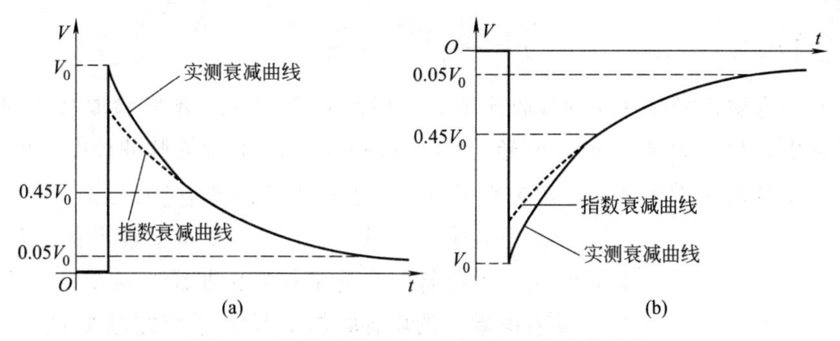

图 5-5 微波反射功率 V 随时间 t 的变化曲线

通过观察可知，当信号衰减 40%～50%以后，实际曲线就与理想的指数衰减曲线基本吻合了。使得实际曲线与指数衰减曲线在起始段偏离的原因在于注入激光光强太强，破坏了小注入条件，存在光注入高次模非指数衰减的干扰，在高次模消失之后进行测量可将此效应减至最小。根据国家标准，经表面处理的硅片，一般利用其衰减信号峰值的 5%～45%范围内的指数部分计算时间常数，该时间常数即为体复合寿命。

衰减信号峰值的 5%～45%范围内的指数衰减函数所对应方程为 $y=y_0+Ae^{-x/t}$，其中，y_0、A、t 均为待测常量。t 就是复合寿命的值。通过数据拟合的办法就能够实现参数 y_0、A、t 的回归，达到测量复合寿命的目的。

(3) 注入水平 注入水平 η 是指在非本征半导体晶体或晶片内，由光子或其他手段产生的非平衡载流子浓度与平衡载流子浓度之比，即 $\eta=\Delta n/(n_0+p_0)$。

当 $\eta \ll 1$，即低注入（小信号）时，测得的寿命值与 η 的数值无关。但在要在低注入范围内进行测量，常常是不可能也不方便的。为了提高信噪比，常采用中高水平的注入，在这种情况下测得的寿命是注入水平的函数。下面将就复合寿命与注入水平的函数关系进行分析。

根据 S-R-H 模型，有 $\tau=\dfrac{\tau_{n0}(p_0+p_1+\Delta p)+\tau_{p0}(n_0+n_1+\Delta n)}{n_0+p_0+\Delta n}$

在低注入范围内，Δn 可以忽略，上式简化为小信号复合寿命 τ_0，即少子寿命

$$\tau_0=\tau_{n0}\frac{p_0+p_1}{n_0+p_0}+\tau_{p0}\frac{n_0+n_1}{n_0+p_0} \tag{5-7}$$

上式表明，在低注入时，测得的复合寿命 τ_0 与注入水平无关。

在高注入范围内，Δn 是主要项，复合寿命变成

$$\tau_\infty=\tau_{n0}+\tau_{p0} \tag{5-8}$$

中等注入时，复合寿命可由 τ_0 和 τ_∞ 联合表示

$$\tau=\frac{(n_0+p_0)\tau_0+\Delta n\tau_\infty}{n_0+p_0+\Delta n}=\frac{\tau_0+\eta\tau_\infty}{1+\eta} \tag{5-9}$$

或

$$\tau(1+\eta)=\tau_\infty\eta+\tau_0$$

因此，当以 $\tau(1+\eta)$ 对 η 作图时，可得一直线，这条直线的零截距为 τ_0，其斜率为 τ_∞，此函数的直线性可用以验证 S-R-H 模型的正确性。

(4) 注入水平的计算　硅片在脉冲作用期间吸收的光子密度 Φ 除以多数载流子浓度，即为注入水平 η。其中光子密度 Φ（单位光子/cm^3）由下式给出

$$\Phi=\frac{f\int_0^{t_p}\varphi\mathrm{d}t}{L}=\frac{f\Phi_1}{L} \tag{5-10}$$

式中，f 为入射激光被样品的吸收比率，一般在 0.7～0.9，本实验取其中间值 0.8；φ 为入射激光强度，单位为 W/cm^2，或光子数/($cm^2\cdot s$)；t_p 为激光脉冲长度，单位为 s；Φ_1 为每个脉冲期间的光子面密度，单位为光子/cm^2；L 为片厚，单位为 cm。

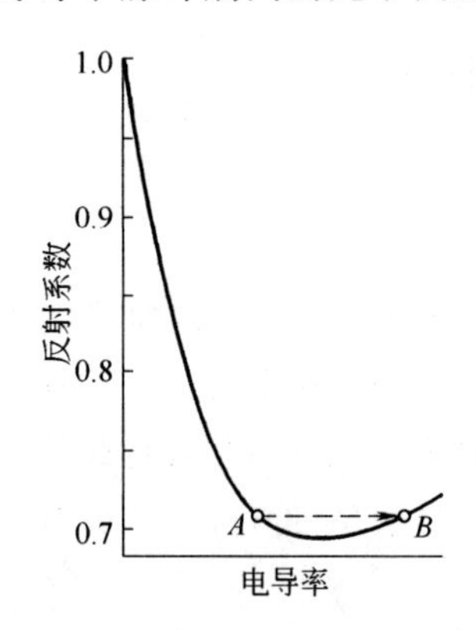

图 5-6　反射系数随电导率的关系曲线

(5) 电导率　图 5-6 是某半导体样品在一固定微波频率下，微波反射系数随样品电导率的变化曲线（局部）。从图中可以看出，随着电导率的增加，微波反射系数逐渐下降，然后又逐渐上升。这个变化规律就对微波光电导测试技术提出了限制，若样品原始电导率在 A 点的对应值，注入光生载流子后，样品电导率变为 B 点的对应值，而两者的反射系数是一样的，即电导率的变化没有导致微波反射系数的变化，这时，我们无法通过探测微波反射率随时间的变化来反映电导率随时间变化的趋势，即无法通过微波探测的方法来得到少数载流子寿命，这种测试方法就失效了。

(6) 其他因素　复合中心的浓度在硅片中的分布一般是不均匀的，所以在测试少子寿命时可对样片进行多点测试，并记录测量位置，测量点间距离。

硅中杂质的复合特性和温度密切相关，所以在测量寿命时应在相同温度下进行测量。

另外，本方法不适合检测非常薄的硅膜的寿命。若存在平行于表面的 PN 结或高-低结（$P-P^+$ 或 $N-N^+$）可导致寿命测试的不正确。

对于硅片少子寿命的测量，不同的测试方法，测试结果可能会有出入，因为不同的注入方法、不同的表面状况，探测和算法也各不相同，因此少子寿命测试没有绝对的精度概念（目前无论是实验室内或实验室间的精度都未确立），也没有国际认定的标准样片的标准，目前国际上只有测试方法的标准，只有重复性、分辨率的概念。对于同一样品，不同测试方法之间需要做比对实验。由于少子寿命无法准确标定，国际上给出的测试标准，同一待测材料在不同测试仪器下少子误差在±135％内都是可以接受的。

三、实验设备与材料

ZKY-5305 数字式硅片少子寿命实验仪。

图 5-7 为仪器外观示意图，图 5-8 为仪器结构框图，另外还有钝化剂及相关附件，以及数字示波器及装有相关软件的计算机。

① 底壳：含有微波源、隔离器和内部电路。微波源用于产生固定频率和功率的微波，

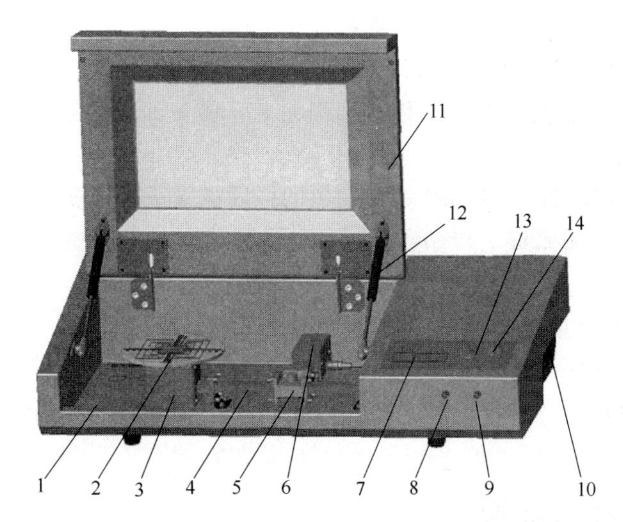

图 5-7　ZKY-5305 数字式硅片少子寿命实验仪外观示意图

1—底壳；2—样品台；3—激光组件；4—波导管；5—环行器；6—检波器；7—显示窗口；8—输出信号接口；9—同步信号接口；10—电源插座；11—机箱盖；12—气弹簧；13—微波激光按钮及指示灯；14—激光强度调节旋钮

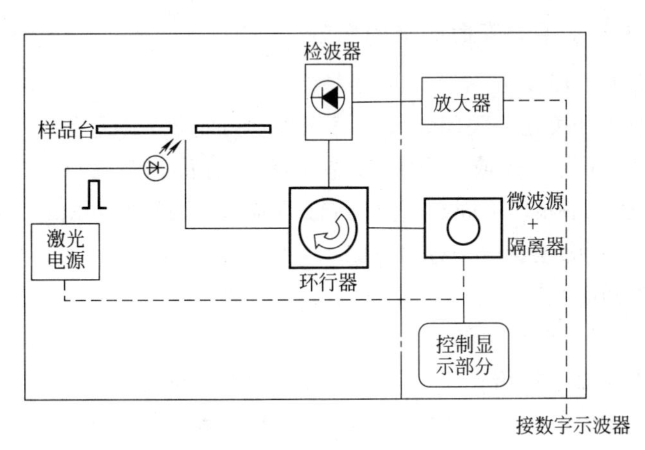

图 5-8　ZKY-5305 数字式硅片少子寿命实验仪仪器结构框图

隔离器起隔离和单向传输作用。

② 样品台：含有二维刻度标尺、红外滤光片，用于承载被测样品，并可对样品进行定位。

③ 激光组件：用于发射激光，并提供同步信号。

④ 波导管：用于传输微波。

⑤ 环行器：使微波能量按一定顺序单向传输的铁氧体器件。

⑥ 检波器：用于检测微波信号。

⑦ 显示窗口：用于显示测试盘中心表面的激光的光子面密度数值，单位：10^{13} 光子/cm^2。

⑧ 输出信号接口：输出来自检波器经放大器放大后的信号。

⑨ 同步信号接口：输出来自激光组件的信号作为同步信号。

⑩ 电源插座：接 AC220V/50Hz 的电源。

⑪ 机箱盖：特别注意，由于机箱盖较重，使用时请缓慢开启或关闭机箱盖，避免伤手。

⑫ 气弹簧：对机箱盖的运动起一定的缓冲作用。

⑬ 微波激光按钮及指示灯：按钮按下时，指示灯点亮，微波源和激光器同时工作；反之指示灯灭，微波源和激光器均不工作。特别注意：微波激光指示灯亮时，严禁直视样品台，避免激光对眼睛造成伤害。

⑭ 激光强度调节旋钮：用于改变激光输出的强度或光子面密度。

本仪器配有硅片样品放置于样品盒（或晶圆盒）中，钝化剂为0.08mol/L碘乙醇钝化剂装于密封滴瓶中。

数字示波器（RIGOL公司的DS1102E数字存储示波器）。

实验提供两片硅片样品：分别为N型、P型各一片，分别记为样品A和样品B，对应掺杂浓度见样品参数标贴，轻掺杂时，可认为室温下杂质全部电离，多数载流子浓度等于掺杂浓度。

四、实验内容和步骤

实验前准备：打开数字示波器和实验仪器。仪器上的输出信号接口与数字示波器CH1通道相连，同步信号接口和数字示波器CH2通道相连。设置好数字示波器（参见附录“数字示波器的设置”）。

1. 研究钝化和注入水平对寿命测量的影响

（1）记录硅片类型、厚度 L 和掺杂浓度（见样品参数标贴）于表5-1。

（2）确保微波激光开关处于关闭状态（对应指示灯熄灭）。缓慢开启机箱盖至机箱盖完全打开。将未做表面钝化处理或钝化效果基本消退的待测硅片中心置于测量台中心点（0，0）处（单位默认为mm，下同）。若样品直径为2in（即50.8mm），则当硅片中心位于（0，0）时，硅片外圆轮廓至少应经过（－25.4，0）、(25.4，0)、(0，－25.4)、(0，25.4)四点中的三个点。若样品直径为3in（即76.2mm），则对应经过（－38.1，0）、(38.1，0)、(0，－38.1)、(0，38.1) 四点中的三个点。直径4in、5in……依此类推。

（3）缓慢关闭机箱盖至机箱盖完全闭合。打开微波激光开关（对应指示灯点亮），调节光子面密度 Φ_1 为一较小值（但需要有信噪比较好的衰减信号波形）。利用示波器存储衰减信号数据（详见附录“数字示波器的设置”，下同），记录光子面密度和对应的文件名称于数据记录表（钝化前实验数据列）。

（4）关闭微波激光开关（对应指示灯熄灭），缓慢开启机箱盖至机箱盖完全打开。然后将该硅片进行表面钝化处理（滴加约10滴钝化剂或能在其表面形成薄薄的一层钝化剂即可，并及时排除气泡）。在相同位置、相同光子面密度下，调节示波器，利用示波器存储衰减信号数据，并记录光子面密度和对应的文件名称于表5-1中（钝化后实验数据列）。

（5）逐渐增大光子面密度，重复利用示波器存储衰减信号数据，并记录光子面密度和对应的文件名称于数据记录表，直到样品包含1组钝化前的数据和9组钝化后的数据。

（6）测量完毕，关闭微波激光开关（对应指示灯熄灭），缓慢开启机箱盖至机箱盖完全打开，取出样品归置于晶圆盒中保存。然后缓慢关闭机箱盖至机箱盖完全闭合。

更换样品，重复步骤（1）～(5)。

2. 测量复合寿命的分布（选做）

将样品放置在样品台上的不同位置，样品台上有坐标网格作参考，可以通过改变样品在样品台上的位置，测量样品不同位置处的复合寿命值。

五、数据记录及处理

1. 数据记录

表 5-1　钝化和注入水平对寿命测量的影响

样品：A，硅片类型：______型，片厚：______cm，掺杂浓度：______cm^{-3}，测量位置：(0，0) mm

项目	钝化前	钝化后						
Φ_1($\times10^{13}$ 光子/cm^2)								
文件名称								

样品：B，硅片类型：______型，片厚：______cm，掺杂浓度：______cm^{-3}，测量位置：(0，0) mm

项目	钝化前	钝化后						
Φ_1($\times10^{13}$ 光子/cm^2)								
文件名称								

2. 利用“数字式硅片少子寿命教学辅助及数据处理软件”处理数据并生成实验报告

将 U 盘插入计算机 USB 接口，确认 U 盘安装成功。

(1) 修改配置文件　在安装好的程序文件夹下找到配置文件“ZKY5305. ini”，如图 5-9 所示位置。

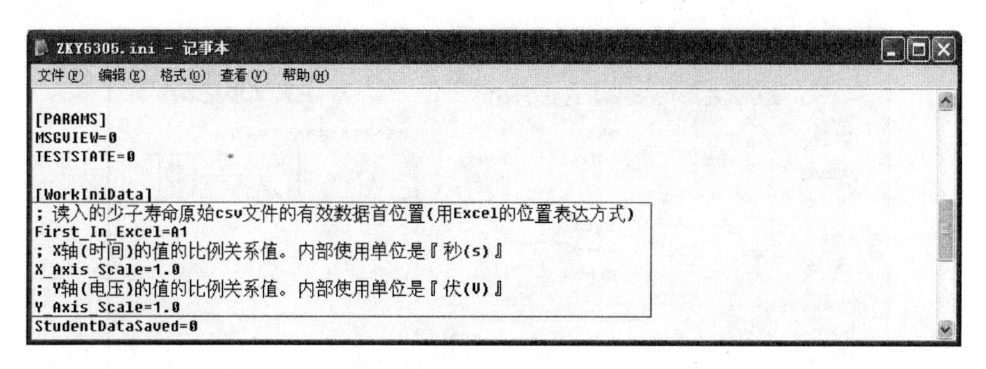

图 5-9　配置文件“ZKY5305. ini”

用 excel 打开某一“. csv”格式文件，并确认有效数据为连续并列两列，且时间列在左。如图 5-10 所示，D、E 两列为有效数据，且 D 列为时间列，有效数据首位置为 D1。

配置文件中“First _ In _ Excel=A1”表示读入的有效数据首位置为 A1。针对图 5-10 所示“. csv”文件，配置文件应将“A1”改为“D1”。

配置文件中“X _ Axis _ Scale=1. 0”表示 X 轴（时间）单位的值与软件内部计算使用的时间单位（秒）的比值关系。针对上图所示“. csv”文件，单元格 A11 和 B11 表明时间单位为秒，故配置文件“X _ Axis _ Scale=1. 0”保持不变。

配置文件中“Y _ Axis _ Scale=1. 0”表示 Y 轴（电压）单位的值与软件内部计算使用的电压单位（伏）的比值关系。针对上图所示“. csv”文件，单元格 A8 和 B8 表明电压单

	A	B	C	D	E	F
1	Record Length	2.50E+03		-1.5E-05	0.06	
2	Sample Interval	1.00E-07		-1.5E-05	0.04	
3	Trigger Point	1.50E+02		-1.5E-05	0.06	
4				-1.5E-05	0.04	
5				-1.5E-05	0.06	
6				-1.5E-05	0.06	
7	Source	CH1		-1.4E-05	0.06	
8	Vertical Units	V		-1.4E-05	0.04	
9	Vertical Scale	5.00E-01		-1.4E-05	0.06	
10	Vertical Offset	1.00E+00		-1.4E-05	0.06	
11	Horizontal Units	s		-1.4E-05	0.04	
12	Horizontal Scale	2.50E-05		-1.4E-05	0.06	
13	Pt Fmt	Y		-1.4E-05	0.06	
14	Yzero	0.00E+00		-1.4E-05	0.06	
15	Probe Atten	1.00E+00		-1.4E-05	0.08	
16	Model Number	TBS1102B-EDU		-1.4E-05	0.06	
17	Serial Number	C018456		-1.3E-05	0.08	
18	Firmware Version	FV:v4.06		-1.3E-05	0.06	
19				-1.3E-05	0.04	
20				-1.3E-05	0.08	
21				-1.3E-05	0.04	
22				-1.3E-05	0.04	
23				-1.3E-05	0.04	

图 5-10 “.csv”格式文件

位为 V，故配置文件“Y_Axis_Scale=1.0”保持不变。

以上三处设置完成后，保存修改后的配置文件。若“.csv”格式发生变化，需重新设置配置文件上述三个地方。

（2）运行软件并处理数据 双击程序运行图标，进入程序主界面（见图 5-11）。

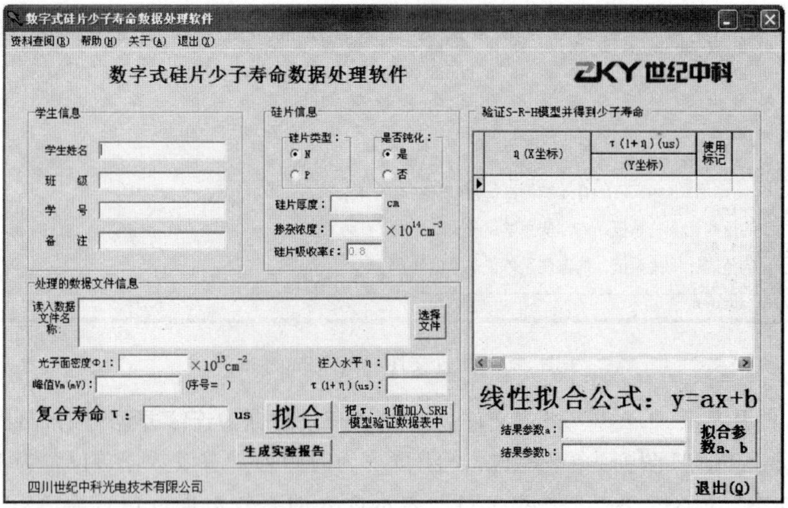

图 5-11 数据处理软件主界面

在“学生信息”栏，添加学生信息。在“硅片信息”栏，单选“硅片类型”和“是否钝化”，手动添加硅片厚度和掺杂浓度数据。硅片吸收率程序默认为固定值 0.8。

在“处理的数据文件信息”栏，单击“选择文件”，导入需要的“.csv”文件（在导入之前该文件不能被其他程序占用），然后手动添加该“.csv”文件对应的光子面密度值，软件会自动计算出注入水平。

点击“拟合”，软件自动进入到“采用指数拟合以计算复合寿命”窗口（见图 5-12）。

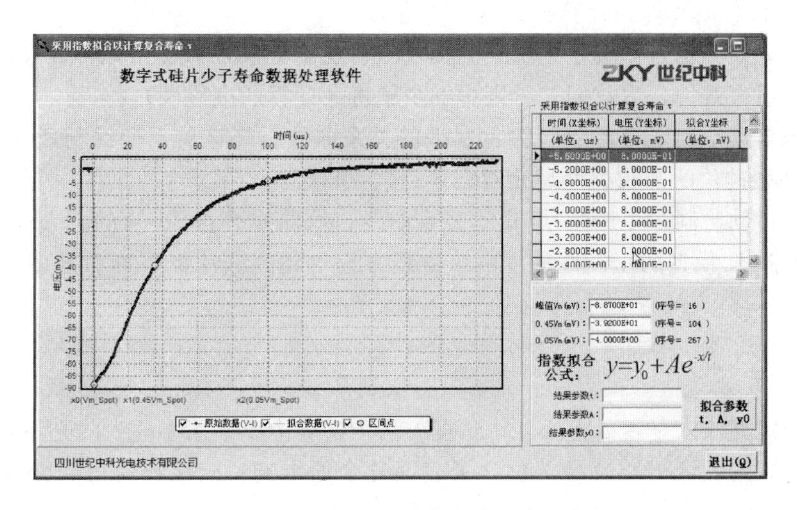

图 5-12　“指数拟合计算复合寿命”窗口

点击“拟合参数 t，A，y_0”，软件会在短暂计算后自动绘出拟合曲线，并添加“拟合 y 值”及参数 t，A，y_0。

点击“退出”，返回到主界面，此时主界面会自动填入峰值、复合寿命 τ、$\tau(1+\eta)$ 的值。

点击“把 τ、η 值加入 SRH 模型验证数据表中”，相关信息会添加到“验证 S-R-H 模型并得到少子寿命”（见图 5-13）栏中的相应列。

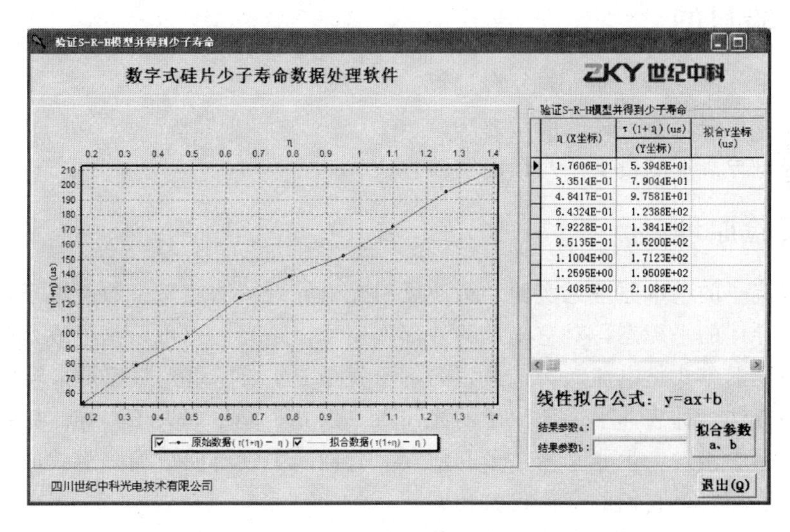

图 5-13　“验证 S-R-H 模型并得到少子寿命”窗口

导入同一硅片的其他“.csv”文件，重复上述步骤，得到同一硅片一系列不同光子面密度（即不同注入水平）下的各种信息。

点击“拟合参数 a、b”，软件自动进入到“验证 S-R-H 模型并得到少子寿命”窗口。

点击“拟合参数 a、b”，软件会在短暂计算后自动绘出拟合曲线，并添加“拟合 y 值”及参数 a、b。

点击“退出”，返回到主界面，此时主界面会自动填入结果参数 a、结果参数 b 的值，其中 b 的值（单位 μs）即为计算得到的少子寿命。

点击“生成实验报告”按钮生成实验报告（目前实验报告只支持同一硅片，1 组有效钝化前数据和 9 组有效钝化后数据，否则影响少子寿命计算的准确性）。

实验报告自动绘制复合寿命与注入水平的关系曲线，将该关系曲线与式（5-9）进行比较，试分辨 P 型硅片的杂质类型是元素铁还是铁-硼对。

实验报告自动绘制 $\tau(1+\eta)$ 与 η 的关系曲线，该曲线是否为一直线？该曲线的直线性是如何验证 S-R-H 模型的正确性的？由该直线方程得到的硅片少子寿命是多少？扩散长度是多少？

六、思考题

1. 如何确定光注入是否处于小注入情况？为何实验中要采用小注入的光注入？
2. 实验得到的载流子寿命是否包含了表面复合的影响？应该如何得到少数载流子的体寿命？

实验 6 高频光电导衰退法测量少数载流子寿命

一、实验目的

1. 理解非平衡载流子的注入与复合过程。
2. 了解非平衡载流子寿命的测量方法。
3. 学会光电导衰退测量少子寿命的实验方法。

二、实验原理

非平衡载流子的基本原理见实验“微波反射光电导衰减法测量少数载流子寿命”部分。

要破坏半导体的平衡态，对它施加的外部作用可以是光，也可以是电或是其他的能量传递方式。常用到的方式是电注入，最典型的例子就是 PN 结。用光照使得半导体内部产生非平衡载流子的方法，称为非平衡载流子的光注入。以光子能量略大于半导体禁带宽度的光照射样品，在样品中激发产生非平衡电子和空穴。若样品中没有明显的陷阱效应，那么非平衡电子和空穴浓度相等，它们的寿命也就相同。

如果所采用的光在半导体中的吸收系数比较小，而且非平衡载流子在样品表面复合掉的部分可以忽略，那么光激发的非平衡载流子在样品内可以看成是均匀分布。假定一束光在一块 N 型半导体内部均匀地产生非平衡载流子 Δn 和 Δp。在 $t=0$ 时刻，光照突然停止，Δp 随时间而变化，单位时间内非平衡载流子浓度的减少应为 $-\mathrm{d}\Delta p(t)/\mathrm{d}t$，它由复合引起，因此应当等于非平衡载流子的复合率，即

$$\frac{\mathrm{d}\Delta p(t)}{\mathrm{d}t}=-\frac{\Delta p(t)}{\tau} \tag{6-1}$$

在非平衡少数载流子浓度 Δp 比平衡载流子浓度 n_0 小得多，即小注入时，τ 是一恒量，与 $\Delta p(t)$ 无关，设 $t=0$ 时，$\Delta p(0)=(\Delta p)_0$，则式（6-1）的解为

$$\Delta p(t)=(\Delta p)_0\exp\left(-\frac{t}{\tau}\right) \tag{6-2}$$

上式就是非平衡载流子浓度随时间按指数衰减的规律。利用式（6-2）可以求出非平衡载流子平均生存时间 $\bar{t}$ 就是寿命 τ，即

$$\bar{t}=\frac{\int_0^{\infty} t\,\mathrm{d}\Delta p(t)}{\int_0^{\infty}\mathrm{d}\Delta p(t)}=\frac{\int_0^{\infty} t\exp(-t/\tau)\mathrm{d}t}{\int_0^{\infty}\exp(-t/\tau)\mathrm{d}t}=\tau \tag{6-3}$$

若取 $t=\tau$，由式（6-2）知，$\Delta p(\tau)=\dfrac{\Delta p_0}{\mathrm{e}}$，所以寿命也等于非平衡载流子浓度衰减到原值的 $\dfrac{1}{\mathrm{e}}$ 所经历的时间。

如果入射光的能量 $h\nu>E_g$，这样的光被半导体吸收之后，就会产生过剩载流子，引起载流子浓度的变化。因而电导率也就随之改变。对一块 N 型半导体来说，在无光照的情况下，即处于平衡状态。其电导率 $\sigma_i=q(n_0\mu_n+p_0\mu_p)$，这时的电导率称为“暗电导率”。当有光照时，载流子的数目增加了，电导率也随之增加，增加量为

$$\Delta\sigma=q(\Delta n\mu_n+\Delta p\mu_p)=q(\mu_n+\mu_p)\Delta p \tag{6-4}$$

电导率的这个增加量称为“光电导率”。

光照停止后，过剩载流子不再产生，只有复合。由于过剩载流子逐渐减少，光电导也就随之不断下降。这样，通过对光电导随时间变化的测量，就可以得到过剩载流子随时间变化的情况，也就可以求出寿命。光电导衰退法测量过剩载流子寿命，就是根据这个原理进行的。

通常少数载流子寿命是用实验方法测量的，各种测量方法都包括非平衡载流子的注入和检测两个基本方面。最常用的注入方法是光注入和电注入，而检测非平衡载流子的方法很多，如探测电导率的变化、探测微波反射或透射信号的变化等，这样组合就形成了许多寿命测试方法。近 30 年来发展了数十种测量寿命的方法，如表 6-1 所示。

表 6-1　非平衡载流子寿命测试方法

少子注入方式	测试方法	测定量	测量范围	特性
光注入	直流光电导衰退	τ	$\tau>10^{-7}$s	τ 的标准测试方法
	表面光电压法	$L(\tau_B)$	$1<L<500\mu$m	吸收系数 α 值要精确
	交流光电流的相位	τ_B	$\tau_B>10^{-8}$s	调制光的正弦波
	微波光电导率的衰减特性	τ	$\tau>10^{-7}$s	非接触法
	红外吸收法	τ	$\tau>10^{-5}$s	非接触法光的矩形波调制
电子束	电子束激励电流	$\tau_{B,S}$	$\tau>10^{-9}$s	适于低阻
PN 结	二极管反向恢复法	τ	$\tau>10^{-9}$s	适于低阻，测量精度高
MOS 器件	MOS 电容的阶梯电压响应	$\tau_{B,S}$	$\tau_B>10^{-11}$s	τ_B 和 τ_S 分离
	MOS 沟道电流	τ_B	$10^{-14}\text{s}<\tau<10^{-3}$s	氧化膜厚度≈5nm
	自反型层流出的电荷	τ_B	$\tau>10^{-7}$s	测耗尽层层外的区域

光电导衰退法有直流光电导衰退法、高频光电导衰退法和微波光电导衰退法。其差别主要在于用直流、高频电流还是用微波来提供检测样品中非平衡载流子的衰退过程的手段。直流法是标准方法，高频法在硅单晶质量检验中使用十分方便，而微波法则可以用于器件工艺线上测试晶片的工艺质量。

高频光电导衰退法是在直流光电导衰退法的基础上发展起来的一种方法，它不需要切割样品，测量起来简便迅速。但是此法是用电容耦合的方式，所以它对所测样品的直径和电阻率都有一定的要求。

高频光电导测试的装置和原理基本与直流光电导相同。但在高频法中用高频源代替了直流电源，因此样品与电极间可通过电容耦合。所得到的光电导信号调制在高频载波上，通过检波将信号取出。光电导信号可以从取样电阻取出，也可以直接从样品两端取出调制。

图 6-1 是用直流光电导方法测量非平衡载流子寿命的示意图。光脉冲照射载样品的绝大部分上，在样品中产生非平衡载流子，使样品的电导发生改变。要测量的是在光照结束后，附加电导 ΔG 的衰减。利用一个直流电源和一个串联电阻 R_L，把一定的电压加在样品两端。如果样品是高阻材料，则选择串联电阻 R_L 的阻值比样品电阻 R 的小得多。当样品的电阻因光照而发生变化时，加在样品两端的电压基本不变。样品两端电压的相对变化为

$$\frac{\Delta V}{V}=\left(\frac{R+\Delta R}{R+\Delta R+R_L}-\frac{R}{R+R_L}\right)=\frac{R_L\Delta R}{(R+\Delta R+R_L)(R+R_L)}<\frac{R_L}{R}\frac{\Delta R}{R}\ll 1 \tag{6-5}$$

也即样品两端的电压 V 基本上不变，流过样品的电流的变化 ΔI 近似地正比于样品电导的变化 ΔG，$I=VG$，$\Delta I=V\Delta G$。

这个电流变化在串联电阻 R_L 上引起的电压变化为：$\Delta V_L=R_L\Delta I$

所以有

$$\frac{\Delta V_L}{V_L}=\frac{R_L\Delta I}{R_L I}=\frac{\Delta G}{G} \tag{6-6}$$

因为 $G=\frac{1}{R}\propto\frac{1}{\rho}$，即 $G\propto\sigma$ 且 $\Delta G\propto\Delta\sigma$，结合式（6-4）、式（6-6）可推知

$$\frac{\Delta V_L}{V_L}\propto\exp(-t/\tau) \tag{6-7}$$

串联电阻上的电压变化由示波器显示出来，如图 6-1 所示。根据光脉冲结束以后 ΔV_L 随时间的衰减，可以直接测定寿命 τ。

待测样品放在金属电极上，样品与电极之间抹上一些普通的自来水以改善两者间的耦合情况，另外在回路中串入一个可变电容可以改善线路的匹配情况，这样可以使光电导信号增大。若要测试半导体硅的少子寿命，根据硅材料的性质及电路的具体情况，高频源一般选在 30MHz 左右。在无光照的情况下，样品在高频电磁场的作用下，两端有高频电压 $V_0\sin\omega t$，V_0 为无光照时样品中高频电压的幅值。当样品受到光照射时，样品中产生非平衡少数载流子，其电导率增加，同时样品的电阻减小，因此样品两端的高频电压值下降。这样光电导使得样品两端的高频信号得到调制。当停止样品的光照后，样品中的非平衡载流子就按指数规律衰减，逐渐复合而消失。因此样品两端的高频电压幅值就逐渐回到无光照时的水平。从高频调幅波解调下来的光电导衰减信号很小，必须经过宽频带放大器放大。将放大后的信号加

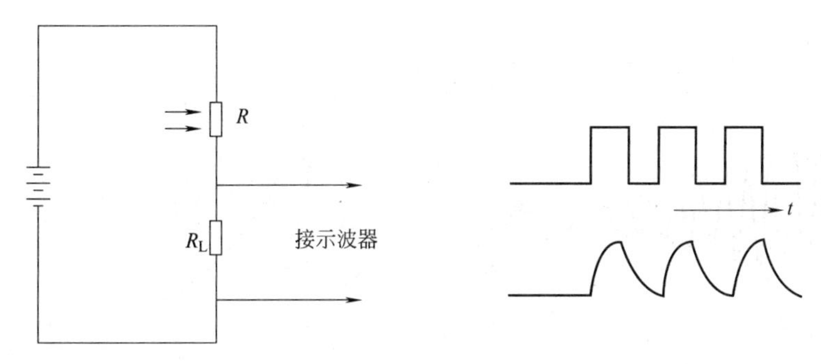

图 6-1　光注入引起附加光电导及示波器电压的变化

到脉冲示波器的 Y 轴，接上同步信号后即可在荧光屏上显示出一条按指数衰减的曲线，这样便可以通过这条衰减曲线测得样品的少子寿命。

在高频光电导方法中采用高频电场替代直流电场，电容耦合代替欧姆接触，因而不用切割样品，不破坏硅棒，测量手续简便。

如图 6-2 方框图所示，高频源提供高频电流来载波，频率为 30MHz 的等频振荡的正弦波，其波形如图 6-3 所示。将此讯号经电容耦合到硅棒，在硅棒中产生电流。

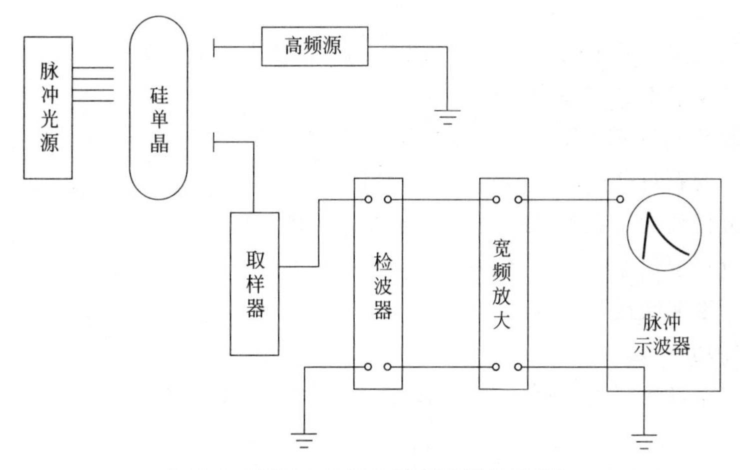

图 6-2　高频电场光电导衰退测量示意图

$$i_s = i_m e^{j\omega t} \tag{6-8}$$

当脉冲光照射到硅棒上时，将在其中产生非平衡载流子，使样品产生附加光电导，样品电阻下降。由于高频源为恒压输出，所以光照停止后，样品中的电流亦随时间指数式地衰减

$$i_s = i_m e^{j\omega t} + \Delta i_0 e^{j\omega t} \tag{6-9}$$

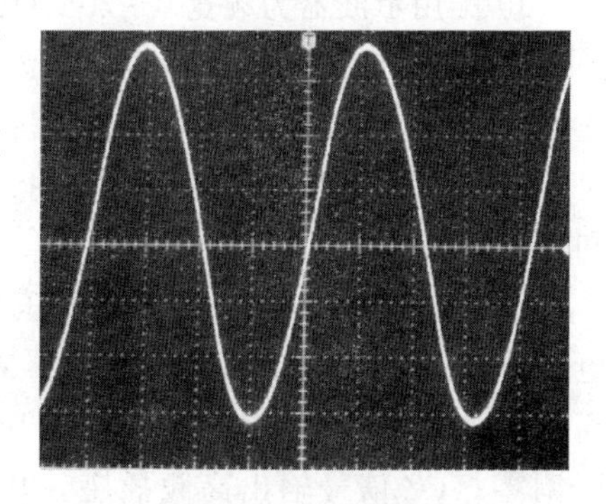

图 6-3　正弦载波

电流的波形为调幅波，如图 6-4 所示。在取样器上产生的电压亦按同样规律变化。此调幅高频信号经检波器解调和高频滤波在经宽频放大器放大后，输入到脉冲示波器，在示波屏上就显示出一条指数衰减曲线，衰减的时间常数 τ 就是待测的寿命值，如图 6-5 所示。

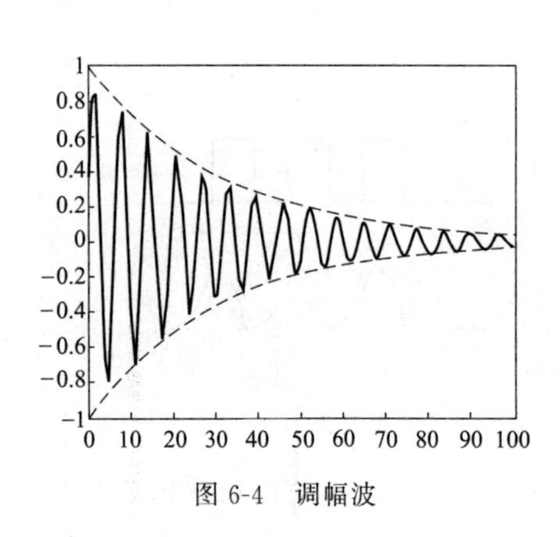

图 6-4 调幅波

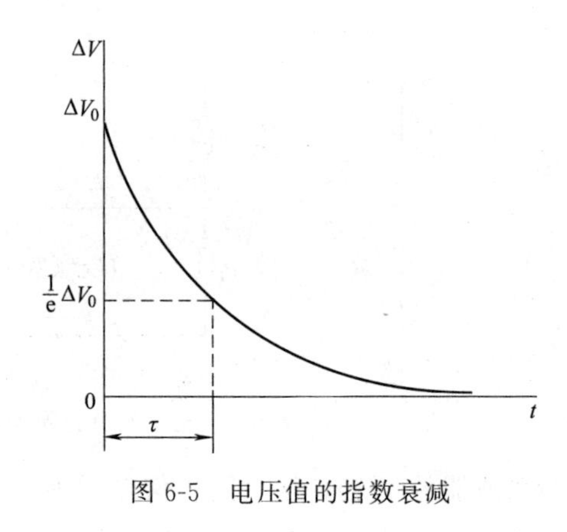

图 6-5 电压值的指数衰减

三、实验设备与材料

LT-2 型单晶寿命测试仪：采用高频光电导衰退法的原理设计，用于测量硅单晶及锗单晶的非平衡少数载流子寿命。

技术指标：

① 测试单晶电阻率的下限。硅单晶为 2Ω·cm，锗单晶为 5Ω·cm。

② 可测单晶少子寿命范围为 5～7000μs。

③ 配备光源类型为 F71 型 1.09μm 红外光源。闪光频率为 20～30 次/秒，频宽 60μs。

④ 高频振荡为石英谐振器，振荡频率 30MHz。

⑤ 前置放大器放大倍数为 25～30 倍，频宽 1～2MHz。

⑥ 仪器测量重复误差<±20%。

⑦ 采用对标准曲线读数方式。

⑧ 仪器消耗功率<30W。

⑨ 仪器工作条件为温度 10～35℃；湿度<80%。使用电源为 220V、50MHz（建议使用稳压源)。

⑩ 测量方式及可测单晶尺寸。断面竖测为 φ25～125mm；L2～500mm。纵向卧测 φ25～125mm；L50～800mm。

⑪ 配用示波器为频宽 0～20MHz；电压灵敏度为 10mV/cm。

单晶少子寿命测试仪须配合示波器使用（构成如图 6-6 所示），主机和示波器通过信号连接线相连。测试时将样品置于主机顶盖的样品承片台上，通过调节示波器同步电平及释抑时间内同步示波器，使仪器输出的指数衰减光电导信号波形稳定下来，然后在示波器上观察和计算样品寿命读数。

图 6-7 中：L1，红外光源电压值显示屏，指示红外光管工作电压大小；L2，检波电压显示屏；K，红外光源开关；W1，红外光源电压调节电位器，顺时针旋转电压调高，反之电压调低；W2，检波电压调零电位器，通过顺时针或逆时针旋转可使检波电压调零；CZ 信号输出高频插座，用高频电缆将此插座输出的信号送至示波器观察硅单晶、锗单晶。

由于受到脉冲光强度的限制，要求单晶棒的电阻率大于 10Ω·cm。

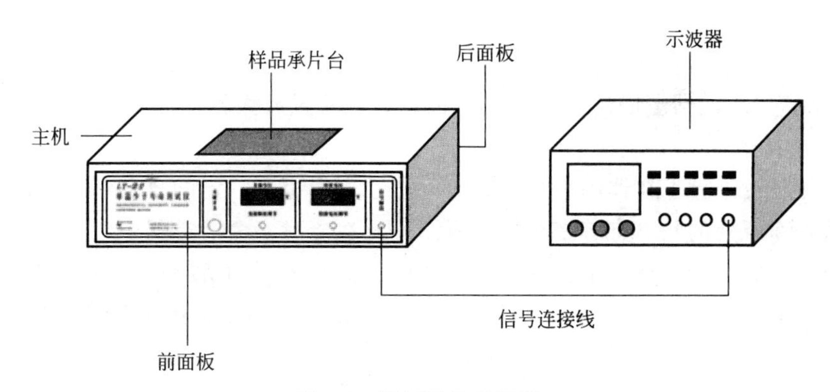

图 6-6　测试设备示意图

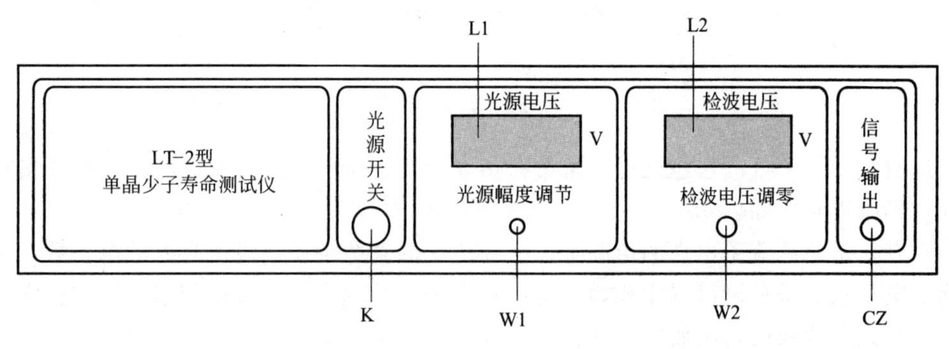

图 6-7　主机前面板

四、实验内容与步骤

(1) 接上电源线以及用高频连接线将 CZ 与示波器 Y 输入端接通，开启主机及示波器，预热 15min。在没放样品的情况下，可调节 W2 使检波电压为零。

(2) 在电极上涂抹一点自来水（注意：涂水不可过多，以免水流入光照孔），然后将清洁处理后的样品置于电极上面，此时检波电压表将会显示检波电压。如样品很轻，可在单晶上端压上重物，以改善接触。

(3) 按下 K 接通红外发光管工作电源，旋转 W1，适当调高电压。

(4) 调整示波器电平及释抑时间内同步，Y 轴衰减、X 轴扫描速度及曲线的上下左右位置，使仪器输出的指数衰减光电导信号波形稳定下来，并与屏幕的标准指数曲线尽量吻合。

通常光电导衰减曲线的起始部分不是指数，而衰退到 50%以后基本进入单一指数。在光电导衰退曲线的指数部分取点，使 $\Delta V_2=1/2\Delta V_1$。根据扫描速度刻盘或时标打点计数，读出 t_2-t_1，就可以得到样品的有效寿命：

$$\tau=\frac{t_2-t_1}{\ln 2}=1.44(t_2-t_1) \tag{6-10}$$

(5) 关机时，要先把开关 K 按起。

五、注意事项

1. 由于寿命一般是随注入比增大而增大的，尤其是高阻样品，因此寿命测量数据只有在同一注入比下才有意义。一般控制在“注入比”$\leqslant$1%，近似按下式计算注入比

$$注入比=\frac{\Delta V}{kV} \tag{6-11}$$

式中，ΔV 为示波器上测出的信号电压值；k 为前置放大器的放大倍数；V 为检波器后面的电压表指示值。

2.非平衡载流子除了在体内进行复合以外，在表面也有一定的复合率。表面复合概率的大小与样品表面所处的状态有着密切的关系。因此在测量寿命的过程中，必须考虑表面复合机构的影响。我们讨论一种理论上最简单、实验上又最重要的情况——各个表面的表面复合速率 S 均相等，并且 $S=\infty$。对于圆柱状样品，少数载流子表面复合率 $1/\tau_s$ 为

$$\frac{1}{\tau_s}=\pi^2 D\left(\frac{1}{A^2}+\frac{1}{4\Phi^2}\right) \tag{6-12}$$

式中，A 为样品厚度；Φ 为直径；D 为少数载流子的扩散系数。少数载流子的有效衰退 τ_e 则由下式给出

$$\frac{1}{\tau_e}=\frac{1}{\tau_b}+\frac{1}{\tau_s} \tag{6-13}$$

衰退曲线初始部分的快速衰退，常常是由表面复合所引起的。用硅滤光片把非贯穿光去掉，往往可以得到消除。

3.在有非平衡载流子出现的情况下，半导体中的某些杂质能级所具有的电子数，也会发生变化。电子数的增加可以看作积累了电子；电子数的减少可以看作积累了空穴。它们积累的多少，视杂质能级的情况而定。这种积累非平衡载流子的效应称为陷阱效应。它们所陷的非平衡载流子常常是经过较长时间才能逐渐释放出来，因而造成了衰退曲线后半部分的衰退速率变慢。此时用底光灯照射样品，常常可以消除陷阱的影响，使曲线变得好一些。

4.如波形初始部分衰减较快，则用波形较后部分测量，即去除表面复合引起的高次模部分读数（见图 6-8）。

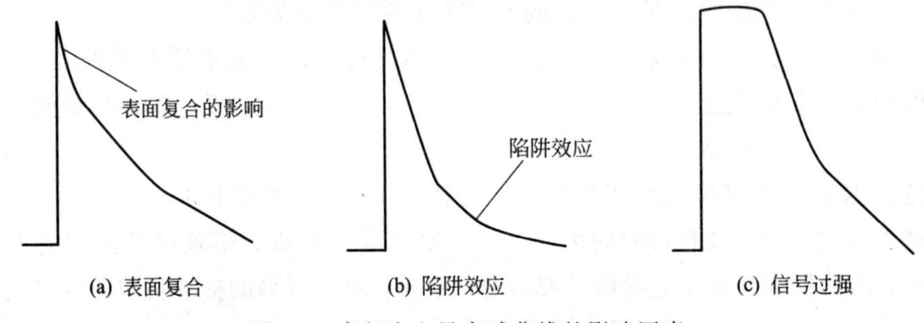

图 6-8 高频光电导衰减曲线的影响因素

5.如波形头部出现平顶现象，说明信号太强［见图 6-8（c）］，应减弱光强，在小信号下进行测量。

6.为保证测试准确性，满足小注入条件，即在可读数的前提下，示波器尽量使用大的倍率，光源电压尽量地调小。

六、数据记录及处理

1.获得 Si 和 Ge 材料在光照下的 $\Delta V \sim t$ 曲线，计算半导体的寿命值。

2.读取 3 组寿命值，给出 Si 和 Ge 材料的少子寿命。

3.对实验结果和误差问题进行讨论。

七、思考题

1. 如何确定光注入是否处于小注入情况？为何实验中要采用小注入的光注入？

2. 实验得到的载流子寿命是否包含了表面复合的影响？应该如何得到少数载流子的体寿命？

3. 是否可选择可见光作光源？

实验7 硅片的减反层制备与效果测试

一、实验目的

1. 掌握硅电池反射率的测试方法。
2. 了解反射率谱线测试的分析方法。
3. 了解硅电池表面减少反射损耗的工艺、原理及评价方法。
4. 掌握单晶硅和多晶硅表面制绒技术。
5. 了解硅电池的减反膜的镀膜工艺。

二、实验原理

1. 制绒

普通平面硅片对太阳光具有一定的反射波长（400～1000nm），波长范围内反射率为30%～40%，因此在太阳电池的生产工艺中，需要在硅片表面加工出具有减反效果的微结构（即绒面）以提高转换效率，具体有益效果包括：①对光进行多次反射，提高太阳光在硅片表面的吸收效率，增加短路电流 I_{sc}；②延长光在硅中的光程，增加光生载流子的数量；③曲折的绒面可增加PN结面积，增加对光生载流子的收集率；④少子寿命的延长可改善太阳能电池的长波光谱响应（红光响应）。

目前单晶硅绒面减反效果明显优于多晶硅。晶相分布均匀的单晶硅通过各向异性碱腐蚀获得均布密集的金字塔微结构，可实现10%以下的平均反射率；而多晶硅内部存在晶界，采用酸腐蚀方法制得绒面平均反射率在20%以上，从而影响电池整体效率的提升。

目前多晶硅表面制绒方法分为干式制绒技术（主要包括机械刻槽、激光加工、反应离子蚀刻加工技术）以及湿式制绒技术（主要包括酸性蚀刻及碱性蚀刻技术）。此外，基于掩膜的蚀刻技术可实现较为理想的蜂房结构绒面。

酸蚀是目前业界主要使用的多晶硅制绒工艺，其采用HF、HNO_3与水混合的酸性腐蚀液，在某种反应温度下（一般为8～10℃）通过酸性腐蚀破坏Si—H键，在硅片表面形成孔坑结构绒面。该绒面在300～1000nm波长范围内平均反射率约为25%，腐蚀液中HF、HNO_3、H_2O配比为24∶40∶36，腐蚀温度10℃，腐蚀时间2min，其化学过程为：

$$3Si+4HNO_3 \longrightarrow 3SiO_2+4NO\uparrow+2H_2O$$

$$Si+4HNO_3 \longrightarrow SiO_2+4NO_2\uparrow+2H_2O$$
$$SiO_2+6HF \longrightarrow H_2SiF_6+2H_2O$$

基本化学过程为：HNO_3 在多晶硅表面生成一层氧化层，随后该氧化层被 HF 腐蚀，实际反应过程非常复杂。反应中生成的 NO 与 NO_2 会溶于水生成不稳定的 HNO_2，后者水解生成具有很强活性的 NO^+（三价氮），这些三价氮在硅表面的氧化过程中起了主导作用。

酸蚀工艺的缺点为：①绒面稳定性不好及质量难控制，且减反效果一般；②所使用的 HF、HNO_3 以及反应生成的 H_2SiF_6 与 NO_x 废气对环境影响很大；③多晶硅表面生成的孔洞末端易产生晶体位错，从而导致多晶硅电池 PN 结在承受一定的反向偏压时极易发生雪崩击穿。

多晶硅碱蚀制绒工艺多采用一定浓度的 NaOH 溶液（或 KOH 溶液，但由于 KOH 成本高于 NaOH，在工业生产中应用不多）在一定的温度下进行腐蚀，腐蚀化学过程为

$$Si+2NaOH+H_2O \longrightarrow Na_2SiO_3+2H_2\uparrow$$

虽然也可通过碱蚀增加硅片表面粗糙度从而降低太阳光反射率，但由于多晶硅晶粒取向不一导致碱蚀呈各向异性，在腐蚀过程中碱和各晶面的反应速率不一致，易产生台阶，从而影响后续丝网印刷电极等工艺，因此，碱性蚀刻技术在工业中的应用受限。

传统的整体蚀刻难以实现高深宽比且分布均匀的绒面，由此出现了掩膜辅助蚀刻技术，其基本加工流程如图 7-1 所示：先在工件表面镀一层掩膜［图 7-1（a)］，在掩膜表面生成规则的微孔阵列［图 7-1（b)］，随后进行整体蚀刻［图 7-1（c)］，最后将掩膜腐蚀去除从而得到微结构形态及分布可控的蜂房状绒面［图 7-1（d)］。

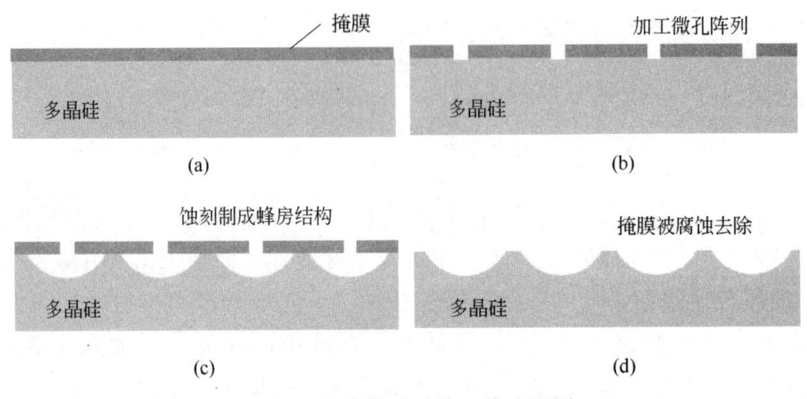

图 7-1　掩膜辅助酸蚀工艺流程图

2. 减反射薄膜

在了解减反射薄膜原理之前，要先了解几个简单的概念：第一，光在两种媒质的界面上的振幅反射系数为$\frac{1-\rho}{1+\rho}$，式中 ρ 为界面处两折射率之比。第二，若反射光存在于折射率比相邻媒质更低的媒质内，则相移为 180°；若该媒质的折射率高于相邻媒质的折射率，则相移为 0。第三，光因受薄膜上下两个表面的反射而分成两个分量，这两个分量将按如下方式重新合并：当它们的相对相移为 180°时，合振幅便是两个分量振幅之差；当相对相移为 0 或为 360°的倍数时，合振幅便是两个分量振幅之和。前一种情况称为两光束发生相消干涉；后一种情况称为相长干涉。

（1）单层减反射薄膜的原理　结构最简单的减反射膜是单层膜。图 7-2 所示为单层减反射薄膜的矢量图。膜有两个界面就有两个矢量，每个矢量表示一个界面上的振幅反射系数。如果膜层

的折射率低于基片的折射率，则在每个界面上的反射系数都为负值，这表明相位变化为180°。

当膜层的相位厚度为90°时，即膜层的光学厚度为某一波长的1/4时，则两个矢量的方向完全相反，合矢量便有最小值。如果矢量的模相等，则对该波长而言，两个矢量将完全抵消，于是出现了零反射率。

以上仅仅是垂直入射的情况。在倾斜入射时，情况与上述类似，只是膜层的有效相位厚度减小了，因而最佳透射波长更短些，此时应用更普遍的光纳来代替折射率。对于任何入射角、偏振面以及任何波长，可用矩阵法求出反射率的普遍公式。

（2）双层减反射薄膜的原理　对于减反射薄膜可由简单的单层薄膜直至二十层以上的多层膜系构成，单层膜只能使某一波长的反射率为0，双层膜或多层膜则可以使某一波段的实际反射率为0。由于制造成本和实际应用的原因，在这里我们只介绍一下双层减反射薄膜的原理。图7-3所示为双层减反射薄膜的矢量图。

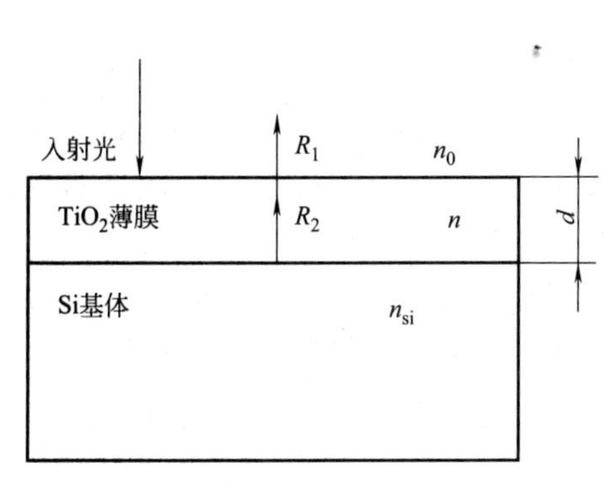

图7-2　减反射膜引起的光学干涉

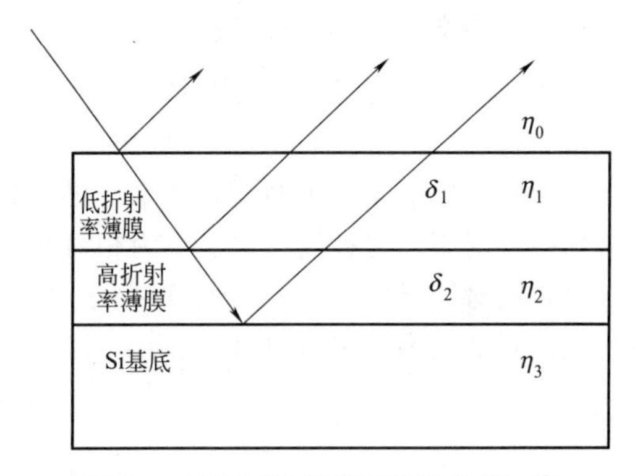

图7-3　双层减反射膜引起的光学干涉

（3）制备方法　薄膜制备方法很多，并可将它们分类，如分为化学法、物理法或化学物理法。现我们按气相、液相法分类。气相法是利用各种材料在气相间、气相和固体基础表面间所产生的物理、化学过程而沉积薄膜的一种方法。它又可以分为化学气相沉积（chemical vapour deposition，CVD）和物理气相沉积（physical vapour deposition，PVD）。根据促使化学反应的能量可以来自加热、光照和等离子体，CVD又可分为热CVD、光CVD和等离子CVD。物理气相沉积也可分为利用加热材料而产生的热蒸发沉淀、利用气体放电产生的正离子轰击阴极（靶材）所产生的溅射沉积、把蒸发和溅射结合起来的离子镀以及分子束外延。

应该指出的是，CVD中不是单一的只存在着化学过程，它同时也存在着物理过程，如原子或分子的激发、电离，各种粒子的扩散和在固体表面的吸附等。反之，PVD中也可能产生化学过程，如在蒸发和溅射过程中充入活性气体（O_2、N_2等），则它们可和蒸发或溅射出来的粒子产生化学反应而生成不同于靶材的薄膜，即所谓反应镀膜。液相法又可分为化学镀、电镀和浸渍镀。

3. 反射率概念及测量

（1）反射定义　辐射被媒质折回而无波长的变化。发射辐射可以是规则的、漫射的或是两者的混合。照射到媒质上通量的一部分在媒质的表面上被反射，称为表面反射，另一部分可能由媒质的内部反向散射，称为体积反射。

（2）反射的种类

① 规则反射、镜面反射：遵从光学反射定律的无漫射反射，如平面镜的反射。

② 漫反射：反射形成的漫射，从宏观角度看，为无规则反射。

③ 各向同性漫反射：反射辐射的空间分布是在入射半球的所有方向上光亮度都相同的漫反射。

④ 混合反射：部分规则反射和部分漫反射。

⑤ 回复式反射：辐射回射的方向几乎与入射方向相同的反射。

(3) 反射特征量

① 反射比：为反射光通量与入射光通量的比，用 ρ 表示。

② 光谱反射比：$\rho(\lambda)=\dfrac{\Phi_{e\lambda\rho}}{\Phi_{e\lambda}}$，其中 $\Phi_{e\lambda\rho}$ 是反射的光谱辐射通量，$\Phi_{e\lambda}$ 是入射的光谱辐射通量。反射比可分为两部分，规则反射比 ρ_r 和漫反射比 ρ_d，且 $\rho=\rho_r+\rho_d$。

③ 反射率：反射比不随材料厚度增加而变化时的反射比，用符号 ρ_∞ 表示。

4. 测试反射率的一般方法

一般反射率的测量可分为两种方法：绝对测量法（直接测量法）和相对测量法（比较测量法）。当被测反射功率与入射功率相比时，则为绝对测量；先测出被测目标的反射功率和已知反射率的标准反射板的反射功率，再用其比乘以已知的标准板的反射率，就可以得到被测目标的反射率，这种测量方法称为相对测量。

(1) 绝对测量法　一个激光发射/接收系统对一个目标照射时，其发射功率为 P_t，接受系统接收到的功率为 P_r，与目标的反射率以及接受系统某些条件参数有以下的关系式

$$P_r=\frac{\rho A_0 P_t}{\pi R^2}\cos\theta \tag{7-1}$$

式中，θ 为目标表面法线与接收系统光轴间的夹角；A_0 为接收光学系统的有效面积；ρ 为目标反射率；R 为接收系统至目标的距离。根据辐射学理论，上式中只有当目标表面呈现理想漫反射特性时（即为朗伯表面时）才成立。实际目标往往不是理想漫反射面，所以测量和计算时用此公式将导致一定的误差。但大部分目标表面足够粗糙，偏离漫反射的程度不大，在工程应用所允许的误差范围内。通过对发射功率和接收功率的直接测量，再用此公式换算到的目标反射率，此法对不少目标是适用的，也是一种简便易行的反射率测量方法。

用接收光学系统的有效通光直径 d_0 置换其有效面积 A_0，因为 $A_0=\dfrac{\pi d_0^2}{4}$，故上式写为

$$\rho=\frac{P_r}{P_t}\left(\frac{4R^2}{d_0^2\cos\theta}\right) \tag{7-2}$$

(2) 相对测量法　相对测量的测量方法和程序比上述直接测量法简便，误差小。

三、实验设备与材料

岛津 UV-2450 紫外可见分光光度计（带积分球配件），如图 7-4 所示。

紫外可见分光光度计通常由 5 部分组成：

① 光源：通常采用钨灯或碘钨灯产生 340～2500nm 的光，氘灯产生 160～375nm 的紫外线。

② 单色器：单色器将光源辐射的复色光分解成用于测试的单色光。通常由入射狭缝、准光器、色散元件、聚焦元件和出射狭缝等组成。色散元件可以是棱镜，也可以是光栅。光栅因具有分辨本领高等优点被广泛使用。

③ 吸收池：用于盛放分析试样，有紫外、玻璃和塑料等种类。测试材料散射时可以使用积分球附件；测试固体样品的透射率等可以使用固体样品支架附件。

④ 检测器：检测器的功能是检测信号、测量透射光的器件。常用的有硅光电池和光电倍增管等。光电倍增管的灵敏度比一般的硅光电池高约200倍。

图 7-4 岛津 UV-2450 紫外可见分光光度计

⑤ 数据系统：多采用软件对信号放大和采集，并对数据进行保存和处理等。

其他材料：硅片、制绒硅片、镀膜硅片。

HNO_3（65%、电子级）、HF（49%、电子级）、KOH（50%、电子级）、HCl（37%、电子级）、去离子水（大于 15MΩ·cm）

四、实验内容与步骤

1. 单晶硅片的碱法制绒

（1）配制粗抛液　粗抛液浓度：NaOH∶H_2O=11.8%（质量分数）

在聚四氟塑料浅盘中加入 1.7L 纯净水，同时向槽中倒入 200g NaOH 粉末，搅拌使其充分溶解。通过水浴加热至 85℃。

（2）配制制绒液　制绒液：NaOH∶H_2O=1.76%（质量分数）；Na_2SiO_3∶H_2O=1.26%（质量分数）；C_2H_5OH∶H_2O=5.0%（体积分数）

可采用异丙醇替代无水乙醇。

按照上述浓度计算出 1.70L 制绒液所含有的 NaOH、Na_2SiO_3 和无水乙醇的量，在聚四氟塑料浅盘中加入纯净水，同时向槽中倒入 NaOH、Na_2SiO_3 和无水乙醇，并不断搅拌，通过水浴加热至 77℃。

（3）碱法制绒　将硅片置于温度 85℃±2℃的粗抛液，时间 2～3.5min；取出后，将硅片浸没于 77℃±2℃的制绒液，时间 20～30min；取出后，在清水中漂洗 3 遍，至清洗液 pH=7；使用电吹风将硅片干燥即可。

2. 多晶硅片的酸法制绒

选择腐蚀溶液的组成及其体积比为 HF(质量分数，40%)∶HNO_3(质量分数，68%)∶H_2O=1∶5∶3，将多晶硅片放入该溶液中，在室温下分别反应 130s、180s、280s 得到的多晶硅表面微观形貌采用光学显微镜或者 TM3030Plus 型扫描电子显微镜观察。使用紫外可见分光光度计测试其反射率。

3. 减反膜的制备

（1）TiO_2 溶胶的制备　以钛酸四丁酯（TPOT）为有机醇盐前驱体，去离子水（H_2O）作为反应物，乙醇（C_2H_5OH）作为溶剂，乙酸（HAc）作为催化剂，乙酰丙酮（AcAc）作为络合剂，按照摩尔比 1∶3∶50∶2∶1 混合搅拌均匀后制得。制备好的溶胶在室温下老化 5～7d 以备用。

（2）SiO_2 溶胶的制备　酸性催化的 SiO_2 溶胶的配制过程是将正硅酸乙酯（TEOS）、

去离子水（H_2O）、盐酸标准溶液（pH＝1）和无水乙醇按照摩尔比 1∶2∶0.5∶40 混合搅拌均匀后，放置在稳定环境（20℃，相对湿度 30％）下静置 7d 后即可使用。

（3）硅片的清洗　将镀膜用硅片经洗涤液洗净，依次用去离子水和酒精冲洗干净后，用氮气吹干，放入洁净干燥环境中备用。

（4）薄膜的制备　在相对湿度环境＜50％的清洁环境下用 CHEMATDIPMASTER200 进行提拉法镀膜。提拉速度依据所需的厚度要求在 6～12in/min 间调节。将制备好的样品放入烘箱中热处理（200℃）1h，即可得到最终的样品。

五、注意事项

1. 做实验前必须佩戴防护用具。
2. 在使用器械前先用超纯水对其进行清洗。
3. 在有试剂的烧杯反应时用玻璃棒搅拌，使其充分与硅片表面接触和使反应温度均匀。
4. 禁止用任何未清洗的物件接触硅片表面和与实验器材接触。

六、数据记录及处理

1. 使用光学显微镜或者扫描电镜，观察硅片制绒的表面形貌。
2. 使用紫外可见分光光度计测试其反射率。
3. 使用椭圆偏振光谱仪测量薄膜的厚度和折射率。

七、思考题

1. 简述制绒和减反层对提高太阳光在硅片表面的吸收效率的影响。
2. 对比分析酸式制绒和碱式制绒的适用范围、优缺点和制绒效果。
3. 常见的太阳能电池的减反层有哪些？各采用什么方法制备？

第二章 测试仪器使用

本章包含6个实验，主要涉及真空蒸发镀膜仪、椭圆偏振测厚仪、四探针测试仪、电化学工作站和紫外-可见光分光光度仪（带积分球）等设备的使用。实验的目的是通过对这些仪器的操作，使学生能够掌握对薄膜材料的光学性能和电学性能的测试，为后续实验奠定实验技能基础。

实验 8 真空蒸发镀膜

一、实验目的

1. 了解真空（蒸发）镀膜机的基本结构和使用方法。
2. 掌握真空蒸发法制备铝膜的工艺。

二、实验原理

1. 真空蒸发镀膜的基本原理

先将镀膜室内的气体抽到 10^{-3} Pa 以下的压强，通过加热蒸发源使置于蒸发源中的物质熔化，汽化热使得蒸气原子或分子克服熔体表面分子间吸引力，从蒸发源表面逸出，沉积到基片上凝结后形成薄膜，除少量物质（如硫化锌）直接升华外，多数物质的原子或分子是从液态表面蒸发。蒸发镀膜包括抽气、蒸发、沉积等基本过程。

2. 蒸发镀膜对真空环境的要求

镀膜室内的污染源主要来自于真空系统的漏气、室内各种材料的出气、气体脱附、真空泵油蒸气的反扩散以及由于气体放电和蒸发过程中的气流、热流、等离子体流、静电吸引等因素导致的粉尘散发和飞场。真空蒸发镀膜常用的真空度为 $10^{-2}\sim10^{-4}$ Pa，根据公式 $p=nkT$ 可以估算出室内的分子数密度，$n=(2.5\times10^{12}\sim2.5\times10^{10})\ \text{cm}^{-3}$；根据公式 $\overline{\lambda}=$

$\frac{kT}{\sqrt{2}\pi d^2 p}$可以估算出对于温度为$T=300K$的空气，当$p=10^{-2}Pa$时，平均自由程$\bar{\lambda}=0.8m$，其中$k$为玻尔兹曼常数，$d$为气体分子直径。由此可见，室内的分子数密度仍然很高，但一般蒸发源至基底的距离都小于平均自由程，所以绝大多数蒸气原子或分子可不经碰撞到达基底。

真空环境的作用具体表现在以下几方面：

(1) 可防止在高温下因空气分子和蒸发源发生反应而使蒸发源劣化；

(2) 可防止蒸气原子或分子在沉积到基片上的途中和空气分子碰撞而阻碍蒸气原子或分子直接到达基片表面，以及由于蒸气原子、分子间的相互碰撞而在到达基片表面前就凝聚，或在途中就生成其他化合物；

(3) 可防止在形成薄膜的过程中，空气分子作为杂质混入膜内或在膜中形成其他化合物。

对于一个良好的真空系统，当真空度达到10^{-4}Pa时，室内残余气体的主要来源是气体解吸和机械泵扩散泵抽气机组的油蒸气返流，对于质量要求较高的光学、半导体等薄膜，应采用无油抽气机组为好。

3. 加热蒸发源

真空蒸发镀膜常用的蒸发源有电阻式加热丝状蒸发源和舟状蒸发源，它们是用高熔点温度金属（如钨、钼、钽等）制成的。螺旋形钨丝相当于一个电阻，通电后产生热量，电阻率也随之加大，当温度为1000℃左右时，蒸发源的电阻率约为室温时的5倍，蒸发源产生的焦耳热就足以使铝原子获得足够大的动能而蒸发。丝状蒸发源常用于蒸发对钨丝有湿润性的材料（如铝），铝丝或铝片悬挂在螺旋形钨丝上，与钨丝浸润后的熔液不会滴落，蒸发是从大的表面上进行的，比较稳定。舟状蒸发源常用于蒸发对蒸发源不湿润的材料。

此外，还有电子束加热蒸发源、激光加热蒸发源、空心热阴极等离子束加热蒸发源、感应式加热蒸发源等。在高真空或超高真空下，用电阻、高频、电子束、激光等加热技术，在玻璃、塑料和金属等基体上可蒸发沉积100多种金属、半导体和化合物薄膜。其中，电子束加热蒸发材料是一个方便有效的手段，蒸发材料基本上不受限制，电子束加热的温度可达3500℃左右，即使钨和钼也可蒸镀，蒸发速率高（10～75000nm/s），而且蒸发速率和电子束聚集调节方便，通过对蒸发材料的局部熔化或坩埚水冷，蒸发材料不与坩埚发生反应，保证了膜料的高纯度。虽然电子束轰击化合物会使化合物产生分解，但通过导入少量反应气体可在一定程度上弥补这一缺点。

热蒸发源的缺点是：薄膜的光学、物理性能与块状材料和理论设计值有较大差异。主要存在以下不足：①入射到基体上的粒子能量较低（小于0.2eV），膜层附着力不强，应力较大；②薄膜结构为含孔隙的柱状结构，从而导致膜层不均匀，界面表面粗糙，对光的散射、膜层的环境久性、光学性能的稳定性以及激光破坏阈值等性能都有不良影响。

热蒸发工艺的发展趋势是应用荷能离子技术，使离子的动能转化为溅射能、离子注入能、沉积粒子在基体表面的迁徙能和熔化形核中心的能量，从而净化基体，增加薄膜生长的活化能和化学活性，使膜层更加致密、均匀，性能大为改善。

在真空镀膜设备中产生荷能离子有两种途径：一是在较低真空度下形成等离子区，如活化反应蒸发、离子镀、分子团离子束沉积、喷口离子束沉积、等离子体聚合等工艺。它们的缺点是难以控制轰击离子的能量和沉积速率，而且蒸发材料必须导电。二是在高真空度下用分离的离子源产生离子，如离子束辅助沉积、离子束沉积等工艺，这类工艺可控制离子能量、离子流密度、离子方向和离子种类。

4. 薄膜生长过程的几个主要阶段

岛状阶段：当用电子显微镜观察蒸气原子碰撞下的基底时，首先看到的是大小均匀的核突然充满视场，其中细小核的尺寸约为 2.5nm，这些核不断俘获生长，逐渐从圆球形核变成六面体孤立的岛。

聚结阶段：随着岛的长大，岛之间的距离减小，晌后与相邻岛相遇合并，聚结时基底表面空出的地方将再次成核。

沟渠阶段：当岛的分布达到临界状态时，互相连接，逐渐形成网络结构。随着沉积的继续，晌后只剩下宽度只有 5～20nm 的不规则沟渠。沟渠内再次成核，聚结或与沟渠边缘结合，使沟渠消失而仅留下若干孔洞。

连续阶段：沟渠和孔洞消失后，接着沉积的蒸气原子将堆积在这些连续膜上，形成各种不同的结构。

5. 薄膜与基底的结合

基底表面的性质与材料内部不同，材料内部的原子受周围原子的吸引，而基底表面的固-气界面或相界面上将发生能量突变。表面原子主要受内部原子的拉力，处于不平衡态，表面原子比材料内部原子具有更高的位能，其超过部分称为表面能，当蒸气原子进入表面力场后，将与基底表面原子之间发生物理、化学、静电力作用，并力图降低其表面能，这就是产生吸附现象的原因。在固体材料内部，表现为内聚力。

理想单晶表面，原子排列有序，位能规律性周期分布，但实际晶体的位能分布严重偏离周期。在具有弛豫、重构、台阶、晶格缺陷、晶界等处有较高的表面能，蒸气原子将优先在此处被吸附、凝结成核。

根据薄膜与基底的结合力和结合形态，可分为以下几种：

(1) 物理吸附　蒸气原子或分子与基底首先发生物理吸附，其作用力为范德华力，对于不同的材料，物理吸附的分子间距在 0.2～0.4nm，吸附能为 0.04～0.4eV，相应附着力为 10^{-1}～10^{3}N/m^2，基底表面吸附第一层蒸气原子或分子后，可继续吸附第二层、第三层。相邻层间结合力将逐步由吸附力转变为被吸附物质分子间的内聚力。物理吸附不需要给被吸附原子输入能量，吸附过程快，在低温下也可进行。

(2) 化学吸附　蒸气原子或分子与基底表面原子发生了化学反应，原子间产生了电子转移或共有，形成化学键合，化学键力作用距离小，约 0.1～0.3nm，化学键能为 5～10eV，比物理吸附能大，相应吸附力大于 10^{6}N/m^2。只有当蒸气原子或分子对基底表面原子具有化学活性时，化学吸附才能发生，有些蒸气原子或分子必须输入足够的化学激活能后化学吸附才能发生，化学吸附为不可逆过程。基底表面和薄膜之间的化学吸附界面层厚度可达几倍晶格间距。

(3) 机械结合　当基底表面粗糙、基底温度高、沉积原子有足够大迁移率时，可形成基底表面和薄膜之间的镶嵌结合。基底表面粗糙度越好，薄膜材料弹性越好，则薄膜与基底的结合越牢固。

(4) 简单附着　当基底结构致密、表面光滑且基底表面与薄膜间无扩散和化学反应发生时，可形成一种清晰的突变界面层。其附着能等于基底表面能加上薄膜表面能减去界面能。

具有高表面能的同种或相容材料相互附着牢固，如高熔点金属。表面能低的同种或不相容材料相互附着性差，如高聚合塑料等。界面能随薄膜和基底材料原子类型、原子间距、键合特征等方面差异的加大而增大。相同材料附着性好；能互相形成固溶体材料次之；具有不同键型的材料难以得到良好附着，如金属与塑料。表面被污染会引起表面能降低，附着不良。

（5）扩散吸附　当薄膜和基底材料具有可溶性或部分可溶性时，若给界面层的原子1～10eV的能量，则可促使原子通过薄膜和基底界面进行互相扩散，形成薄膜和基底间的扩散吸附，薄膜和基底间因扩散形成的界面层晶体结构和化学成分相对薄膜和基底而言，是一种渐变过程。这种扩散形成的界面层有利于薄膜和基底间形成牢固结合，且可降低薄膜与基底材料因热膨胀系数不同所引起的热应力。镀膜时给基底加热、电场吸引荷能沉积粒子、镀后热处理等均可促进扩散吸附。由于基底表面结构和成分上的复杂性、薄膜材料与基底材料性能上的差异以及镀膜工艺的影响，薄膜与基底材料往往以多种结合形态进行结合，其中化学键合（共价键、离子键、金属键均为强化学键）因化学键能昀高，薄膜与基底表面的附着均匀牢固。

三、实验设备与材料

1. DM-450A 镀膜机的结构

图8-1是DM-450A型真空镀膜机的结构原理图。DM-450A镀膜机使用时注意事项如下。

（1）热偶真空计满表后才能开电离真空计；

（2）镀膜室应有5Pa以上的预备真空度，扩散泵加热（此时，冷却水应开通，低阀应推进抽扩散泵系统）半小时以上，才可开高真空蝶阀；

（3）机械泵电源关闭时，DC-30型低真空磁力阀自动向机械泵放大气；

（4）低真空阀拉出是抽镀膜室，低真空阀推进是抽扩散泵系统；

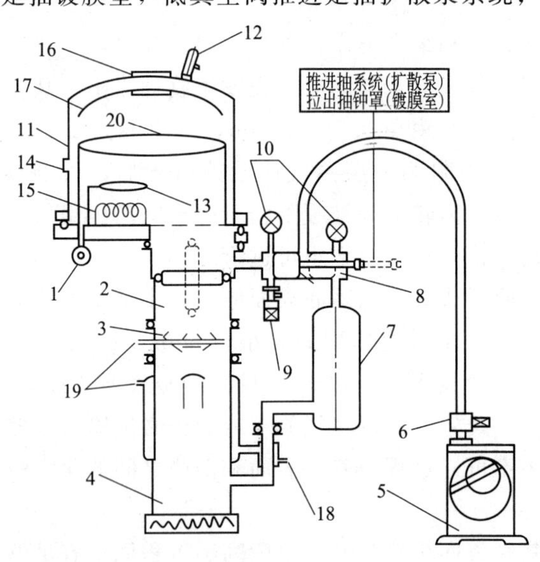

图8-1　DM-450A型真空镀膜机结构原理图

1—电离规管；2—GI-200型高真空蝶阀；3—DY-200A型挡油器；4—K20型油扩散泵；5—2XZ-8型机械泵；6—DC-30型低真空磁力阀；7—储气罐；8—DS-30型低真空三通阀；9—CQF-8型磁力充气阀；10—热偶规管；11—镀膜室；12—ZF-85型针型阀；13—挡板；14—侧观察窗；15—蒸发源；16—上观察窗；17—夹具；18，19—冷却水；20—离子轰击环

（5）升起镀膜室钟罩时，应先用充气阀向镀膜室充入大气（此时，低真空阀应拉出，高真空蝶阀应关闭）。

2. 预熔与蒸发

当镀膜室抽到高真空时，将挡板遮盖好钨丝，以防预熔时蒸散的铝喷到基片上，然后慢慢通电加热钨丝，使铝熔化而沾附在螺旋钨丝上，这个过程称为预熔。预熔的目的是将原来吸收在铝中的杂质排除出去，这样铝在蒸发时就不会大量放气而破坏真空度，同时也有利于保证膜层的纯度。

铝的熔化温度约为670℃，采用丝状蒸发源是因为铝对钨丝有湿润性，蒸发是从大的表面上进行的，而且比较稳定，这种湿润性和钨丝表面的温度有关。如果温度过高，铝和钨在高温下会形成合金，很容易造成钨丝严重变形甚至烧断以及铝的喷溅；如果温度过低，慢速蒸发的铝膜分子结构有聚集成块的结构趋势，加大了膜层的反射吸收，同时会导致膜层的氧化污染，也容易造成铝膜的附着力变差。铝膜的蒸发速率为50～100nm/s较好，基片温度应小于50℃。此外，随着铝原子入射角的加大，短波区域（460nm）的反射率明显降低，膜层会产生蓝光散射。新沉积的铝膜暴露于常温大气中，表面立即形成一层非晶态透明三氧化二铝膜，一个月后可达约5nm厚，慢速蒸发的铝膜可达约9nm厚，使铝膜的反射率明显下降，通常在铝膜表面加镀一层厚度为$\lambda/2(\lambda=550\text{nm})$的$MgF_2$或$Si_2O_3$膜作保护。

蒸发源：将长130mm、粗2mm的钨丝制作成凹槽型，将粗500μm、长10mm的铝丝缠绕在钨丝凹槽处，制备出附铝的钨蒸发源。

Si衬底：将整块单晶硅片用金刚石刀划成1cm^{2}见方的硅片，经丙酮、酒精、去离子水等超声处理干净，用高纯氮气吹干，用于沉积薄膜的衬底材料。对干净的基体切不可用手直接触摸表面，一定要用镊子夹起，防止油脂污染。

估算膜料用量：计算镀膜为$d=200$nm铝膜时需要铝的投料，按计算结果用天平称出所需的铝。

蒸发室的清洗与安装：接通电源，开电柜总电源，拉出低阀，开磁力充气阀，对真空室充气完毕时升起钟罩，卸下观察窗内由弹簧卡固定的遮掩玻璃片，用乙醇清洗干净，同时用乙醇清洗真空室内所有元件及器壁。将钨丝蒸发源安装在电极上，并将称好的铝丝放入源内，将基片安放在样品架上，挡好挡板。仔细检查橡皮垫圈，清除其他杂物，涂一薄层真空油脂，降下钟罩。

四、实验内容与步骤

1. 先用超声波清洗机洗基片，再用酒精擦干后装上样品架。

2. 开冷却水、电源、充气阀。充气完毕后，升起镀膜室钟罩，将清洗过的铝丝从无水乙醇中夹出，挂在钨螺旋上，调整好挡板，将清洁好的基片置于夹具上面，调整好观察窗上的观察位置。

3. 降落镀膜室钟罩，开机械泵，低阀拉出抽镀膜室（开热偶真空计）至10Pa。低阀推进抽扩散泵系统，开扩散泵电源加热半小时以上。低阀推进抽扩散泵与低阀拉出抽镀膜室可交替进行。

4. 开离子轰击电源，慢慢加大轰击电压，并观察镀膜室内气体辉光放电颜色和轰击电流以及真空度的变化，其间，当气压升到15Pa以上时，应将低阀拉出抽镀膜室至10Pa以下，再将低阀推进继续抽扩散泵系统，反复进行，算好时间，轰击10min，轰击完成时刚好扩散泵电源也加热半小时以上。

5. 开高阀（低阀必须推进抽扩散泵系统，镀膜室应有5Pa的预备真空度，热偶真空计满表后才能开电离真空计），抽高真空至10^{-3}Pa。全部操作过程及钟罩内压强均须记录。

6. 关好挡板，慢慢加大电流预熔铝丝，并仔细观察铝丝熔化状况和真空度的变化。

7. 预熔完毕，将电流略微加大一点（约50A），打开挡板蒸发，并仔细观察铝的蒸发状况。蒸镀完毕后，关好挡板和蒸发电源，记录真空度的变化、蒸发时间以及轰击完毕至蒸镀完毕的时间隔。

8. 喷镀结束，关高阀，关扩散泵电源（机械泵继续抽扩散泵系统），冷却半小时以上，等钟罩内各部件全部自然冷却后，依次关闭扩散泵及前级泵。开充气阀，充气完毕后，升起镀膜室钟罩，将基片取出，用可见光检查薄膜表面，并作记录。

9. 降落镀膜室钟罩，开机械泵，低阀拉出抽镀膜室到15Pa，然后将低阀推进继续抽扩散泵系统15min以上。再将镀膜机的低阀拉出，关机械泵电源，关镀膜机总电源，关冷却水。

五、注意事项

1. 真空室内真空度必须达到10^{-1}Pa时，才可使用电离规测高真空。

2. 切记，高阀开启时低阀一定要处于推进状态。

3. 真空室放气前必须关闭高阀（高阀与充气阀互锁），否则无法开启钟罩。

六、数据记录及处理

1. 记录极限真空度P_u；记录起始蒸发时间t_1；记录起始蒸发时间t_2；记录薄膜的总体厚度t。

2. 获得薄膜的生产速率。

3. 观测并表征所制备的薄膜。

七、思考题

1. 解释实验全过程中镀膜室内压强变化的原因。

2. 影响铝膜反射率的主要因素有哪些？

3. 如何提高铝膜在玻璃表面的附着力？

实验9 椭圆偏振法测量薄膜的厚度和折射率

一、实验目的

1. 了解椭偏光法的测量原理和实验方法。

2. 熟悉椭偏仪器的结构和调试方法。

3. 测量介质薄膜样品的厚度和折射率，以及硅的消光系数和复折射率。

二、实验原理

薄膜材料的厚度测量有许多方法，大致可分为两大类：光学方法和非光学方法。其中，非光学方法一般只适用于较厚的薄膜的测量。在大学物理实验中，测量膜厚通常采用光学干涉法，但此法对所测厚度有限制，当厚度（几百至几十埃）远远小于单色光波长时，此法失效。采用另一类光学方法——椭偏仪法，则可精确测定超薄薄膜的厚度。

椭偏仪一般分为三种类型：反射型、透射型和散射型。近代物理实验中，通常采用反射椭偏仪测量薄膜材料的厚度。

单层膜表面光波的反射和折射情形如图 9-1 所示。通常定义电矢量 $\vec{E}$ 在入射面上的分量为 P 波，$\vec{E}$ 在垂直于入射面方向的分量为 S 波。根据菲涅耳公式，在第一界面（空气-膜）处，反射系数为

$$r_{1P}=\frac{n_2\cos\theta_1-n_1\cos\theta_2}{n_2\cos\theta_1+n_1\cos\theta_2}$$
$$r_{1S}=\frac{n_1\cos\theta_1-n_2\cos\theta_2}{n_1\cos\theta_1+n_2\cos\theta_2} \tag{9-1}$$

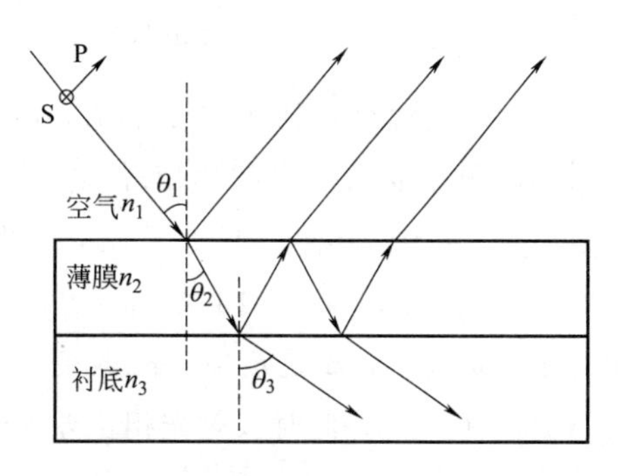

图 9-1 光波在单层膜上的反射与透射

在第二界面（膜-衬底）处，反射系数为

$$r_{1P}=\frac{n_3\cos\theta_2-n_2\cos\theta_3}{n_3\cos\theta_2+n_2\cos\theta_3}$$
$$r_{1S}=\frac{n_2\cos\theta_2-n_3\cos\theta_3}{n_2\cos\theta_2+n_3\cos\theta_3} \tag{9-2}$$

式中，n_1 为空气折射率（$n_1=1.00$）；n_2 为薄膜折射率；n_3 为衬底的折射率；θ_1 为光波在第一界面的入射角；θ_2 和 θ_3 如图 9-1 所示。根据菲涅尔定律，三个角间满足的关系为

$$n_1\sin\theta_1=n_2\sin\theta_2=n_3\sin\theta_3 \tag{9-3}$$

由图 9-1 的光路可看出，由于薄膜二界面的多次反射，实际总反射光是由许多反射光干涉的结果。各反射光束干涉叠加，得到界面反射后的光为

$$E_{rP}=\frac{r_{1P}+r_{2P}e^{-i2\delta}}{1+r_{1P}r_{2P}e^{-i2\delta}}E_{iP}=r_P e^{i\delta_P}E_{iP}$$
$$E_{rS}=\frac{r_{1S}+r_{2S}e^{-i2\delta}}{1+r_{1S}r_{2S}e^{-i2\delta}}E_{iS}=r_S e^{i\delta_S}E_{iP} \tag{9-4}$$

其中 E_{rP} 和 E_{rS} 表示反射光波电矢量的 P 分量和 S 分量，E_{iP} 和 E_{iS} 表示入射光波电矢量的 P 分量和 S 分量，而 $\delta=2\pi n_2 d\cos\theta_2/\lambda$，这里 λ 为光在真空中传播的波长，d 为薄膜厚度，即 2δ 表示相邻两束反射光束的相位差。通常，光波的偏振状态由两个参数描述：振幅和相位。为方便地描述光波反射时偏振态的变化，我们定义反射系数比

$$G=\frac{E_{rP}/E_{rS}}{E_{iP}/E_{iS}}=\tan\psi e^{i\Delta} \tag{9-5}$$

其中，$\tan\psi=r_P/r_S$（$0\leqslant\psi\leqslant\pi/2$）表示反射前后光波 P、S 分量的衰减比，而 $\Delta=\delta_P-\delta_S$（$0\leqslant\Delta<2\pi$）表示光波 P、S 两分量因反射引起的相应变化。显然，ψ 和 Δ 直接反映出反射前后光波偏振状态的变化。在波长、入射角、衬底等确定的条件下，ψ 和 Δ 是膜厚 d 和薄

膜折射率 n 的函数。所以，如果能从实验测出 ψ 和 Δ 的话，原则上即可解出 n 和 d。此即是椭偏仪法测量薄膜厚度的基本原理。那么，在实验中如何测定 ψ 和 Δ 呢？现在用复数形式表示入射光和反射光

$$\begin{aligned} \dot{\boldsymbol{E}}_{iP} &= |E_{iP}| e^{i\beta_{iP}}, \dot{\boldsymbol{E}}_{iS} = |E_{iS}| e^{i\beta_{iS}} \\ \dot{\boldsymbol{E}}_{rP} &= |E_{iP}| e^{i\beta_{rP}}, \dot{\boldsymbol{E}}_{rS} = |E_{rS}| e^{i\beta_{rS}} \end{aligned} \tag{9-6}$$

由式（9-5）的定义，我们可得到：

$$G = \tan\psi e^{i\Delta} = \frac{|E_{rP}/E_{rS}|}{|E_{iP}/E_{iS}|} e^{i[(\beta_{rP}-\beta_{rS})-(\beta_{iP}-\beta_{iS})]} \tag{9-7}$$

显然，这里欲得到 ψ 和 Δ 的值，需测量 4 个量，即入射光的两分量振幅比和相位差及反射光的两分量振幅比和相位差。当然，如若选定特殊情况，即使入射光为等幅椭偏光，$E_{iP}/E_{iS}=1$，则 $\tan\psi=|E_{rP}/E_{rS}|$，此时只需测量反射光振幅比即可得到 ψ 值。对于相位角 $\Delta+\beta_{iP}-\beta_{iS}=\beta_{rP}-\beta_{rS}$，因为 $\beta_{iP}-\beta_{iS}$ 连续可调（可通过调节起偏器相位角 P 进行调节），而对于特定的膜，Δ 是定值，故改变 $\beta_{iP}-\beta_{iS}$ 定可找到特定值使得反射光为线偏振光，即 $\beta_{rP}-\beta_{rS}=0$ 或 π。此时入射光相位差与起偏器方位角存在关系

$$\beta_{iP}-\beta_{iS}=2P-\frac{\pi}{2} \tag{9-8}$$

由此可见，测得起偏器相位角 P 即可测得 Δ 的值。此外在反射光是线偏振光的情况下，通过测量偏振方向角（实验上通过调节检偏器方位角 A 测得）即可得到 $|E_{rP}/E_{rS}|$，从而可最终确定 ψ 的值。

三、实验设备与材料

TPY-2 型椭圆偏振测厚仪（见图 9-2）。主要由光源机构、起偏机构、检偏机构、接收机构、主体机构和装卡机构共 6 部分组成。

1. 光源机构

光源机构主要由 150mm、功率 0.8mW、波长为 632.8nm 的氦氖激光器，调节套筒，光源外壳，起偏盘副尺等组成。

2. 起偏机构

起偏机构主要由步进电机、偏振片机构、1/4 波片机构等组成。步进电机采用步距角为 1.8°、12V 的直流步进电机，它由 1/64 细分电路控制，故步进角最小可达 0.014°，从而拖动齿轮副回转，通过起偏机构可测得起偏角 P；偏振片置于偏振套筒中，通过从动齿轮的回转可以实现 0°～180°范围内的转动，从而使入射到其上的自然光（非偏振激光）变成线偏振光出射；1/4 波片的调节是通过旋转波片镜筒组中的回转手轮实现，使射入其上的线偏振光变成椭圆偏振光（波片位置出厂时已调节好，用户无须调节）。

3. 检偏机构

检偏机构主要由步进电机、齿轮副及偏振片等组成，其结构形式作用等同于起偏机构，通过检偏机构可测出精度为 0.014°的检偏角 A。

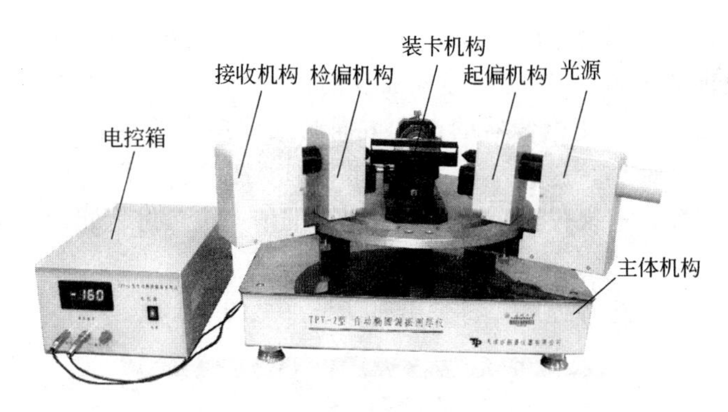

图 9-2　TPY-2 型椭圆偏振测厚仪

4. 接收机构

接收机构主要由光电倍增管、支架、底板及检偏度盘副尺等组成。光电倍增管采用侧窗式，型号为 CR114。

5. 主体机构

主体机构主要由大刻度盘、上回转托盘、下回转托盘及箱体等组成。下回转托盘通过立轴下挡圈固定在大刻度盘上的下悬立轴上，其上固定光源机构和起偏机构，故下回转托盘可绕大刻度盘上的下悬立轴回转。上回转托盘通过立轴上挡圈固定在大刻度盘上的下悬立轴上，其上固定检偏机构和接收机构，故上回转托盘可绕大刻度盘上的下悬立轴回转。大刻度盘通过三个大刻度盘支柱固定在箱体上，其上固定装卡机构以装卡被测样品。大刻度盘上表面的外边缘，刻有两段 30°～90°的刻线，每刻度值为 1°，两个起偏、检偏度盘副尺上，均匀刻有 20 格刻线，故入射角读数精度为 0.05°。

6. 装卡机构

装卡机构主要由样品架、调整架、光阑机构等组成。样品架可以夹持直径 ϕ10～140mm、厚度≤15mm 的被测样品。调整架可对被夹持的样品做上下俯仰、左右偏摆、前后移动的三维调节（均以正对着被测样品表面方向观察）。

四、实验内容与步骤

1. 准备过程

首先开启主机电源，点亮氦氖激光器（预热 30min 后再测量）。然后将电控箱调节旋钮逆时针旋到头，连接好主机与电控箱间的各种数据线，开启电控箱电源。连接主机与计算机间的 USB 线（此时计算机可能会提示“发现新硬件”，硬件驱动程序的安装请参阅后面的软件安装说明）。如果软件程序已安装，可直接双击桌面的快捷方式，运行程序。否则，请参阅后面的程序安装说明。

2. 实验过程

（1）装卡被测样品。

（2）选定入射角 φ（如 70°），调节起偏机构悬臂和检偏机构悬臂，使经样品表面反射后激光束刚好通过检偏器入光口。

（3）顺时针旋转电控箱调节旋钮，将读数调到 150V 左右（视仪器情况而定）即可。

说明：通过旋转起偏器的角度，可使入射到样品表面的椭圆偏振光的两个分量的位相差变化，当起偏器调到某一角度 P 时，经样品反射的椭圆偏振光就变成了线偏振光。此时，旋转检偏器到某一角度 A，使检偏器的透光方向与线偏振光的振动方向垂直，达到消光状态，探测器接收的光强最小，这时，A、P 就是我们要测的一对消光角。为了减少因系统的不完善造成的系统误差，通常仪器采取在多个不同的消光位置进行测量。重复上述步骤，即可得到多对消光角。

（4）双击桌面图标，运行程序，将弹出对话框（见图 9-3）。

实验选择
测量薄膜的折射率和厚度
测量金属复折射率
确 定
取 消

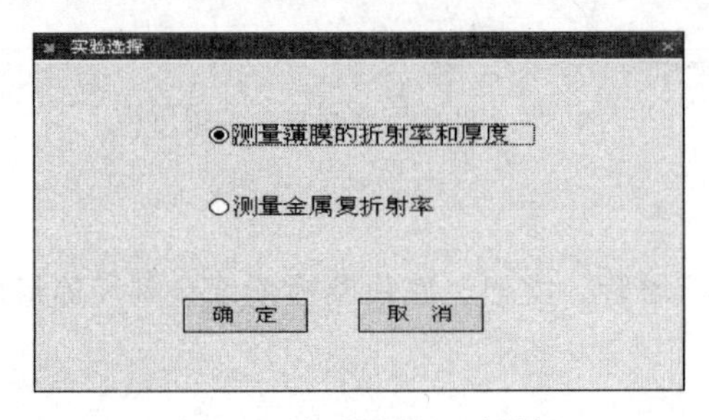

图 9-3 “实验选择”对话框

选择实验类型，一般情况下我们选择“测量薄膜的折射率和厚度”，选择后点“确定”，进入操作界面，如图 9-4 所示。

测量薄膜的折射率和厚度
实验
工具
打开
保存
打印
返回
寄存器1 寄存器2 寄存器3 寄存器4 寄存器5
已知参数
波长λ
n1
n3
编号
入射角φ1
ψ
Δ
次数
入射角
ψ
Δ
n2
d

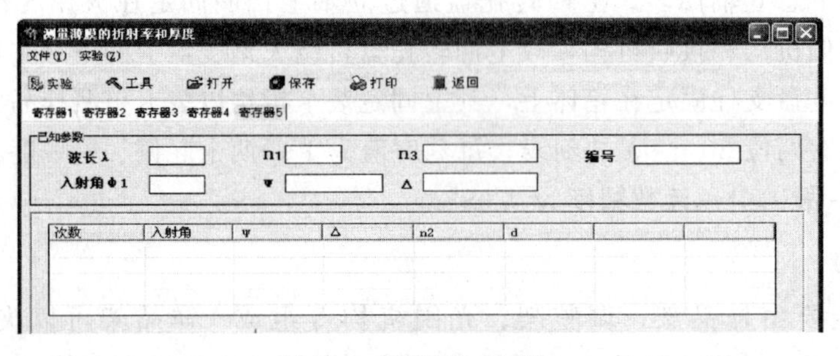

图 9-4 “测量”对话框

在这里可以对实验结果进行“打开”“保存”“打印”等操作，方便用户的使用。

要进行实验测量，点“实验”键，弹出如图 9-5 所示对话框。

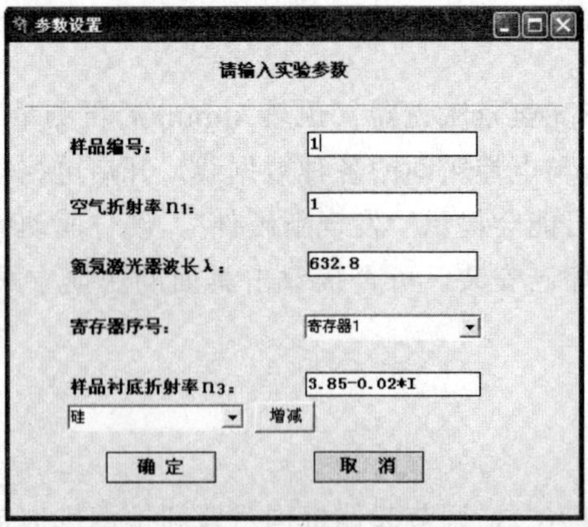

参数设置
请输入实验参数
样品编号：
1
空气折射率 n1：
1
氦氖激光器波长λ：
632.8
寄存器序号：
寄存器1
样品衬底折射率 n3：
3.85-0.02*I
硅
增减
确 定
取 消

图 9-5 “参数设置”对话框

在对话框中填入实验前已确定的一些基本参数，填好后点击“确定”。

如图 9-6 所示，原有界面弹出两个按钮“测量”和“计算”，点“测量”，出现如图 9-7 所示对话框。

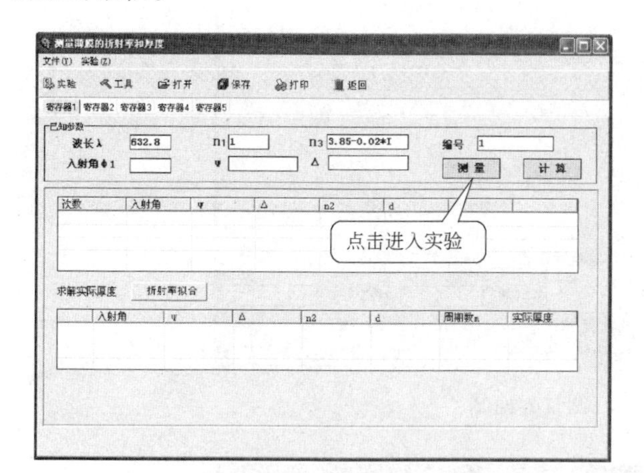

图 9-6 进入测量前的对话框

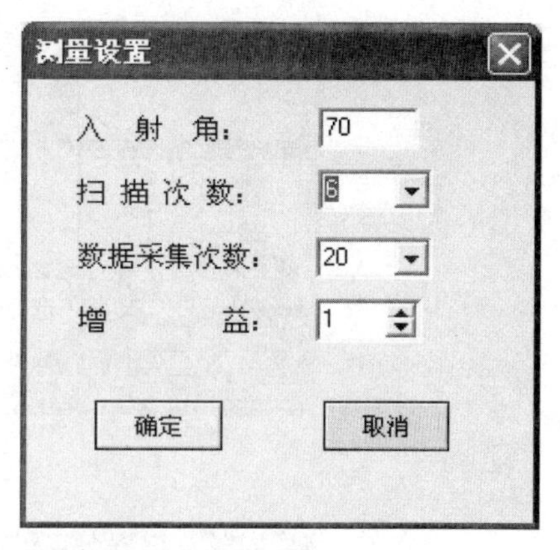

图 9-7 “测量设置”对话框

填好参数后，点击“确定”，出现如图 9-8 所示测量主界面。

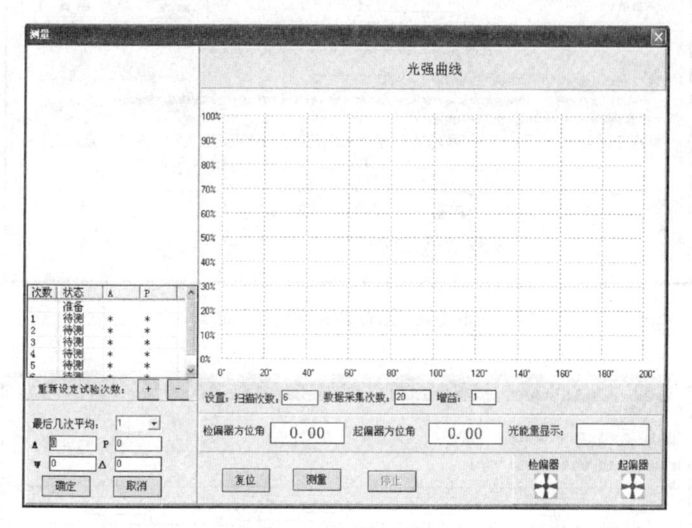

图 9-8 测量界面 1

在此点击“测量”，开始实验。测量时实验框的左侧会显示出仪器测量过程的步骤提示，同时还能在右侧的坐标栏中看到扫描曲线，如图 9-9 所示。

等待测量结束后，选择数据平均次数，点击“确定”。现在窗口会回到进入主界面前的对话框，同时测量数据已自动填入参数栏内，点击“测量”旁的“计算”按钮，即可计算出测量结果，见图 9-10。

显示的折射率、厚度即为实验所求结果。如果想保留数据点“确定”，否则点“取消”。保存后，计算结果自动填入表格中，如图 9-11 所示。

为了计算薄膜的真实厚度，由理论分析可知，样品的一组（Ψ，Δ）只能求得一个膜厚周期内的厚度值，要测量膜厚超过一个周期的真实厚度，常采用改变入射角或波长的方法得到多组（Ψ_i，Δ_i），真实膜厚 d 可由下式解得

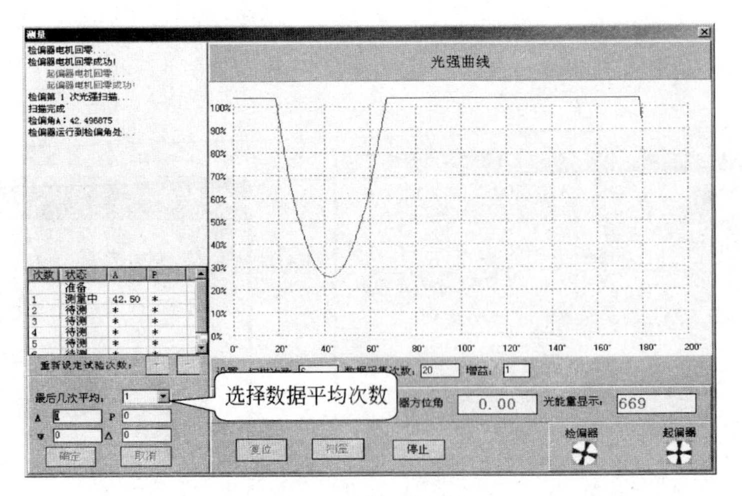

图 9-9　测量界面 2

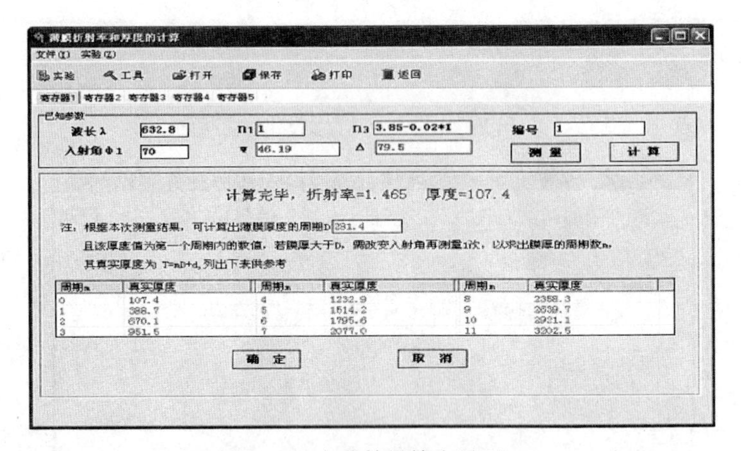

周期n	真实厚度	周期n	真实厚度	周期n	真实厚度
0	107.4	4	1232.9	8	2358.3
1	388.7	5	1514.2	9	2639.7
2	670.1	6	1795.6	10	2921.1
3	951.5	7	2077.0	11	3202.5

图 9-10　实验结果输出界面 1

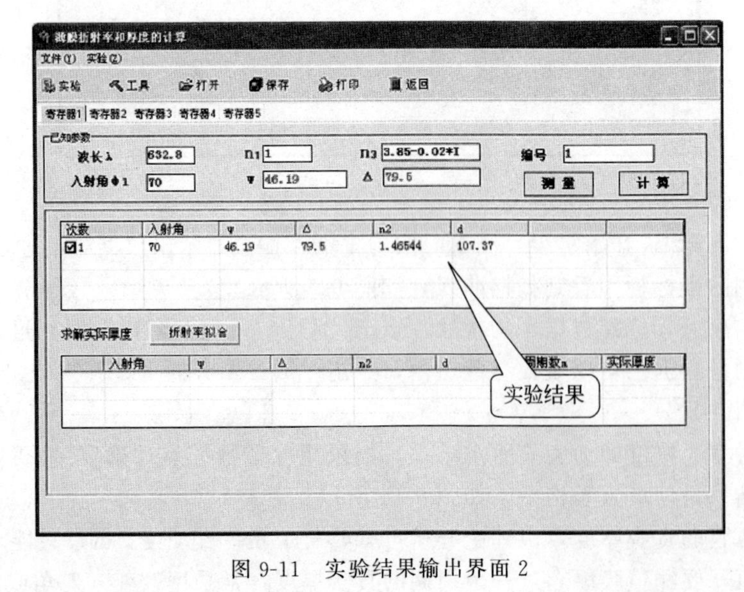

次数	入射角	ψ	Δ	n2	d
1	70	46.19	79.5	1.46544	107.37

图 9-11　实验结果输出界面 2

$$d=m_1D_1+d_1=m_2D_2+d_2=\cdots=m_iD_i+d_i$$

式中，m_1、m_2、m_3、…为正整数；D_1、D_2、D_3、…为膜厚周期数；d_1、d_2、d_3、…分别为不同测量条件时，所对应一个周期内的厚度值。

此时，将测得的（P_1，A_1）和（P_2，A_2）加上测量时对应的角度 φ，分别代入公式，就能求出真实的薄膜厚度。

重新设定一个入射角 φ 后，接着上面的过程，点击“测量”，填入新的参数点击“确定”。此时点“测量”，开始第二组实验。等待测量结束后，选择数据平均次数，点击“确定”。回到进入时的对话框，点击“计算”按钮。程序将计算出第二组测量结果，如图 9-12 所示。

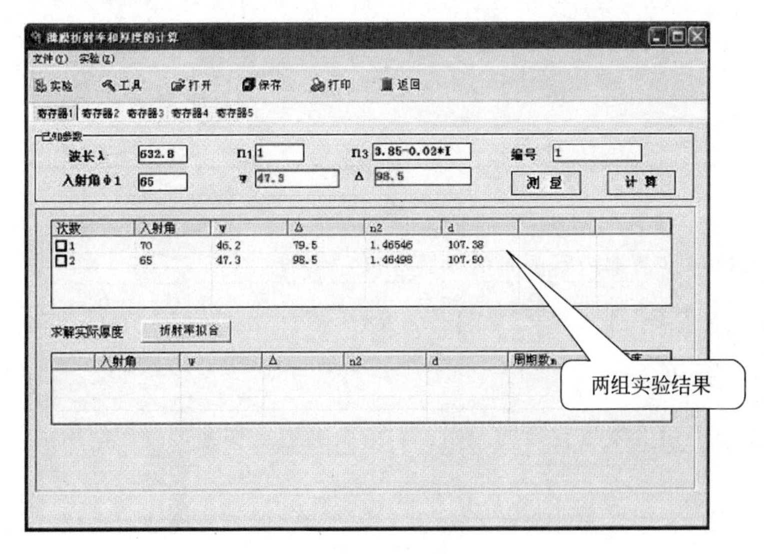

图 9-12　显示两组测量结果

点击“折射率拟合”，将出现“折射率拟合”界面，如图 9-13 所示。

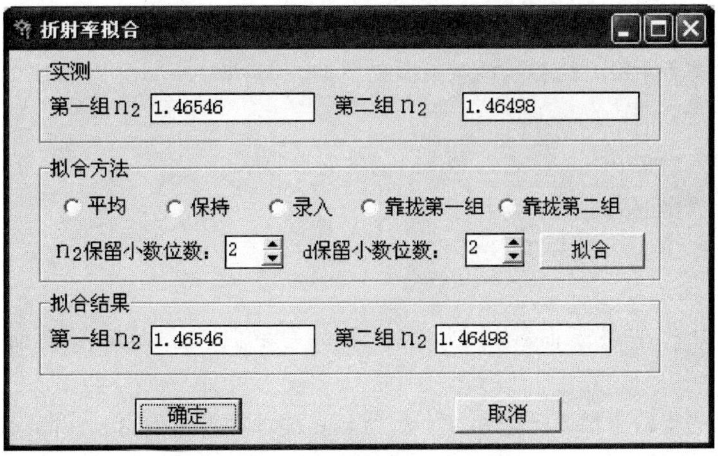

折射率拟合

实测
第一组 n_2 1.46546　第二组 n_2 1.46498

拟合方法
平均　保持　录入　靠拢第一组　靠拢第二组
n_2保留小数位数：2　d保留小数位数：2　拟合

拟合结果
第一组 n_2 1.46546　第二组 n_2 1.46498

确定　取消

图 9-13“折射率拟合”框

根据对实验结果的判定，选择相应拟合方法，“拟合”后，点“确定”，又出现如图 9-14 所示界面。

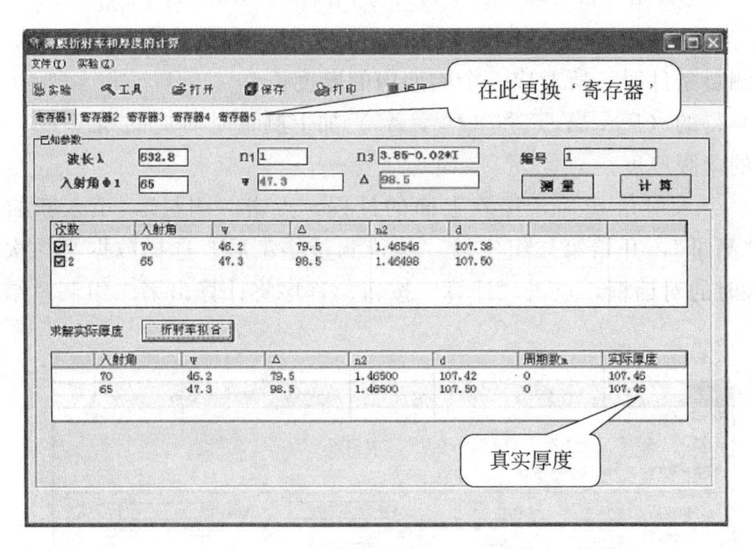

图 9-14　测量结果输出界面

所显示的实际厚度值即为所测量的薄膜厚度。实验结束。

为了能够同时测得多种样品的数据，可以选择多个“寄存器”分别实验。

五、注意事项

1. 激光光源点亮后会发出较强的激光，对人眼会造成伤害，故在使用中，绝对禁止直视光源。

2. 仪器在使用过程中各部件会产生热量，为了能够更有效地使用本仪器，工作时应尽量选择在阴凉、通风好的地方，以免影响仪器的使用寿命。

3. 长时间不使用时，应将仪器置于防尘、隔热、相对湿度 $<70\%$ 的环境。

六、数据记录及处理

1. 记录与本次实验相关的参数：氦氖激光器波长 $\lambda=632.8\text{nm}$；硅衬底的复折射率 $n_{Si}=3.85-0.02i$；环境折射率 $n_0=1$。

2. 分别选定入射角 $\theta=60°$、65°、70°时的薄膜厚度。

3. 其他衍生数据的处理。

在“工具”栏中的生成表可以生成一系列（n，d）-（Ψ，Δ）对应关系的数据，如图 9-15 所示。

“工具”栏中的单层膜曲线可以生成 Ψ-Δ 关系曲线，即单层膜曲线，如图 9-16 所示。

在已知参数的空格中填入已知的 Ψ，Δ 值，点击计算即可得出 n_2 和 d 值，如图 9-17 所示。“数据计算”能够计算出在各种条件下测量的薄膜厚度及折射率。

点击查表将出现如图 9-18 所示界面，在图中相应的空白框中填入测量数据，将生成一系列（Ψ，Δ）～（n，d）表格，再点“查表”。通过传统查找结果的方法也能得到测量结果。

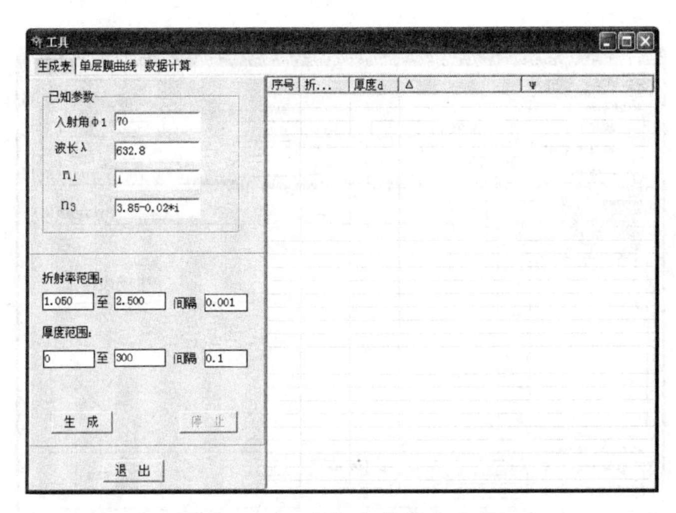

图 9-15　“工具”中的“生成表”

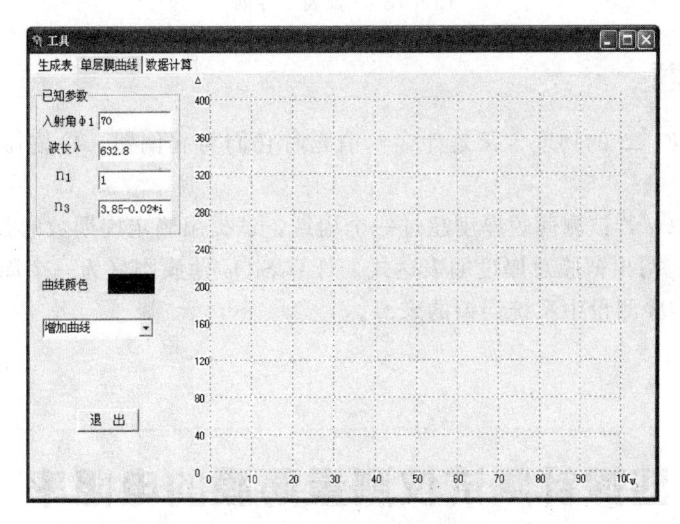

图 9-16　“工具”中的“单层膜曲线”图框

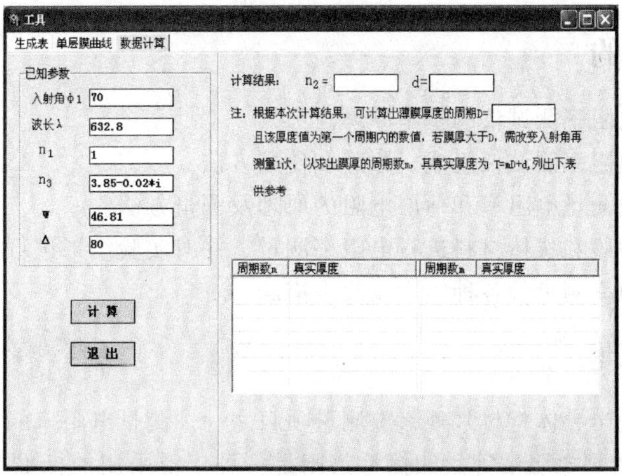

图 9-17　“工具”中的“数据计算”图框

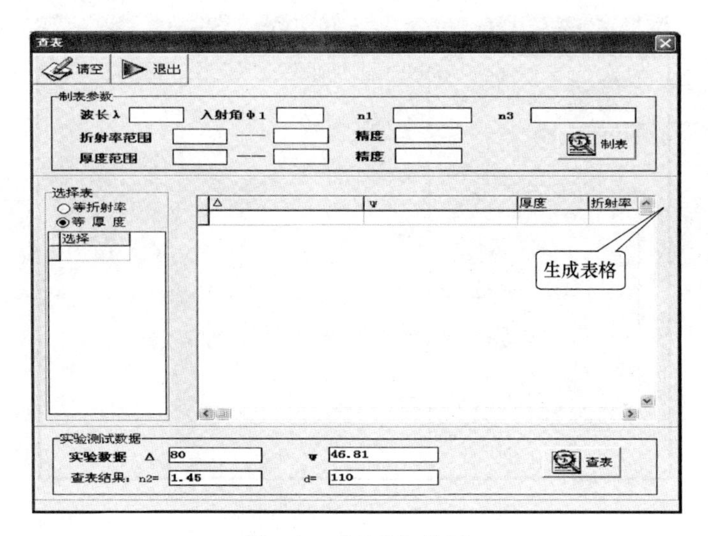

图 9-18 “查表”界面

七、思考题

1. 椭偏参数 Ψ、Δ 的物理含义是什么？消光时它们与起偏器、检偏器方位角 P、A 之间有什么关系？

2. 椭偏测量中，若被测薄膜厚度超过一个周期，试提出确定周期数的其他方法。若测量出的周期数为 N，写出薄膜总厚度的表达式。计算 SiO_2 薄膜刚好为一个周期时的厚度。

3. 试分析本实验测量中系统误差的来源。

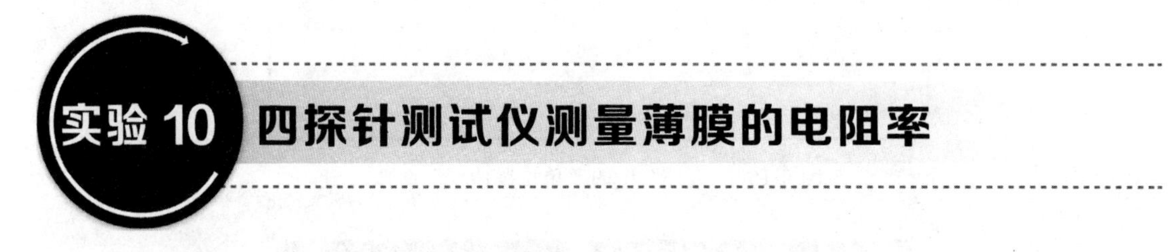

实验 10 四探针测试仪测量薄膜的电阻率

一、实验目的

1. 了解四探针电阻率测试仪的基本原理。
2. 了解四探针电阻率测试仪组成、原理和使用方法。
3. 掌握四探针法测量电阻率和薄层电阻的原理及测量方法。
4. 能对给定的薄膜和块体材料进行电阻率测量，并对实验结果进行分析、处理。
5. 了解影响电阻率测量的各种因素及改进措施。

二、实验原理

电阻率的测量是半导体材料常规参数测量项目之一。测量电阻率的方法很多，如三探针法、电容-电压法、扩展电阻法等。四探针法则是一种广泛采用的标准方法，在半导体工艺中最为常用。

1. 半导体材料体电阻率测量原理

在半无穷大样品上的点电流源，若样品的电阻率 ρ 均匀，引入点电流源的探针其电流强度为 I，则所产生的电场具有球面的对称性，即等位面为一系列以点电流为中心的半球面，如图 10-1 所示。

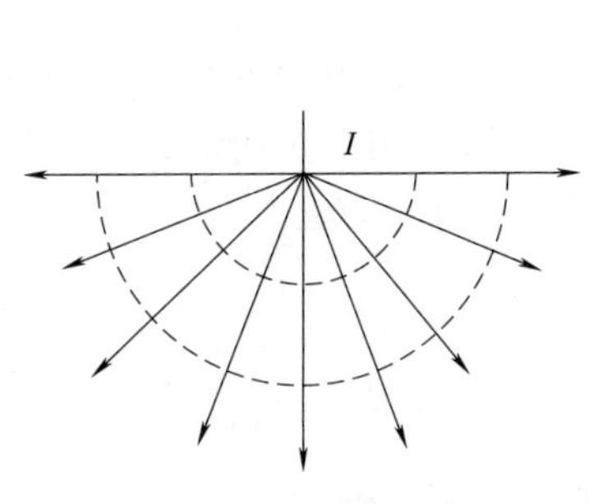

图 10-1 点电流源电场

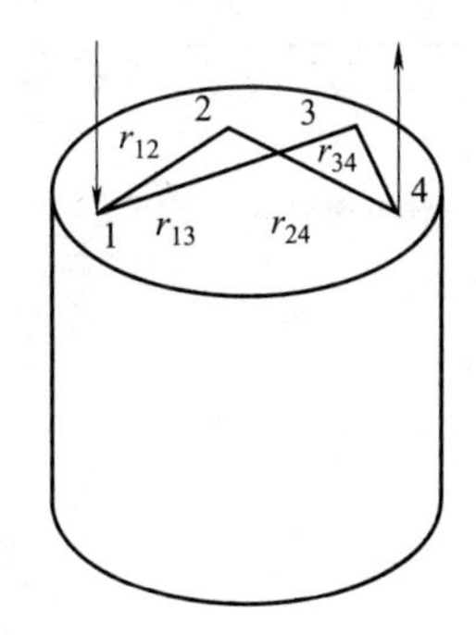

图 10-2 任意位置的四探针

在以 r 为半径的半球面上，电流密度 j 的分布是均匀的。

若 E 为 r 处的电场强度，则

$$E=j\rho=\frac{I\rho}{2\pi r^2}$$

由电场强度和电位梯度以及球面对称关系可得

$$E=-\frac{\mathrm{d}\psi}{\mathrm{d}r} \qquad \mathrm{d}\psi=-E\,\mathrm{d}r=-\frac{I\rho}{2\pi r^2}\mathrm{d}r$$

取 r 为无穷远处的电位其值为零，则

$$\int_0^{\psi(r)}\mathrm{d}\psi=\int_\infty^r -E\,\mathrm{d}r=\frac{-I\rho}{2\pi}\int_\infty^r\frac{\mathrm{d}r}{r^2} \qquad \psi(r)=\frac{\rho I}{2\pi r} \tag{10-1}$$

上式就是半无穷大均匀样品上离开点电流源距离为 r 的点的电位与探针流过的电流和样品电阻率的关系式，它代表了一个点电流源对距离 r 处的点的电势的贡献。

对如图 10-2 所示的情形，四根探针位于样品中央，电流从探针 1 流入，从探针 4 流出，则可将 1 和 4 探针认为是点电流源，由式（10-1）可知，2 和 3 探针的电位为

$$\psi_2=\frac{I\rho}{2\pi}\left(\frac{1}{r_{12}}-\frac{1}{r_{24}}\right) \qquad \psi_3=\frac{I\rho}{2\pi}\left(\frac{1}{r_{13}}-\frac{1}{r_{34}}\right) \tag{10-2}$$

2、3 探针的电位差为

$$V_{23}=\psi_2-\psi_3=\frac{\rho I}{2\pi}\left(\frac{1}{r_{12}}-\frac{1}{r_{24}}-\frac{1}{r_{13}}+\frac{1}{r_{34}}\right) \tag{10-3}$$

此可得出样品的电阻率为

$$\rho=\frac{2\pi V_{23}}{I}\left(\frac{1}{r_{12}}-\frac{1}{r_{24}}-\frac{1}{r_{13}}+\frac{1}{r_{34}}\right)^{-1} \tag{10-4}$$

上式就是利用直流四探针法测量电阻率的普遍公式。我们只需测出流过 1、4 探针的电流 I 以及 2、3 探针间的电位差 V_{23}，代入四根探针的间距，就可以求出该样品的电阻率 ρ。实际测量中，最常用的是直线型四探针（如图 10-3 所示），即四根探针的针尖位于同一直线上，并且间距相等，设 $r_{12}=r_{23}=r_{34}=S$，则有

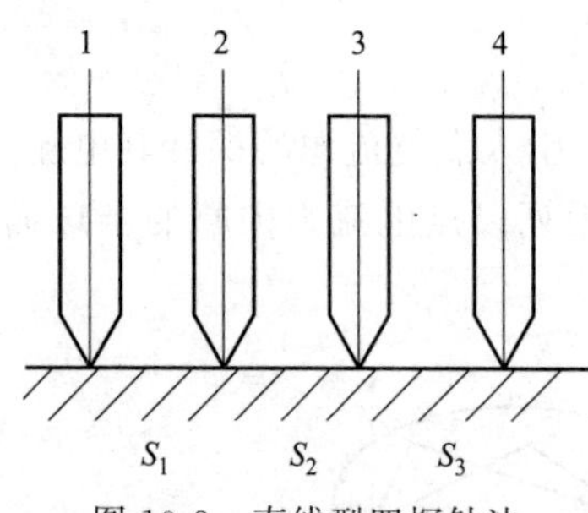

图 10-3 直线型四探针法测量原理图

$$\rho=\frac{V_{23}}{I}2\pi S \tag{10-5}$$

需要指出的是：这一公式是在半无穷大样品的基础上导出的，实用中必须满足样品厚度及边缘与探针之间的最近距离大于四倍探针间距，这样才能使该式具有足够的精确度。

如果被测样品不是半无穷大，而是厚度、横向尺寸一定，进一步的分析表明，在四探针法中只要对公式引入适当的修正系数 B_0 即可，此时

$$\rho=\frac{V_{23}}{IB_0}2\pi S \tag{10-6}$$

修正系数 B_0 与样品的尺寸及所处条件的关系见表 10-1 和表 10-2。

表 10-1 四探针平行于样品边缘的修正系数

S/d \ L/S	0	0.1	0.2	0.5	1.0	2.0	5.0	10.0
0.0	2.000	1.9661	1.8764	1.5198	1.1890	1.0379	1.0029	1.0004
0.1	2.002	1.97	1.88	1.52	1.19	1.040	1.004	1.0017
0.2	2.016	1.98	1.89	1.53	1.2	1.052	1.014	1.0094
0.5	2.188	2.15	2.06	1.70	1.35	1.176	1.109	1.0977
1.0	3.009	2.97	2.87	2.45	1.98	1.667	1.534	1.512
2.0	5.560	5.49	5.34	4.61	3.72	3.104	2.838	2.795
5.0	13.863	13.72	13.32	11.51	9.28	3.744	7.078	6.699
10.0	27.726	27.43	26.71	23.03	18.56	15.49	14.156	13.938

表 10-2 四探针垂直于样品边缘的修正系数

S/d \ L/S	0	0.1	0.2	0.5	1.0	2.0	5.0	10.0	∞
0.0	1.4500	1.3330	1.2555	1.333	1.0595	1.0194	1.0023	1.0005	1.0000
0.1	1.4501	1.3331	1.2556	1.1335	1.0597	1.0193	1.0035	1.0015	1.0009
0.2	1.4519	1.3352	1.2579	1.1364	1.0637	1.0255	1.0107	1.0084	1.0070
0.5	1.5285	1.4163	1.3176	1.2307	1.1648	1.1263	1.1029	1.0967	1.0939
1.0	2.0335	1.9255	1.8526	1.7294	1.6380	1.5690	1.5225	1.5102	1.5045
2.0	3.7236	3.5660	3.4486	3.2262	3.0470	2.9090	2.3160	2.7913	2.7799
5.0	9.2815	808943	8.6025	8.0472	7.5991	7.2542	7.0216	6.9600	6.9315
10.0	18.5630 0	17.7836 6	17.2050 0	16.0944 4	15.1933 3	14.5083 3	14.0431 1	13.9199 9	13.8629 9

注：样品为片状单晶，四探针尖所连成直线与样片一个边界垂直，探针与该边界最近距离为 L，除样品厚度及该边界外，其余周界为无穷远，样品周界被绝缘介质包围。

2. 扩散层薄层电阻（方块电阻）的测量

半导体工艺中普遍采用四探针法测量扩散层的薄层电阻，由于反向 PN 结的隔离作用，扩散层下的衬底可视为绝缘层，对于扩散层厚度（即结深 X_j）远小于探针间距 S，而横向尺寸无限大的样品，被定义为极薄样品。极薄样品是指样品厚度 d 比探针间距小很多，而横向尺寸为无穷

大的样品，这时从探针 1 流入和从探针 4 流出的电流，其等位面近似为圆柱面高 d（见图 10-4）。

实际工作中，我们直接测量扩散层的薄层电阻，又称方块电阻，其定义就是表面为正方形的半导体薄层在电流方向所呈现的电阻，见图 10-5。

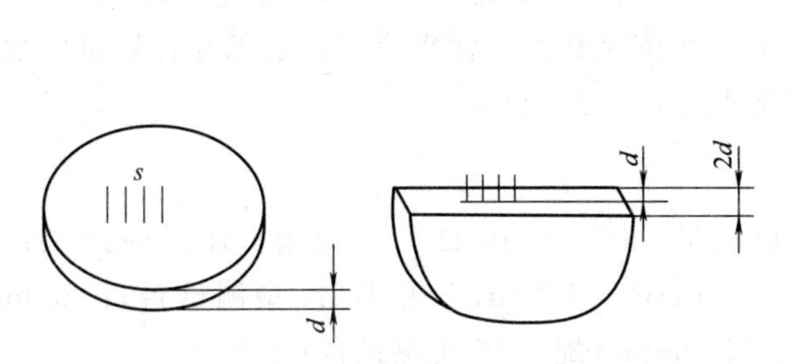

图 10-4 极薄样品等间距探针情况

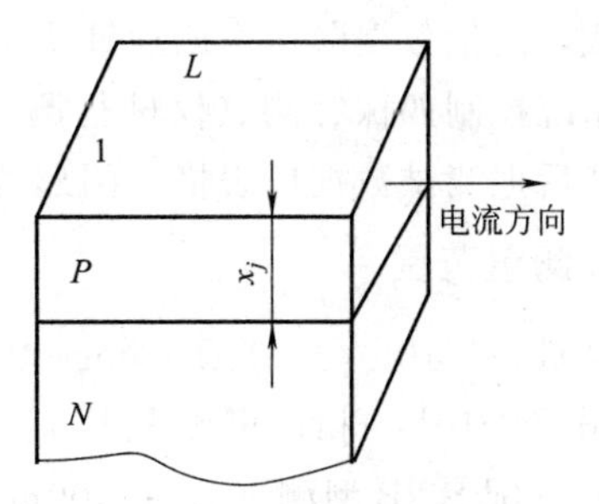

图 10-5 正方形的半导体薄层在电流方向所呈现的电阻

任一等位面的半径设为 r，类似于上面对半无穷大样品的推导，很容易得出当 $r_{12}=r_{23}=r_{34}=S$ 时，极薄样品的电阻率为

$$\rho=\left(\frac{\pi}{\ln 2}\right)d\ \frac{V_{23}}{I}=4.5324d\ \frac{V_{23}}{I} \tag{10-7}$$

上式说明，对于极薄样品，在等间距探针情况下，探针间距和测量结果无关，电阻率和被测样品的厚度 d 成正比。

就本实验而言，当 1、2、3、4 四根金属探针排成一直线且以一定压力压在半导体材料上，在 1、4 两处探针间通过电流 I，则 2、3 探针间产生电位差 V_{23}。材料电阻率

$$\rho=\frac{V_{23}}{I}2\pi S=\frac{V_{23}}{I}C \tag{10-8}$$

式（10-8）中，S 为相邻两探针 1 与 2、2 与 3、3 与 4 之间的距离。若电流取 $I=C$，则 $\rho=V$，可由数字电压表直接读出。

实际的扩散片尺寸一般不大，并且实际的扩散片又有单面扩散与双面扩散之分，因此，需要进行修正，修正后的公式为

$$R_s=B_0\ \frac{V_{23}}{I}$$

其修正系数 B_0 列在表 10-3 中。

表 10-3 薄层样品的修正系数

S/d	B_0	S/d	B_0	S/d	B_0
0.1	1.0009	0.7	1.2225	1.6	2.2410
0.2	1.0070	0.8	1.3062	1.8	2.5033
0.3	1.0227	0.9	1.4008	2.0	2.7799
0.4	1.0511	1.0	1.5045	2.5	3.4674
0.5	1.0939	1.2	1.7329	—	—
0.6	1.1512	1.4	1.9809	—	—

注：样品为片状单晶，除样品厚度外，样品尺寸相对探针间距为无穷大，四探针垂直于样品表面或侧面测试。

三、实验设备与材料

RTS-8 型数字式四探针测试仪。仪器由主机、探针测试台、四探针探头、计算机等部分组成，测量数据既可由四探针测试仪主机直接显示，亦可与计算机相连接通过四探针软件测试系统控制四探针测试仪进行测量并采集测试数据，把采集到的数据在计算机中加以分析，然后把测试数据以表格、图形直观地记录、显示出来。

1. 测量范围

电阻率：$10^{-4}\sim10^{5}\Omega\cdot cm$；方块电阻：$10^{-3}\sim10^{6}\Omega/\square$；电阻：$10^{-4}\sim10^{5}\Omega$；电导率：$10^{-5}\sim10^{4}s/cm$；可测晶片直径：140mm×150mm（配 S-2A 型测试台）；200mm×200mm（配 S-2B 型测试台）；400mm×500mm（配 S-2C 型测试台）。

2. 恒流源

电流量程分为 1μA、10μA、100μA、1mA、10mA、100mA 6 档，各档电流连续可调。

3. 数字电压表

量程及表示形式：000.00～199.99mV；分辨率：10μV；输入阻抗：＞1000MΩ；精度：±0.1%；显示：四位半红色发光管数字显示，极性、超量程自动显示。

4. 四探针探头基本指标

间距：(1±0.01) mm；针间绝缘电阻：≥1000MΩ；机械游移率：≤0.3%；探针：碳化钨或高速钢材质，探针直径 Φ0.5mm；探针压力：5～16N(总力)。

图 10-6 为 RTS-8 型四探针测试仪仪器面板，说明如下：

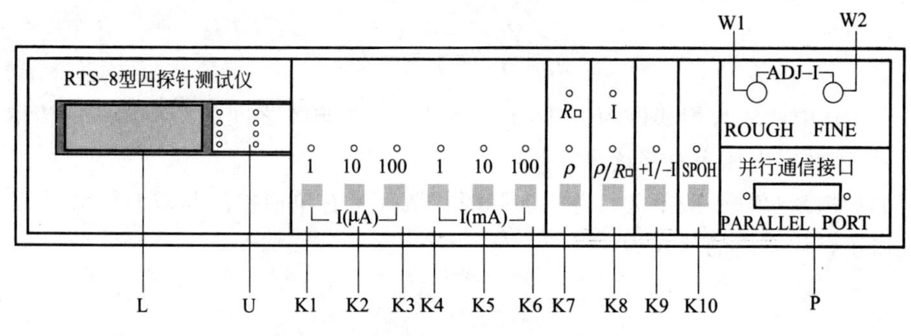

图 10-6 RTS-8 型四探针测试仪仪器面板

K1、K2、K3、K4、K5、K6：测量电流量程选择按键，共 6 个量程，当按相应的量程时，此量程按钮上方的指示灯会亮。

K7："$R_{\square}/\rho$"测量选择按键，即是测量样品的方块电阻或电阻率的选择按键，开机时自动设置在"$R_{\square}$"位。按下此按键会在这两种测量状态下切换，按键上方相应的指示灯亮表示现在所处的测量类别。

K8："电流/测量"方式选择按键，开机时自动设置在"I"位；按下此按键会在这两种模式下切换，按键上方相应的指示灯亮表示现在所处的状态。即当处在"I"时，表示数据显示屏显示的是样品测量电流值，用户可根据测量样品调节量程按键或电位器获得适合样品测量的电流。当在"$\rho/R_{\square}$"时表示现处于测量模式下，数据显示屏显示的是方块电阻或电阻率的测量值。

K9：电流换向按键，按键上方的灯亮时表示反向，灭时表示正向。

K10：低阻测试扩展按键（只在 100mA 量程挡有效），按键上方的灯指示开、关的状态。

W1：电流粗调电位器。

W2：电流细调电位器。

P：与计算机通信的并口接口。

L：显示测试值的数据显示屏，在不同的测试状态下分别用来显示样品的测试电流值、方块电阻测量值、电阻率测量值。

U：测试值的单位指示灯。

四、实验内容与步骤

脱机测量样品基本操作流程见图 10-7。

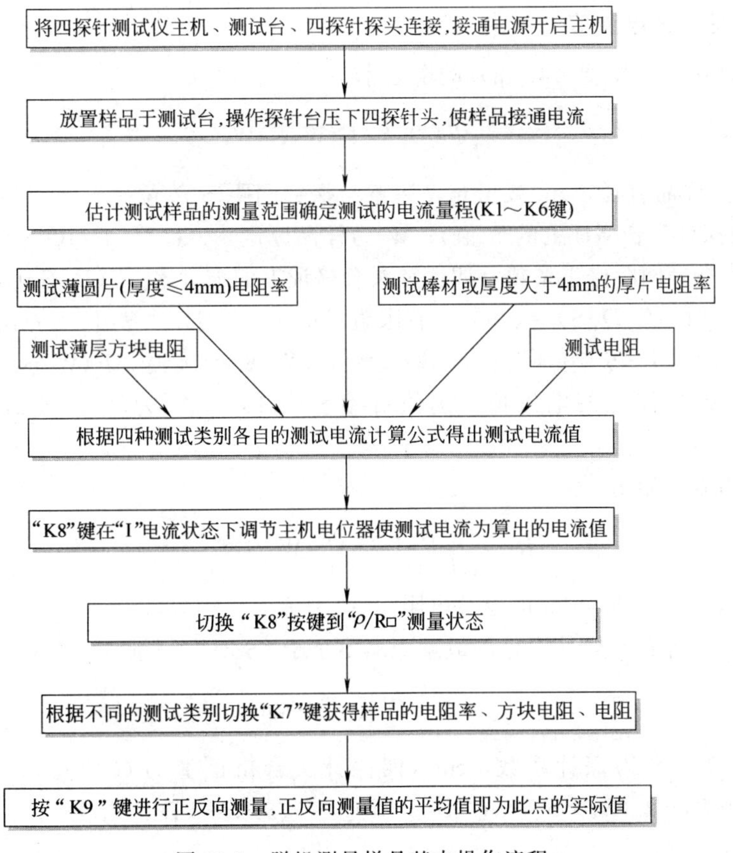

图 10-7 脱机测量样品基本操作流程

1. 将四探针测试仪主机、测试台、四探针探头连接，接通电源开启主机。此时“$R_{\square}$”和“I”指示灯亮。预热约 10min。

2. 放置样品于测试台，操作探针台压下四探针头，使样品接通电流。

3. 估计所测样品方块电阻或电阻率范围：按表 10-4 选择适合的电流量程对样品进行测量，按下 K1（1μA）、K2（10μA）、K3（100μA）、K4（1mA）、K5（10mA）、K6（100mA）中相应的键选择量程（如无法估计样品方块电阻或电阻率的范围，则可先以

"10μA" 量程进行测量，再以该测量值作为估计值按表 10-4 选择电流量程得到精确的测量结果）。

表 10-4 测量不同样品时选择的电流量程

方块电阻测量时电流量程选择表（推荐）		电阻率测量时电流量程选择表（推荐）	
方块电阻/(Ω/□)	电流量程	电阻率/(Ω·cm)	电流量程
<2.5	100mA	<0.03	100mA
2.0～25	10mA	0.03～0.3	10mA
20～250	1mA	0.3～30	1mA
200～2500	100μA	30～300	100μA
2000～25000	10μA	300～3000	10μA
>20000	1μA	>3000	1μA

4. 确定样品测试电流值

（1）测试薄圆片（厚度≤4mm）的电阻率

$$\rho=\frac{V}{I}F(D/S)F(W/S)WF_{sp} \tag{10-9}$$

式中，D 为样品直径，cm 或 mm，注意与探针间距 S 单位一致；S 为平均探针间距，cm 或 mm（四探针头合格证上的 S 值）；W 为样品厚度，cm，在 $F(W/S)$ 中注意与 S 单位一致；F_{sp} 为探针间距修正系数（四探针头合格证上的 F 值）；$F(D/S)$ 为样品直径修正因子，当 $D\to\infty$ 时，$F(D/S)=4.532$，有限直径的 $F(D/S)$ 由表 10-5 查出；$F(W/S)$ 为样品厚度修正因子，$W/S<0.4$ 时，$F(W/S)=1$，$W/S>0.4$ 时，$F(W/S)$ 值由表 10-6 查出；I 为 1、4 探针流过的电流值，选值可参考表 10-4；V 为 2、3 探针间取出的电压值，mV。

（2）薄层方块电阻 $R_\square$

$$R_\square=\frac{V}{I}F(D/S)F(W/S)F_{sp} \tag{10-10}$$

（3）棒材或厚度大于 4mm 的厚片电阻率 ρ

当探头的任一探针到样品边缘的最近距离不小于 $4S$ 时，测量区的电阻率为

$$\rho=\frac{V}{I}C \quad \Omega\cdot\text{cm} \tag{10-11}$$

其中，$C=2\pi$；S 为探针系数，cm（四探针头合格证上的 C 值）。S 的取值来源于：$1/S=[1/S_1+1/S_3-1/(S_1+S_3)-1/(S_2+S_3)]$，$S_1$ 为 1～2 针、S_2 为 2～3 针、S_3 为 3～4 针的间距，单位为 cm。

（4）"K8" 键在 "I" 电流状态下调节主机电位器使测试电流为算出的电流值。

（5）切换 "K8" 按键到 "$\rho/R_\square$" 测量状态。根据不同的测试类别切换 "K7" 键，获得样品的电阻率、方块电阻、电阻。按 "K9" 键进行正反向测量，正反向测量值的平均值即为此点的实际值。

五、注意事项

1. 当样品电阻率≤0.0100Ω·cm 或方块电阻≤0.100Ω/□或电阻≤0.0100Ω 时，为

提高测量的准确性，请使用低阻扩展键，该键只对100mA量程挡有效，按键“SPOH”（K10键）。

测试步骤（假设低阻扩展按键未按下，此时SPOH上方指示灯灭；如该指示灯亮则为低阻扩展测试）：

（1）计算电流　按照“使用方法”四种测试类别的测试电流计算公式得出样品测试电流值。

（2）调整电流　仪器选择“100mA”电流挡，放置样品并使探头接触之，调整电流使电流数为计算电流值。

（3）测量取数　在仪器选择“$\rho/R_{\square}$”测量位，如仪器显示值仅为2位或1位有效数字，此时可把低阻测量按键按下，获得样品的电阻率或方块电阻值。

2.当样品电阻率≥199.99kΩ·cm或方块电阻≥1999.9kΩ/□或电阻≥199.99kΩ时，定义为高阻。

测试步骤：

（1）计算电流　按照“使用方法”四种测试类别的测试电流计算公式得出样品测试电流值；

（2）调整电流　如按以上计算出的电流数为：****（*代表一位实数），则在仪器上选择“1μA”电流挡，放置样品并使探头接触之，按电流减小方向调整电流为0.0***（μA）。

（3）测量取数　在仪器上选择“ρ/R□”测量位，这时仪器显示值乘以10为本次测试的样品电阻率或方块电阻或电阻值。

六、数据记录及处理

1.测试薄圆片（厚度≤4mm）**的电阻率**（多晶硅切片）

选取测试电流I：$I=F(D/S)F(W/S)WF_{sp}10^{n}$，$n$是整数与量程挡有关。然后按此公式计算出测试电流数值。

例如：测厚度为0.63mm、直径为76mm的硅片，已知$F=1.01$，由于探针平均间距$S=1\text{mm}$，故$D/S=76$，从表10-5中查得$F(D/S)=4.526$，表10-6中查得$F(W/S)=0.9894$，故$I=4.526\times0.9894\times0.63\times1.01\times10^{n}=2.849\times10^{n}$，显示器显示电流数为2849。

在仪器上调整电位器“W1”和“W2”，使测试电流显示值为计算出来测试电流数值。

按以上方法调整电流后，按“K8”键选择“$\rho/R_{\square}$”，按“K7”键选择“ρ”，仪器则直接显示测量结果（Ω·cm）。然后按“K9”键进行正反向测量，正反向测量值的平均值即为此点的实际值。

2.薄层方块电阻$R_{\square}$（FTO导电层）

选取测试电流I：$I=F(D/S)\ F(W/S)\ WF_{sp}\times10^{n}$，$n$是整数与量程档有关。然后按此公式计算出测试电流数值。

例如：测单面扩散层的硅片方块电阻。已知$D=100\text{mm}$，$F=1.001$，从表10-5中查得$F(D/S)=4.528$，故$I=4.528\times1.001\times10^{n}=4.533\times10^{n}$，显示器显示电流数为4533。

测双面扩散层的硅片方块电阻。已知$F=1.001$，从表10-5中查得$F(D/S)=4.532$，从表10-6中查得$F(W/S)=1$，故$I=4.532\times1.001\times10^{n}=4.536\times10^{n}$，显示器显示电流数为4536。

测离子注入层的硅片方块电阻。已知 $D=76mm$，$F=1.01$，从表 10-5 中查得 $F(D/S)=4.526$，故 $I=4.526\times1.01\times10^{n}=4.571\times10^{n}$，显示器显示电流数为 4571。

表 10-5 直径修正系数 F(D/S) 值与 D/S 值的关系

D/S 值 \ F(D/S)值 \ 位置	中心点	半径中点	距边缘 6mm 处
>200	4.532		
200	4.531	4.531	4.462
150	4.531	4.529	4.461
125	4.530	4.528	4.460
100	4.528	4.525	4.458
76	4.526	4.520	4.455
60	4.521	4.513	4.451
51	4.517	4.505	4.447
38	4.505	4.485	4.439
26	4.470	4.424	4.418
25	4.470		
22.22	4.454		
20.00	4.436		
18.18	4.417		
16.67	4.395		
15.38	4.372		
14.28	4.348		
13.33	4.322		
12.50	4.294		
11.76	4.265		
11.11	4.235		
10.52	4.204		
10.00	4.171		

表 10-6 厚度修正系数 F(W/S) 值与 W/S 值的关系

W/S 值	F(W/S)	W/S 值	F(W/S)	W/S 值	F(W/S)	W/S 值	F(W/S)
<0.400	1.0000	0.605	0.9915	0.815	0.9635	1.25	0.8491
0.400	0.9997	0.610	0.9911	0.820	0.9626	1.30	0.8336
0.405	0.9996	0.615	0.9907	0.825	0.9616	1.35	0.8181
0.410	0.9996	0.620	0.9903	0.830	0.9607	1.40	0.8026
0.415	0.9995	0.625	0.9898	0.835	0.9597	1.45	0.7872
0.420	0.9994	0.630	0.9894	0.840	0.9587	1.50	0.7719
0.425	0.9993	0.635	0.9889	0.845	0.9577	1.55	0.7568

续表

W/S 值	F(W/S)	W/S 值	F(W/S)	W/S 值	F(W/S)	W/S 值	F(W/S)
0.430	0.9993	0.640	0.9884	0.850	0.9567	1.60	0.7419
0.435	0.9992	0.645	0.9879	0.855	0.9557	1.65	0.7273
0.440	0.9991	0.650	0.9874	0.860	0.9546	1.70	0.7130
0.445	0.9990	0.655	0.9869	0.865	0.9536	1.75	0.6989
0.450	0.9989	0.660	0.9864	0.870	0.9525	1.80	0.6852
0.455	0.9988	0.665	0.9858	0.875	0.9514	1.85	0.6718
0.460	0.9987	0.670	0.9853	0.880	0.9504	1.90	0.6588
0.465	0.9985	0.675	0.9847	0.885	0.9493	1.95	0.6460
0.470	0.9984	0.680	0.9841	0.890	0.9482	2.00	0.6337
0.475	0.9983	0.685	0.9835	0.895	0.9471	2.05	0.6216
0.480	0.9981	0.690	0.9829	0.900	0.9459	2.10	0.6099
0.485	0.9980	0.695	0.9823	0.905	0.9448	2.15	0.5986
0.490	0.9978	0.700	0.9817	0.910	0.9437	2.20	0.5875
0.495	0.9976	0.705	0.9810	0.915	0.9425	2.25	0.5767
0.500	0.9975	0.710	0.9804	0.920	0.9413	2.30	0.5663
0.505	0.9973	0.715	0.9797	0.925	0.9402	2.35	0.5562
0.510	0.9971	0.720	0.9790	0.930	0.9390	2.40	0.5464
0.515	0.9969	0.725	0.9783	0.935	0.9378	2.45	0.5368
0.520	0.9967	0.730	0.9776	0.940	0.9366	2.50	0.5275
0.525	0.9965	0.735	0.9769	0.945	0.9354	2.55	0.5186
0.530	0.9962	0.740	0.9761	0.950	0.9342	2.60	0.5098
0.535	0.9960	0.745	0.9754	0.955	0.9329	2.65	0.5013
0.540	0.9957	0.750	0.9746	0.960	0.9317	2.70	0.4931
0.545	0.9955	0.755	0.9738	0.965	0.9304	2.75	0.4851
0.550	0,9952	0.760	0.9731	0.970	0.9292	2.80	0.4773
0.555	0.9949	0.765	0.9723	0.975	0.9279	2.85	0.4698
0.560	0.9946	0.770	0.9714	0.980	0.9267	2.90	0.4624
0.565	0.9943	0.775	0.9706	0.985	0.9254	2.95	0.4553
0.570	0.9940	0.780	0.9698	0.990	0.9241	3.00	0.4484
0.575	0.9937	0.785	0.9689	0.995	0.9228	3.2	0.422
0.580	0.9934	0.790	0.9680	1.00	0.9215	3.4	0.399
0.585	0.9930	0.795	0.9672	1.05	0.9080	3.6	0.378
0.590	0.9927	0.800	0.9663	1.10	0.8939	3.8	0.359
0.595	0.9923	0.805	0.9654	1.15	0.8793	4.0	0.342
0.600	0.9919	0.810	0.9644	1.20	0.8643		

在仪器上调整电位器“W1”和“W2”，使测试电流显示值为计算出来的测试电流数值。

按以上方法调整电流后，按“K8”键选择“$\rho/R_{\square}$”，按“K7”键选择“$R_{\square}$”，仪器则直接显示测量结果（Ω/□）。然后按“K9”键进行正反向测量，正反向测量值的平均值即为此点的实际值。

3. 测试棒材或厚度大于 4mm 的厚片电阻率 ρ(单晶硅样品)

选取测试电流 I：$I=C\times10^{n}$（四探针头合格证上的 C 值），然后得出测试电流值。

在仪器上调整电位器“W1”和“W2”，使测试电流显示值为计算出来测试电流的数值。

按以上方法调整电流后，按“K8”键选择“$\rho/R_{\square}$”，按“K7”键选择“$R_{\square}$”，仪器则直接显示测量结果（Ω/□）。然后按“K9”键进行正反向测量，正反向测量值的平均值即为此点的实际值。

例如：已知某一四探针头 $C=6.278$，故 $I=6.278\times10^{n}$，显示器显示电流数为 6278。

4. 测试电阻 *R*

选取测试电流 I：$I=1\times10^{n}$。显示器显示电流数为 10000。

七、思考题

1. 测量电阻有哪些方法？

2. 什么是体电阻、方块电阻（面电阻）？

3. 四探针法测量材料电阻原理是什么？

4. 为什么要用四探针进行测量？如果只用两根探针既作电流探针又作电压探针，是否能够对样品进行较为准确地测量？

5. 四探针法测量材料电阻的优点是什么？

6. 本实验中哪些因素能够使实验结果产生误差？

7. 能否用四探针法测量 N+/N 外延片及 P+/P 外延片外延层的电阻率？

8. 能否用四探针法测量 N/P 外延片外延层的电阻率？

9. 如果只用两根探针既作电流探针又作电压探针，这样能否对样品进行较为准确的测量？为什么？

实验 11 循环伏安曲线测定电极性能

一、实验目的

1. 掌握循环伏安法的基本原理和测量技术。

2. 通过对 $[Fe(CN)_6]^{3-}/[Fe(CN)_6]^{4-}$ 体系的循环伏安测量，了解如何根据峰电流、峰电势及峰电势差和扫描速度之间的函数关系来判断电极反应可逆性，以及求算有关的热力学参数和动力学参数。

二、实验原理

1. 循环伏安法简介

循环伏安法（cyclic voltammetry，CV）往往是首选的电化学分析测试技术，非常重要，已被广泛地应用于化学、生命科学、能源科学、材料科学和环境科学等领域中相关体系的测试表征。

CV 测试比较简便，所获信息量大。通过电化学工作站（或恒电势仪），使电极电势（φ 或 E）在一定范围内以恒定的变化速率扫描。电势扫描信号如图 11-1（a）所示的对称三角波。电极电势从起始电势 φ_i 变化至某一电势 φ_r，再按相同速率从 φ_r 变化至 φ_i，如此循环变化，同时记录相应的响应电流。有时也采用单向一次扫描信号（从 φ_i 到 φ_r），得到的单程扫描曲线称为线性扫描伏安法（linear scan voltammetry，LSV）。

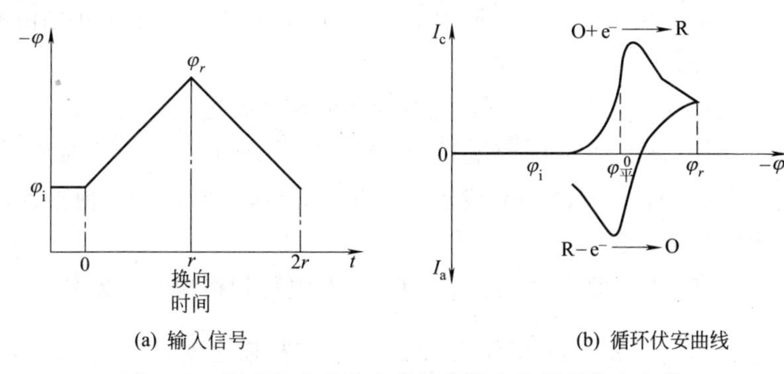

(a) 输入信号　　(b) 循环伏安曲线

图 11-1 循环伏安法输入信号所测定的循环伏安曲线

若电极反应为 $O+e^- \longrightarrow R$，反应前溶液中只含有反应粒子 O，且 O 和 R 在溶液中均可溶，控制扫描起始电势从比体系标准平衡电势 $\varphi^0_平$ 正得多的起始电势 φ_i 处开始做正向电势扫描，电流响应曲线则如图 11-1（b）所示。开始时电极上只有不大的非法拉第电流（双电层充电电流）通过。当电极电势逐渐负移到 $\varphi^0_平$ 附近时，O 开始在电极上还原，并有法拉第电流通过。由于电势越来越负，电极表面反应物 O 的浓度必然逐渐下降，因此电极表面的流量和电流就增加。当 O 的表面浓度下降到近于零，其向表面的物质传递达到一个最大速率，电流也增加到最大值。即在图中出现峰值电流 I_{pc}，然后由于电极表面 O 的扩散速率赶不上电荷转移速率使电流逐渐下降。当电势达到 φ_r 后，又改为反向扫描。首先是 O 的浓度极化进一步发展和还原电流进一步下降。随着电极电势逐渐变正，电极附近可氧化的 R 粒子的浓度较大，在电势接近并通过 $\varphi^0_平$ 时，表面上的电化学平衡应当向着越来越有利于生成 R 的方向发展。于是 R 开始被氧化，并且电流不断增大直到达到峰值氧化电流 I_{pa}，随后又由于 R 的显著消耗而引起电流衰降。如图 11-1（b）所示的整个曲线称为循环伏安曲线。

CV 实验十分简单，但却能较快地观测到较宽电势范围内发生的电极过程。可为电极过程研究提供丰富的信息。因此是电化学测量中经常使用的一个重要方法。事实上，当人们对一未知体系进行研究时，最初所使用的方法往往是循环伏安法。

分析 CV 实验所得到的电流-电位曲线（伏安曲线）可以获得溶液中或固定在电极表面的组分的氧化和还原信息，电极｜溶液界面上电子转移（电极反应）的热力学和动力学信息和电极反应所伴随的溶液中或电极表面组分的化学反应的热力学和动力学信息。与 LSV 相比，CV既可对溶液中或电极表面组分电对的氧化反应进行测试和研究，又可测试和研究其还原反应。CV也可以进行多达100圈以上的反复多圈电位扫描。多圈电位扫描实验也可用于电化学合成导电高分子。

2. 可逆CV曲线计算公式

根据循环伏安曲线图中峰电流 I_p、峰电势 φ_p（或 E_p）及峰电势差 $\Delta\varphi_p$（或 ΔE_p）和扫描速度（υ）之间的关系，可以判断电极反应的可逆性（见图11-2）。

注意：这里所说的“可逆”是针对电化学反应步骤而言的，表示电子传递速率很快，在电极表面上的O和R可以瞬间调整到Nernst公式所规定的比值，电极电势满足Nernst方程式

$$\varphi=\varphi_{平}^{0}+\frac{RT}{nF}\text{in}\frac{\gamma_O C_O^s}{\gamma_R C_R^s} \tag{11-1}$$

C_O^s、C_R^s 分别表示电极表面液层中氧化态、还原态的浓度。电流大小则由电极表面附近液层中反应物质的扩散传质速率所控制。

当电极反应完全可逆时，在25℃下，这些参数的定量表达式有：

(1) $I_{pc}=2.69\times10^5 n^{3/2} D_o{}^{1/2}\upsilon^{1/2} C_o A$，即 I_{pc}(A) 为峰电流，与反应物O的初始浓度 C_o(mol/cm^3) 成正比，与 $\upsilon^{1/2}$ (V/s) 成正比；D_o(cm^2/s) 为O的扩散系数，A(cm^2) 为电极表面积，n 为电荷转移数。

(2) $|I_{pc}|=|I_{pa}|$，即 $|I_{pc}/I_{pa}|=1$，并与电势扫描速度 υ 无关。

(3) $\Delta\varphi_p=(\varphi_{pa}-\varphi_{pc})=\frac{59}{n}$ (mV)，且 φ_{pc}、φ_{pa} 与扫描速度 υ 和 C_o 无关，为一定值。

其中（2）与（3）是扩散传质步骤控制的可逆体系循环伏安曲线的重要特征，是检测可逆电极反应的最有用的判据。

3. 循环伏安曲线实例

采用三电极系统的常规CV实验中［见图11-2（d)］，工作电极（the working electrode，WE）相对于参比电极（the reference electrode，RE）的电位在设定的电位区间内随时间进行循环的线性扫描，WE相对于RE的电位由电化学仪器控制和测量。因为RE上流过的电流总是接近于零，所以RE的电位在CV实验中几乎不变，因此RE是实验中WE电位测控过程中的稳定参比。若忽略流过RE上的微弱电流，则实验体系的电解电流全部流过由WE和对电极（the counter electrode，CE）组成的串联回路。WE和CE间的电位差可能很大，以保证能成功地施加上所设定的WE电位（相对于RE）。CE也常称为辅助电极（the auxiliary electrode，AE）。图11-2为3mmol/L $K_4Fe(CN)_6$ +0.5mol/L Na_2SO_4 水溶液中金电极上的CV实验结果。

实验中采用CHI660E电化学工作站进行实验，实验中其感受电极（the sense electrode，SE）悬空。

三、实验设备与材料

仪器：CHI660E电化学工作站1台；铂盘电极（φ2mm，研究电极），铂丝电极（辅助电极），饱和甘汞电极（SCE，参比电极）各1支；容量瓶（50mL，5个），烧杯（50mL，4个；25mL，4个）。

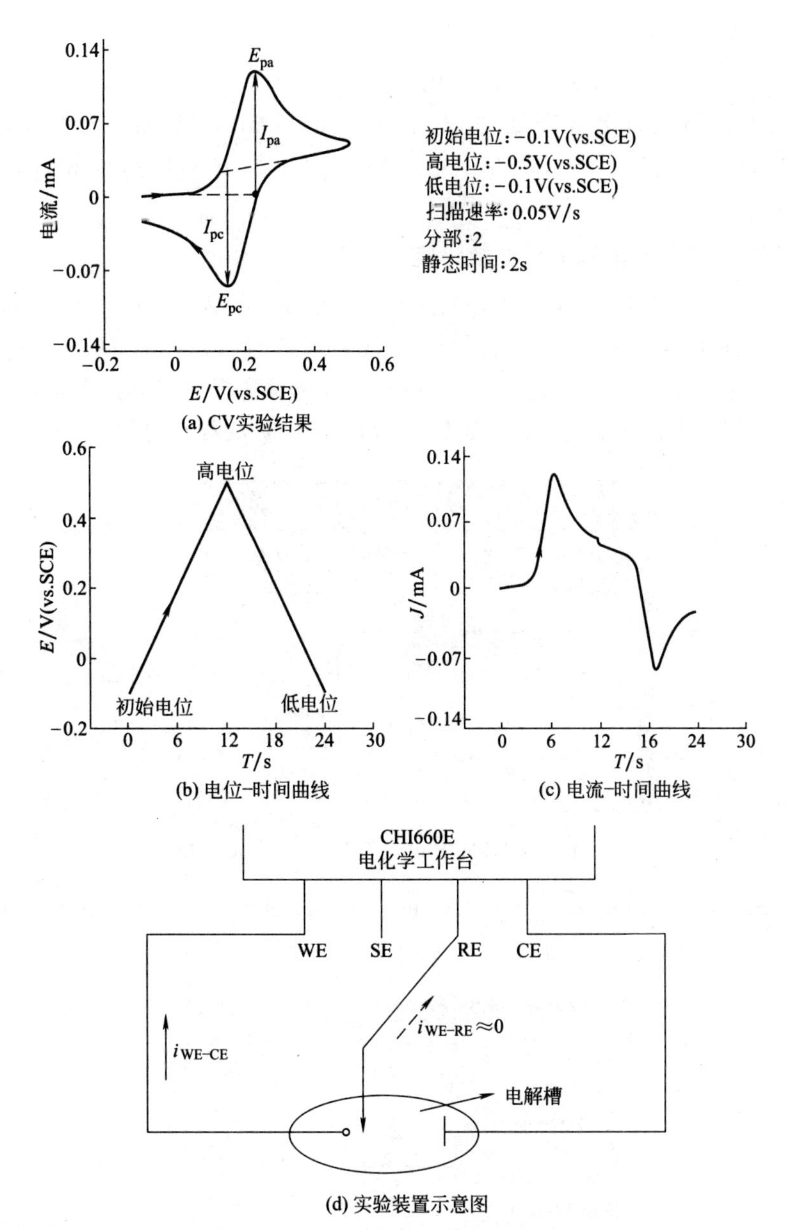

图 11-2　3mmol/L $K_4Fe(CN)_6$ +0.5mol/L Na_2SO_4 水溶液中金电极上的 CV 实验结果

试剂：$K_3Fe(CN)_6$、KNO_3、H_2SO_4、乙醇、HNO_3、去离子水。

四、实验内容与步骤

1. 溶液的配制

使用 50mL 容量瓶，配制 $K_3Fe(CN)_6$ 和 KNO_3 混合溶液 5 份，溶液中 KNO_3 浓度均为 0.5mol/L，$K_3Fe(CN)_6$ 浓度依次为 0、1mmol/L、2mmol/L、5mmol/L、10mmol/L。其中 KNO_3 采用电子天平称取固体，$K_3Fe(CN)_6$ 使用移液管从浓度为 0.1mol/L 的 $K_3Fe(CN)_6$ 储备溶液中移取后稀释。

2. 电极的预处理

在抛光布上加入少许 0.05μm 的氧化铝粉末，加少量去离子水润湿，使其形成浆状。将铂盘电极在抛光布上轻轻划“8”字打磨 1～2min，使其表面形成光亮的镜面，用水冲洗。打磨后的铂盘电极依次在少量乙醇、1∶1 的 HNO_3 溶液和去离子水中超声清洗 2～3min。

3. 仪器开机、硬件测试和 CV 参数设定

(1) 打开电脑，开启 CHI660E 工作站，待其预热 10min 后使用。

(2) 打开桌面上的 CHI660E 软件，鼠标点击运行 Setup 中的 Hardware Test（见图 11-3），检查仪器状态是否正常。约 1min 内弹出硬件测试结果。仪器正常时，所有的数值均接近于零但不全等于零，并显示 OK。如显示 failed，说明仪器有问题。

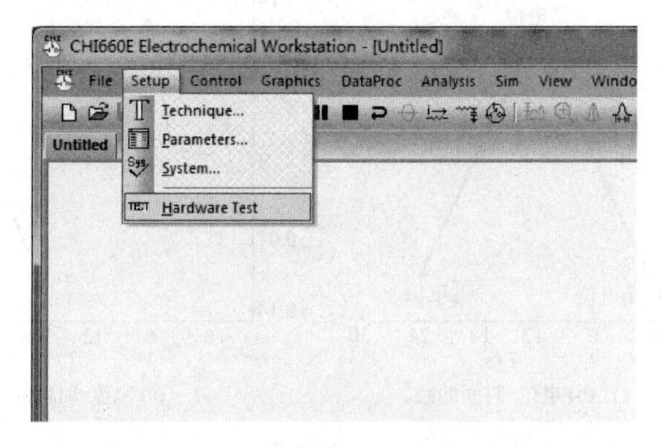

图 11-3 CHI660E 电化学工作站 Setup 菜单

(3) 运行 Setup/Techniques，选择 Cyclic Voltammetry。运行 Setup/Parameters，弹出 Cyclic Voltammetry Parameters 窗口，参考如图 11-4 所示窗口输入有关参数。

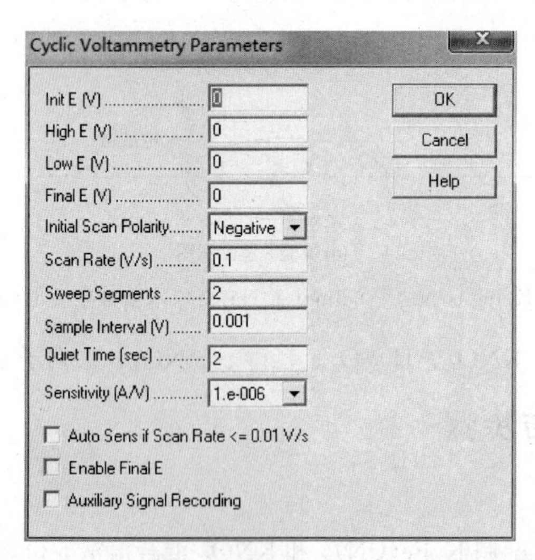

图 11-4 CV 的参数设置面板（Final E 不需要设置）

4. 电极的清洗

(1) 使用 0.5mol/L 的 H_2SO_4 溶液作为电解液，以铂盘电极为工作电极，铂丝电极为辅助电极，SCE 为参比电极。使电极浸入电解质溶液中。用 CHI 工作站的绿色夹头夹铂盘电极，红色夹头夹铂丝电极，白色夹头夹参比电极。

（2）采用CV技术，选择合适的灵敏度范围，在−0.2～1.2V以0.5V/s的扫描速度进行多次循环扫描，直到扫描曲线几乎不变。扫描完成后，取出电极，使用去离子水冲洗电极表面，备用。

5. 循环伏安扫描

（1）将清洗后的铂盘电极作为工作电极，以铂丝电极和SCE作为辅助电极和参比电极，测量$K_3Fe(CN)_6$的CV曲线。

（2）依次使用0、1mmol/L、2mmol/L、5mmol/L、10mmol/L的$K_3Fe(CN)_6$和KNO_3混合溶液作为电解液。组建好三电极系统；运行Control中的Open Circuit Potential测量开路电位并记录。选择CV技术，Init E选择所测的OCP，High E选择0.5V，Low E选择−0.1V，扫描速度为0.01V/s，Sweep Segments选择4，选择合适的灵敏度，进行循环伏安扫描。记录I_{pc}、I_{pa}、ΔE等数据。

（3）使用10mmol/L $K_3Fe(CN)_6$+0.5mol/L KNO_3溶液为电解液。组建好三电极系统，采用4.中同样的方法，分别以5mV/s、10mV/s、20mV/s、50mV/s、80mV/s、100mV/s的扫描速度进行循环伏安实验。记录I_{pc}、I_{pa}、ΔE等数据。

6. 实验完毕

清洗电极、玻璃仪器，将仪器恢复原位，桌面擦拭干净。

五、注意事项

1. 测定前仔细了解仪器的使用方法，开机后需预热后方可进行测试；每次测试完毕注意保存数据再进行下次测试。

2. 电极千万不能接错，本实验中也不能短路，否则会导致错误结果，甚至烧坏仪器。

3. 灵敏度选择时可先选择较低灵敏度测量，若测试电流超出所选范围应及时停止测量，以免烧坏仪器。

4. 峰电流（I_{pc}、I_{pa}）计算时需要扣除基线。

5. 电化学实验中电极预处理非常重要。每次实验前，电极一定要处理干净，使得实验中$K_3Fe(CN)_6$体系的峰峰电位差接近其理论值（56.5mV），否则误差较大。

六、数据记录及处理

（1）从循环伏安图上读出I_{pc}、I_{pa}、ΔE，填入表11-1、表11-2。

表11-1 不同浓度$K_3Fe(CN)_6$中的CV

c/(mmol/L)	OCP	I_{pa}	I_{pc}	E_{pa}	E_{pc}	$\lvert I_{pa}/I_{pc}\rvert$	ΔE
0							
1							
2							
5							
10							

表 11-2　不同扫描速度下的 CV

υ/(mV/s)	I_{pa}	I_{pc}	E_{pa}	E_{pc}	$\|I_{pa}/I_{pc}\|$	ΔE
5						
10						
20						
50						
80						
100						

（2）使用 Origin 软件或 Excel 软件作 I_{pa}-$\upsilon^{1/2}$ 和 I_{pa}-C_O 图，进行线性拟合并根据公式 $I_{pa}=2.69\times10^5 n^{3/2} D_o^{1/2} \upsilon^{1/2} C_o A$ 求出 D_o。

七、思考题

1. 在三电极体系中，工作电极、辅助电极和参比电极各起什么作用？
2. 当 $\upsilon\to0$ 时，$I_p\to0$，据此可以认为采用很慢的扫描速度时不出现氧化还原电流吗？

实验 12　电化学交流阻抗谱分析电化学过程

一、实验目的

1. 掌握交流阻抗法的工作原理和方法。
2. 测定 OCP（三电极体系的开路电位）下电化学系统的电极过程参数。

二、实验原理

电化学交流阻抗谱技术（EIS）：交流阻抗法（AC impedance/EIS）是最基本的电化学研究方法之一，在涉及表面反应行为的研究中具有重要作用。交流阻抗是施加一个小振幅（≤5mV）的交流（一般为正弦波）电压或电流信号，使电极电位在平衡电极电位附近微扰，在达到稳定状态后，测量其响应电流或电压信号的振幅，用实验结果作出阻抗 Z 的虚部 Z'' 与实部 Z' 的关系曲线图（Nyquist 图）或 lg｜Z｜与频率 f 图（Bode 图），依次计算出电极的复阻抗。然后根据等效电路，通过阻抗谱的分析和参数拟合，求出电极反应的动力学参数。当采用不同频率的激励信号时，这一方法还能提供丰富的有关电极反应的机理信息，如欧姆电阻、吸脱附、电化学反应、表面膜以及电极过程动力学参数等。在电极过程动力学、各类电化学体系（如电沉积、腐蚀、化学电源）、生物膜性能、材料科学包括表面改性、电子元器件和导电材料的研究中得到了广泛的应用。

1. 交流电路理论和复阻抗值的表示方法

大家几乎都知道电阻的概念。它是指在电路中对电流阻碍作用的大小。欧姆定律［式

(12-1)]定义了电阻是电压和电流的比值。

$$R=\frac{E}{I} \tag{12-1}$$

欧姆定律的应用仅限于只有一个电路元件——理想电阻。理想电阻有以下几个特点：

(1) 在任何电流和电位水平下都要遵循欧姆定律。

(2) 电阻值大小与频率无关。

(3) 交流电的电流和电位信号通过电阻器的相位相同。

然而现实中的电路元件展现的特性要更加复杂。这些迫使我们摒弃简单的电阻概念，转而用更加常见的电路参数——阻抗来替代。与电阻相同的是，阻抗也是表示电流阻力大小的方法，不同的是，它不受上述所列特点的限制。

电化学阻抗是通过在电路上施加交流电位，测量电流得到的。假设施加正弦波电位激发信号，对应此电位响应的是交流电流信号。此电流信号可用正弦方程的总和来分析（傅里叶级数）。

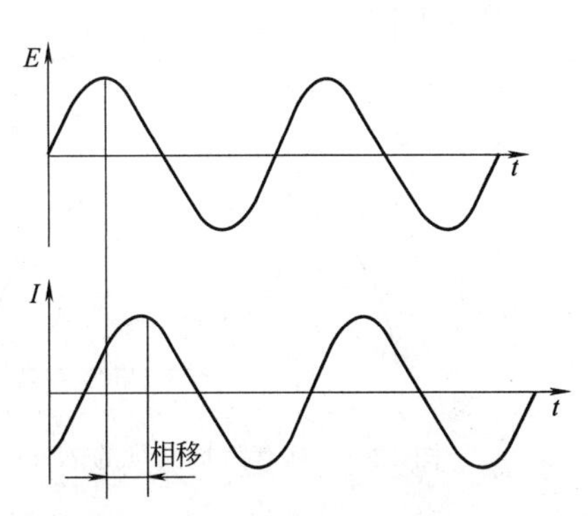

图 12-1 线性系统中正弦响应电流

电化学阻抗通常用很小的激发信号测得。因此，电极的响应是非线性的。在线性（或非线性）系统中，对应正弦波电位信号响应的电流在同样频率也是正弦波信号，除了相位有所移动（见图 12-1）。

激发信号是关于时间的函数，如式（12-2）所示。

$$E_t=E_0\sin(\omega t) \tag{12-2}$$

式中，E_t 是在时间 t 时的电位；E_0 是振幅；ω 是角频率。角频率与频率的关系如式（12-3）所示。

$$\omega=2\pi f \tag{12-3}$$

在线性系统中，响应信号 I_t 随着相位角移动，振幅改变。

$$I_t=I_0\sin(\omega t+\phi) \tag{12-4}$$

一个类似于欧姆定律的表达式可以计算出系统的阻抗，如式（12-5）所示。因此，阻抗大小与 Z_0 和 ϕ 有关。

$$Z=\frac{E_t}{I_t}=\frac{E_0\sin(\omega t)}{I_0\sin(\omega t+\phi)}=\frac{Z_0\sin(\omega t)}{\sin(\omega t+\phi)} \tag{12-5}$$

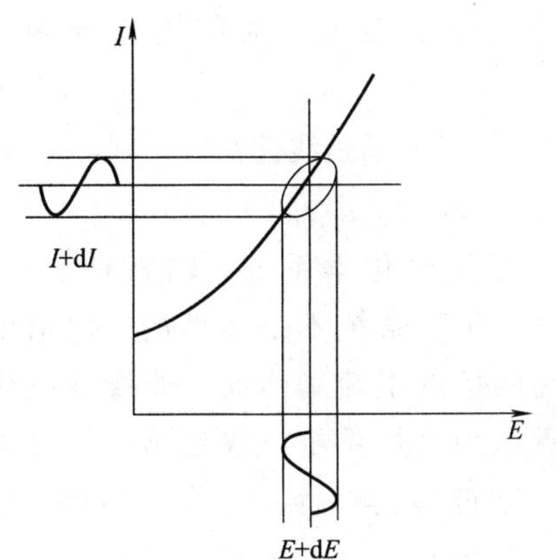

图 12-2 李沙育图的原理

将正弦函数 $E(t)$ 画在 x 轴，$I(t)$ 画在 y 轴，结果如图 12-2 所示。这个椭圆就是“李沙育图”。在使用先进的 EIS 仪器分析阻抗之前，示波器上分析李沙育图是一种阻抗测量公认的方法。

根据欧拉关系［式（12-6）］

$$\exp(\mathrm{j}\phi)=\cos\phi+\mathrm{j}\sin\phi \tag{12-6}$$

可以将阻抗用一个复杂函数来表达。电位用式（12-7）描述，响应电流为式（12-8）。

$$E_t=E_0\exp(\mathrm{j}\omega t) \tag{12-7}$$

$$I_t=I_0\exp(\mathrm{j}\omega t-\phi) \tag{12-8}$$

阻抗则为一个如式（12-9）所示的复杂函数。

$$Z(\omega)=\frac{E}{I}=Z_0\exp(\mathrm{j}\phi)=Z_0(\cos\phi+\mathrm{j}\sin\phi) \tag{12-9}$$

观察式（12-9）可以看出，$Z(\omega)$ 是由实部和虚部两部分组成的。以实部为 x 轴，虚部为 y 轴，可以得到如图 12-3 所示的 Nyquist 图。注意图中 y 轴是负向的，Nyquist 图的每一点对应于阻抗中的每一个频率。图 12-3 表示出，低频率在右，高频率在左。Nyquist 图中的阻抗可描述为矢量模值 $|Z|$。矢量与 x 轴的夹角为相位角。

Nyquist 图的一个主要缺点就是不能看出图中任意一点所对应的频率。

图 12-3 中的 Nyquist 图是由图 12-4 中的电路造成的。半圆是一个时间常数信号的特征。电化学阻抗图通常包含几个半圆，并且往往只看到半圆的一部分。

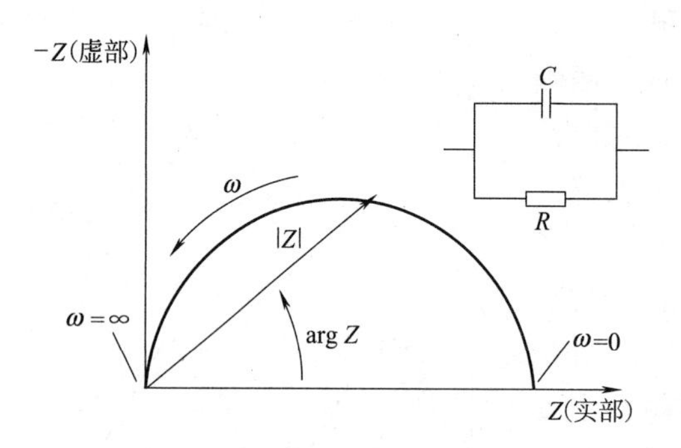

图 12-3 标有阻抗矢量的 Nyquist 图

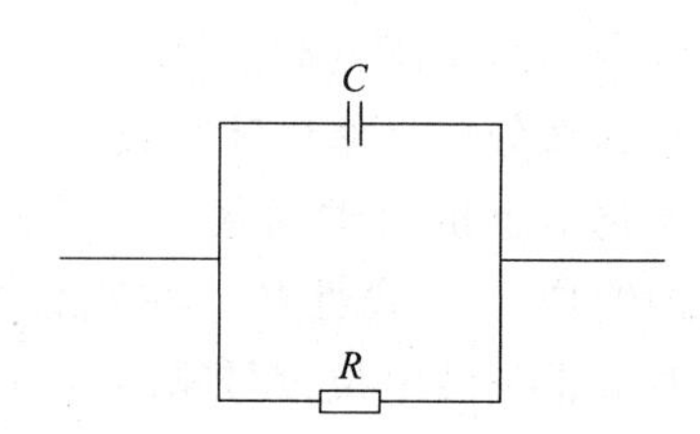

图 12-4 带有一个时间常数的简单等效电路图

另一种常用的图示方法叫 Bode 图。阻抗显示为以频率对数为 x 轴，以阻抗的绝对值（$|Z|=Z_0$）和相角为 y 轴。图 12-4 中电路对应的 Bode 图如图 12-5 所示。Bode 图会显示频率信息。

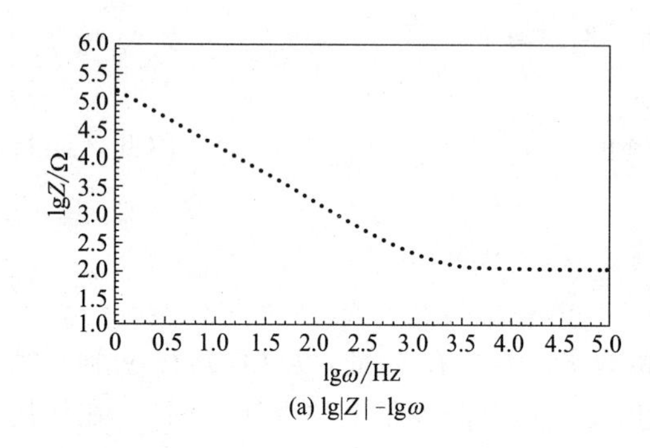

(a) lg|Z|-lgω

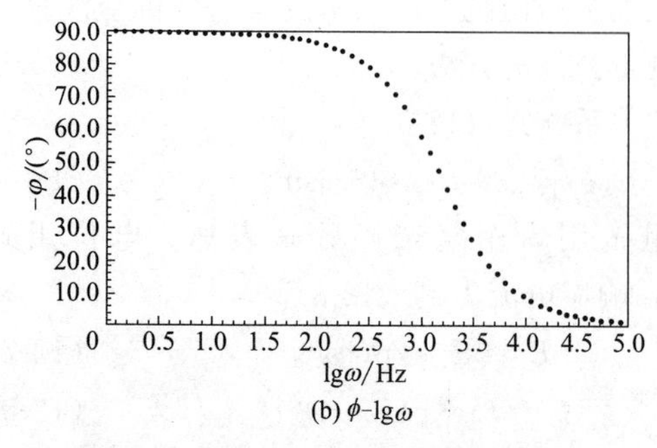

(b) ϕ-lgω

图 12-5 带有一个时间常数的 Bode 图

电化学系统的线性度。电路理论区别为线性和非线性电路，线性电路的阻抗分析比非线性的要容易得多。

线性系统有一个重要特征就是叠加性。如果输入是多个信号的加权和，则输出就是简单的叠加，也就是说，系统对每个信号响应的加权和。用数学来表达就是，时间的连续函数 $y_1(t)$ 是对 $x_1(t)$ 的响应，$y_2(t)$ 是对输入 $x_2(t)$ 响应的输出。如果是线性系统，则：$y_1(t)+y_2(t)=x_1(t)+x_2(t)$；$a\,y_1(t)=a\,x_1(t)$。

对于一个稳压电化学系统，输入是电压，输出是电流。电化学系统不是线性的。两倍电压不一定对应两倍的电流。然而，非线性电化学系统怎样近似为线性系统？取足够小一段电位电流曲线，则近似为线性的。在一般的 EIS 测试中，向系统施加 1～10mV 的交流信号。在如此小的电位影响下，系统可近似看为线性的。

电化学阻抗数据通常是通过拟合等效电路模型分析得到的。模型中大多数电路元件都是通用电气元件，例如电阻、电容和电感。模型中的元件应该具有物理电化学原理。例如诸多模型都用电阻来模拟测试系统的溶液电阻。表 12-1 为常见的电路元件、电压电流的关系式及其阻抗。

表 12-1　常见的电路元件、电压电流的关系式及其阻抗

元件	电流和电压	阻抗
电阻器	$E=IR$	$Z=R$
电感器	$E=L\dfrac{di}{dt}$	$Z=j\omega L$
电容器	$I=C\dfrac{dE}{dt}$	$Z=\dfrac{1}{j\omega C}$

注意，电阻的阻抗值与频率无关，且没有虚部。通过仅有的实部，电流通过电阻时保持相和电阻两端电压不变。电感的阻抗值随频率的增加而增加，电感的阻抗只有虚部。因此，电流通过电感后，相对于电压，相负移 90°。电容的阻抗变化刚好与电感相反。电容的阻抗值随着频率的增加而减小，电容的阻抗也只有虚部。相对于电压，电流通过电容后，相位正移 90°。

很少有电化学系统能用单个等效电路元件来模拟。相反，电化学阻抗谱通常有很多个元件。

2. 电极过程的等效电路

（1）电荷传递过程控制的 EIS　如果电极过程由电荷传递过程（电化学反应步骤）控制，扩散过程引起的阻抗可以忽略，则电化学系统的等效电路可简化为图 12-6。

C_d
R_Ω
R_{ct}

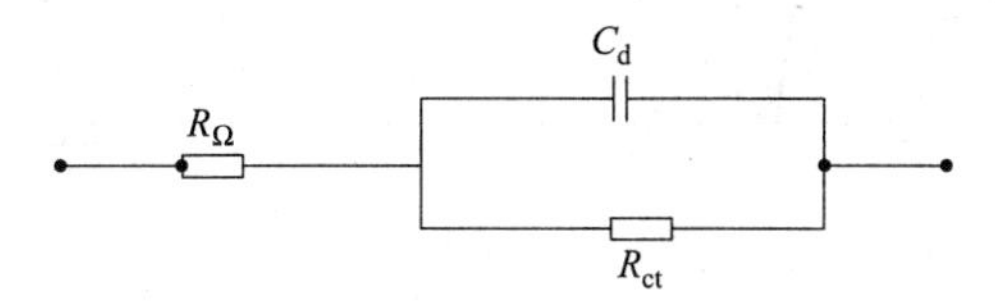

图 12-6　简化等效电路图

等效电路的阻抗：

$$Z=R_\Omega+\frac{1}{j\omega C_d+\dfrac{1}{R_{ct}}} \tag{12-10}$$

电极过程的控制步骤为电化学反应步骤时，Nyquist 图为半圆，据此可以判断电极过程的控制步骤（见图 12-7）。从 Nyquist 图上可以直接求出 R_Ω 和 R_{ct}。由半圆顶点的 ω 可求得 C_d。

注意：在固体电极的 EIS 测量中发现，曲线总是或多或少地偏离半圆轨迹，而表现为一段圆弧，被称为容抗弧，这种现象被称为“弥散效应”，原因一般认为同电极表面的不均匀性、电极表面的吸附层及溶液导电性差有关，它反映了电极双电层偏离理想电容的性质。溶液电阻 R_Ω 除了溶液的欧姆电阻外，还包括体系中其他可能存在的欧姆电阻，如电极表面膜的欧姆电阻、电池隔膜的欧姆电阻、电极材料本身的欧姆电阻等。

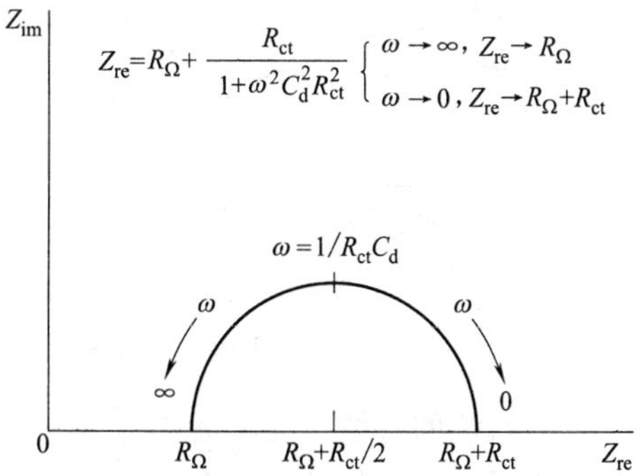

Z_{im}
$Z_{re}=R_\Omega+\dfrac{R_{ct}}{1+\omega^2C_d^2R_{ct}^2}$
$\omega\to\infty$, $Z_{re}\to R_\Omega$
$\omega\to 0$, $Z_{re}\to R_\Omega+R_{ct}$
$\omega=1/R_{ct}C_d$
ω
ω
∞
0
0
R_Ω
$R_\Omega+R_{ct}/2$
$R_\Omega+R_{ct}$
Z_{re}

图 12-7　Nyquist 图

（2）电荷传递和扩散过程混合控制的EIS　如果电荷传递动力学不是很快，电荷传递过程和扩散过程共同控制总的电极过程，电化学极化和浓差极化同时存在，则电化学系统的等效电路可简单表示为图12-8。

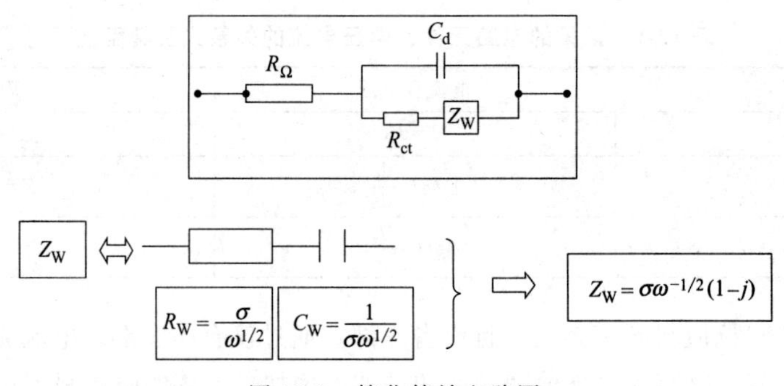

图12-8　简化等效电路图

电路的阻抗：Nyquist图上扩散控制表现为倾斜角π/4（45°）的直线（见图12-9）。

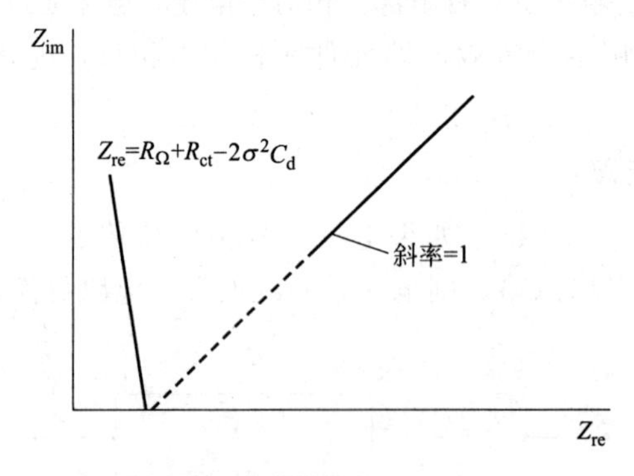

图12-9　电路的阻抗图

电极过程由电荷传递和扩散过程共同控制时，在整个频率域内，其Nyquist图是由高频区的一个半圆和低频区的一条45°的直线构成的［见图12-10（a)］。高频区由电极反应动力学（电荷传递过程）控制，低频区由电极反应的反应物或产物的扩散控制。

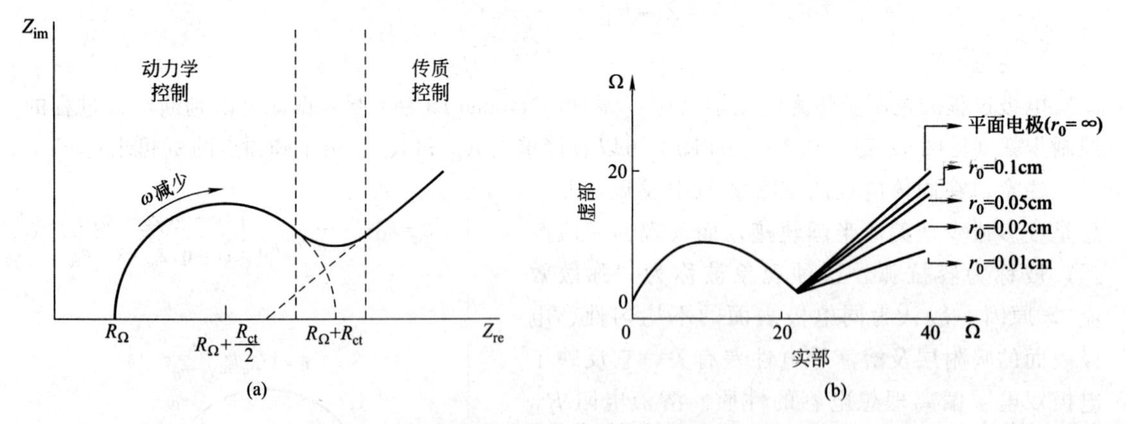

图12-10　电荷传递和扩散共同控制时的Nyquist图

扩散阻抗的直线可能偏离45°，原因：电极表面很粗糙，以致扩散过程部分相当于球面扩散；除了电极电势外，还有另外一个状态变量，这个变量在测量的过程中引起感抗［见图12-10（b)］。

（3）复杂或特殊的电化学体系　对于复杂或特殊的电化学体系，EIS谱的形状将更加复杂多样。只用电阻、电容等还不足以描述等效电路，需要引入感抗、常相位元件等其他电化学元件（见图12-11）。

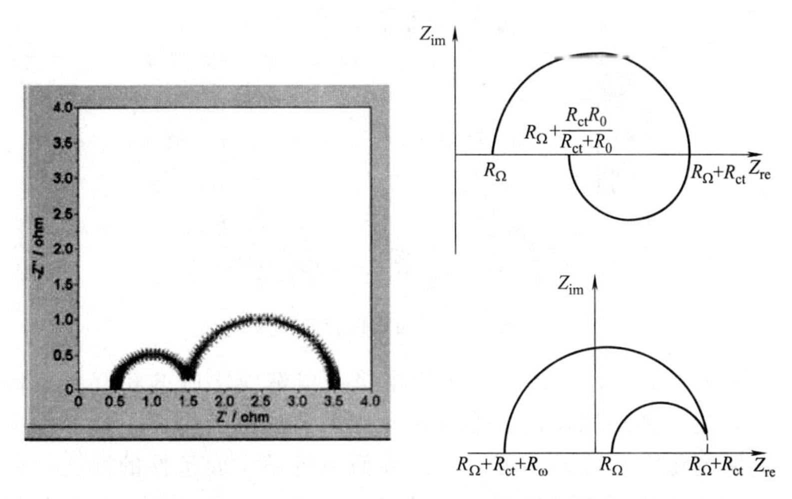

图12-11　复杂或特殊电化学体系的谱图

3. EIS的数据处理与解析

EIS分析常用的方法：等效电路曲线拟合法。

（1）实验测定EIS，见图12-12。

（2）根据电化学体系的特征，利用电化学知识，估计这个系统中可能有哪些等效电路元件，它们之间可能的组合，然后提出一个可能的等效电路（见图12-13）。

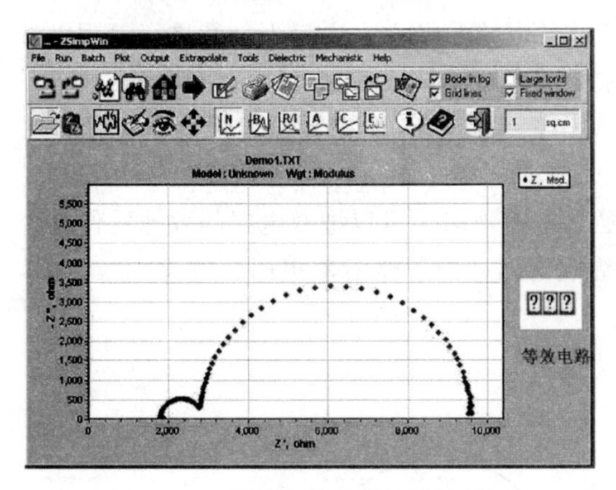

图12-12　等效电路曲线拟合法界面

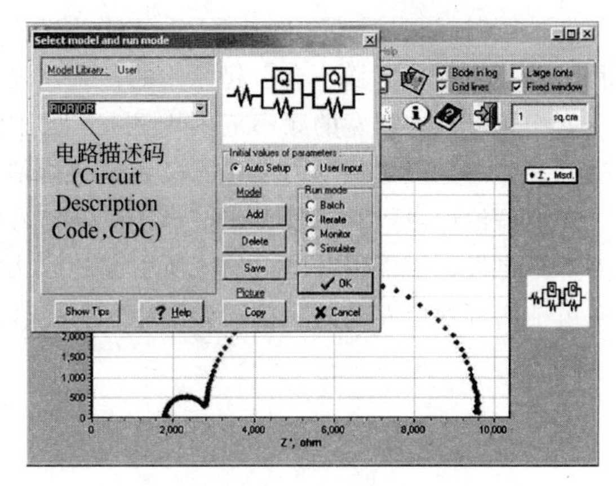

图12-13　选择电路界面

（3）利用专业的EIS分析软件，对EIS进行曲线拟合。如果拟合得很好，则说明这个等效电路有可能是该系统的等效电路（见图12-14）。

（4）利用拟合软件，可得到体系R_Ω，R_{ct}和C_d以及其他参数，再利用电化学知识赋予这些等效电路元件以一定的电化学含义，并计算动力学参数。

必须注意：电化学阻抗谱和等效电路之间不存在唯一对应关系，同一个EIS往往可以用多个等效电路来很好地拟合。具体选择哪一种等效电路，要考虑等效电路在被测体系中是否有明确的物理意义，能否合理解释物理过程。这是等效电路曲线拟合分析法的缺点。

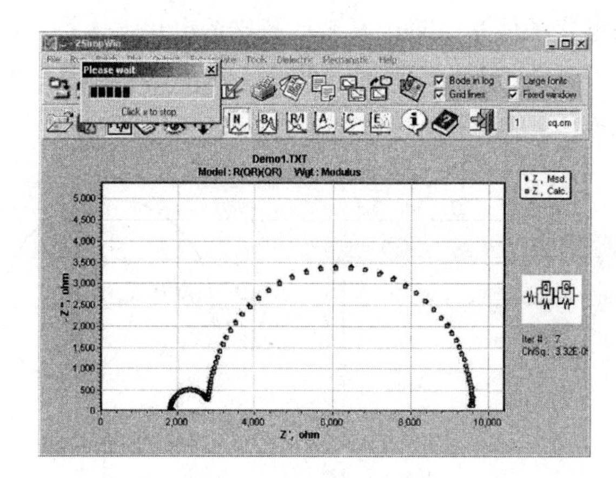

图 12-14 曲线拟合界面

例如，对于锂离子电池体系而言，由于电极与电解液之间的相互作用，电解液可能在电极表面发生氧化或者还原反应，形成钝化膜，造成电极界面阻抗的增大，导致电池性能的衰退。利用电化学阻抗谱，可以跟踪界面阻抗随实验条件的变化，有助于了解电极/电解液界面的物理性质及所发生的电化学反应。此外，电化学阻抗谱是研究 SEI 膜的有力工具，它可以明确得到SEI膜的形成、生长以及消失的过程，因为它们分别对应于电化学阻抗谱高频区域半圆的出现、增大和减小。通过对电化学阻抗谱 Nyquist 图的模拟，可以找到一种合适的等效电路，进一步从物理模型来深刻描述 SEI 膜的结构特征与电化学行为。研究不同循环次数、不同贮存条件下电极的 EIS，可以得到有关 SEI 膜生长、变质和破坏的情况。

由于使用小幅度对称交流电（一般小于 10mV）对电极进行极化，当频率够高时，每半周期持续时间很短，不会引起严重的浓差极化及表面状态变化；在电极上交替进行着阴极过程与阳极过程，同样不会引起极化的积累性发展，避免了对体系产生过大的影响。

由于可以在很宽的频率范围内测量得到阻抗谱，因而 EIS 能比其他常规的电化学方法得到更多的电极过程动力学和电极界面结构信息。

电解池由电极和溶液组成，当正弦波信号通过电解池时，可以把双电层等效地看作电容器，把电极、溶液以及电极反应所引起的阻力看成电阻，当忽略溶液电阻、电化学极化时，电解池的等效电路及其阻抗谱如图 12-15 所示。

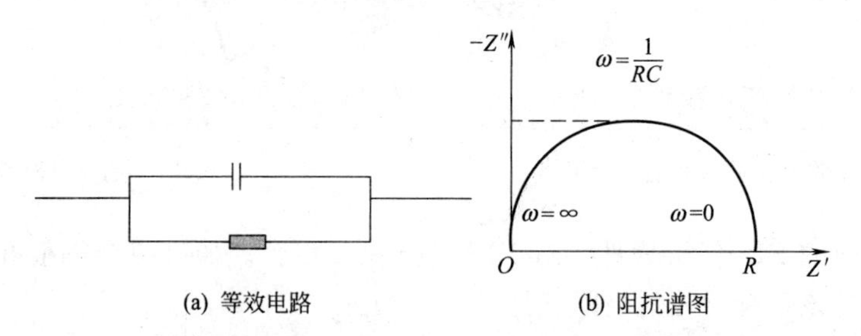

图 12-15 忽略溶液电阻、电化学极化时电解池的等效电路及阻抗谱图

电解池由工作电极、对电极和参比电极组成三电极体系，在电解池两端施加交流正弦信号，双电层相当于一个平行板电容器，因为电阻并不是无穷大，所以可用如图 12-15（a）所示的等效电路来表示，其复阻抗可表示为

$$z=\frac{1}{\frac{1}{R}+\mathrm{j}\omega C}=\frac{R-\mathrm{j}\omega R^2C}{1+(\omega RC)^2} \tag{12-11}$$

其中 R 为样品电阻，C 为电容量，ω 为圆频率。即

$$z=\frac{R}{1+(\omega CR)^2}-\frac{\mathrm{j}\omega R^2C}{1+(\omega CR)^2} \tag{12-12}$$

这样，得到阻抗的实部和虚部为

$$z'=\frac{R}{1+(\omega CR)^2};z''=-\frac{\omega R^2C}{1+(\omega CR)^2} \tag{12-13}$$

$\tan\theta=\frac{z'}{z''}=\frac{1}{\omega RC}$，称为材料损耗角正切；$Q=\frac{1}{\tan\theta}=\omega RC$，称为品质因数。

由式（12-13），消去 ω，得：$z''^2+\left(z'-\frac{R}{2}\right)^2=\left(\frac{R}{2}\right)^2$；表示一圆心在（$R$，0）、半径为 $\frac{R}{2}$ 的半圆，若电容器为理想电容器（$R\rightarrow\infty$），则半圆变成平行于实轴、与虚轴截距为 $\frac{1}{\omega C}$ 的水平线；若材料导电性好 $\left(R\ll\frac{1}{\omega C}\right)$，则半圆变成平行于虚轴与实轴截距为 R 的垂直线。

由式（12-13）可知，当低频 $\omega\rightarrow 0$ 时，半圆与实轴相交于 $z'=R$ 处，当高频 $\omega\rightarrow\infty$ 时，半圆与实轴相交于原点。在半圆的最高点，$z'=z''$，$\tan\theta=1$，$\theta=\frac{\pi}{4}$，在该点 $\omega=\omega_0=\frac{1}{R_C}$。

三、实验设备与材料

CHI660C 电化学工作站。整机由电化学工作站、微机、三电极系统组成。

（1）电化学工作站　如图 12-16 所示。

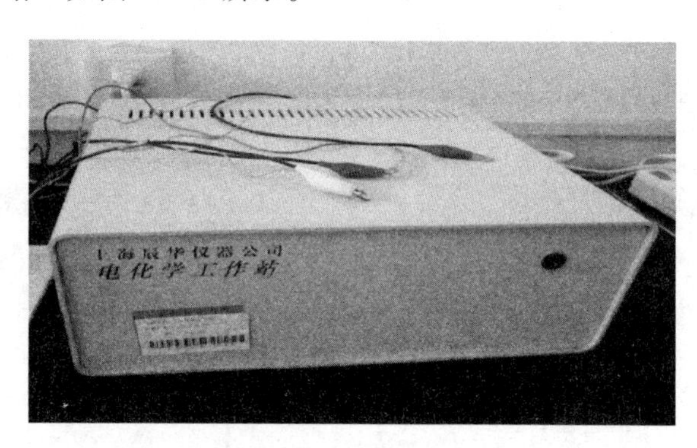

图 12-16　电化学工作站照片

（2）三电极系统　如图 12-17 所示。

（3）电源线　如图 12-18 所示，红夹线接辅助电极；绿夹线接工作电极；白夹线接参比电极；黑夹线为地线。

用具：甘汞电极（参比电极）1 只；铂丝电极（辅助电极，又叫对电极）1 只；铂盘电极（工作电极）1 只；烧杯（25mL，用作电解池）1 个；固定支架 1 个。

材料：0.1mol/L 苯胺和 1mol/L 硫酸的混合溶液；0.5mol/L 的硫酸溶液；0.1mol/L 的 KCl；5mmol/L 的 $K_3[Fe(CN)_6]$；5mmol/L 的 $K_4[Fe(CN)_6]$。

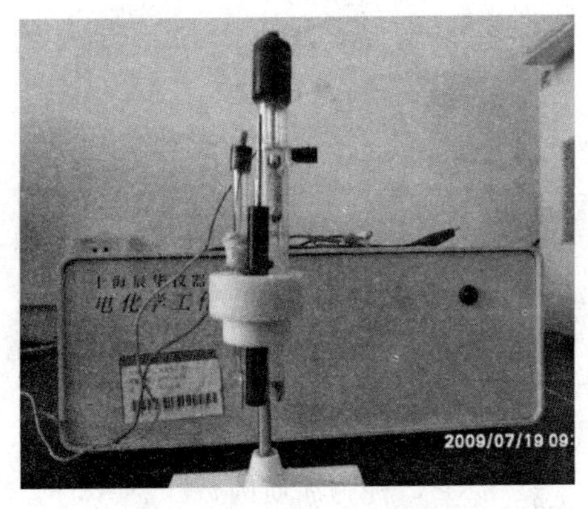

图 12-17　三电极系统照片

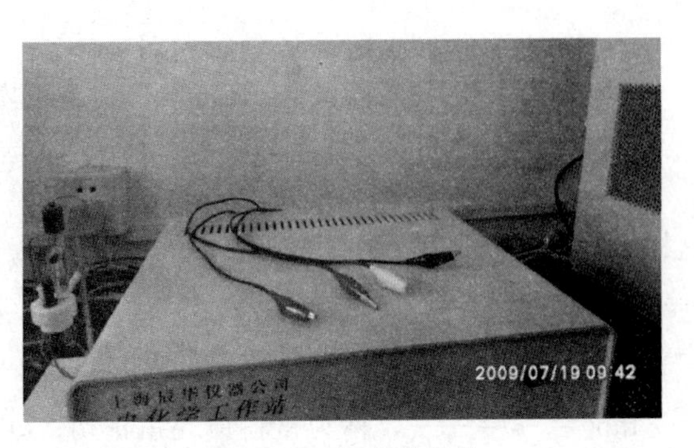

图 12-18　电源线照片

四、实验内容与步骤

1. 依次打开配套电脑、电化学工作站、5210 锁相放大器（电化学工作站上面那台仪器）。

2. 点击桌面 PowerSuit 程序快捷方式打开控制程序，file-new，在最上面对话框中输入自己命名的数据库名称与存放路径，以新建存放自己文件的数据库（仅第一次做电化学测试才需要）。

3. 将铂盘电极在抛光布上用 0.05μm 的 $\alpha\text{-}Al_2O_3$ 进行抛光，并依此在丙酮、水中超声各 2min。将预处理好的铂盘电极放入电解池，将 0.5mol/L H_2SO_4 溶液作为电解液加入电解池，连接好测量线路：黑色线绿色接头——工作电极，白色线红色接头——参比电极，红色线红色接头—对电极（即辅助电极）。

4. 选择自己想要做的测试方式，常用测试方式：线性极化、电化学阻抗谱、开路电位；输入合适的测试参数，直至完成测试参数的输入。

交流阻抗法。在控制界面中点击 T 图标，选择 A. C. Impedance，点击 OK（见图 12-19）。

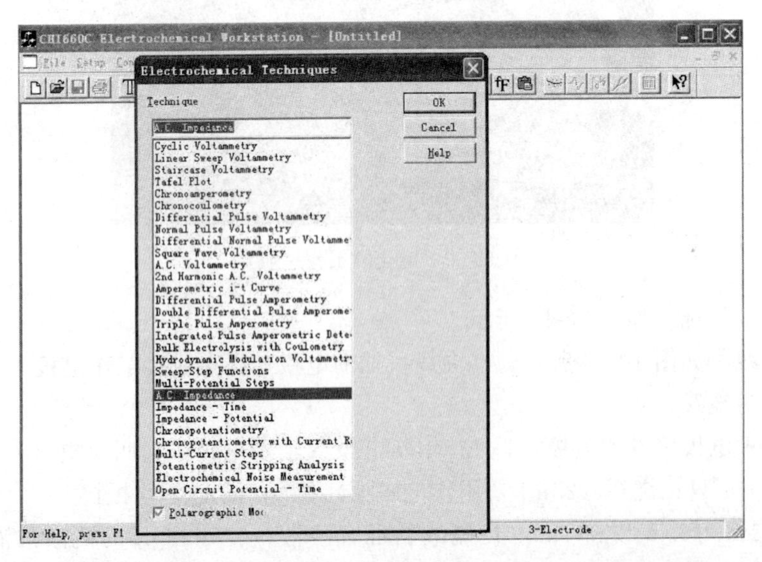

图 12-19　选择界面

在控制界面中点击图标，在弹出的对话框中设置参数（见图 12-20）。

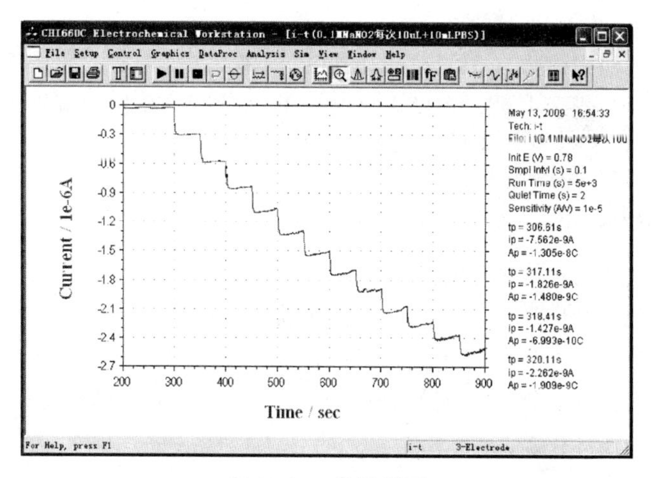

图 12-20　设置界面

Init E：起始电势；

High Frequency：高频，10^5 Hz；

Low Frequency：低频，0.1Hz 或 0.01Hz（根据实验本身需要）。

其余各项都不需设置，通常可使用软件默认的设置。

实验完成后，得到实验结果图（见图 12-21）。

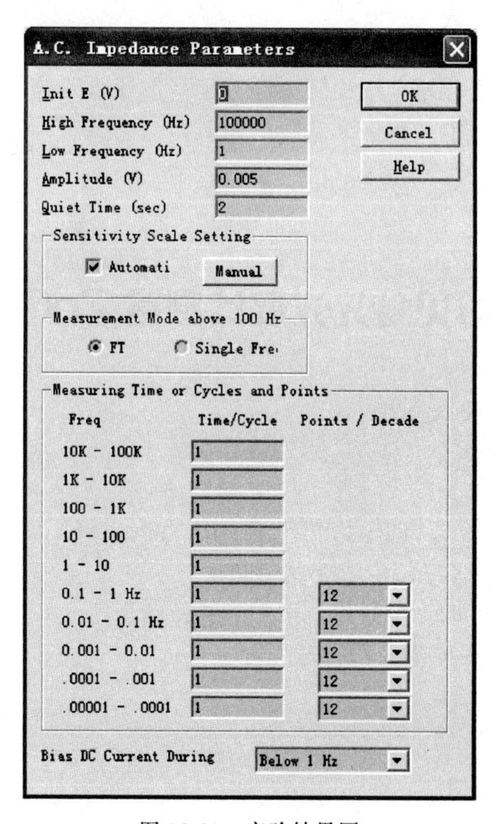

图 12-21　实验结果图

实验测定结束后，单击图标，弹出保存对话框，输入文件名称及选择保存路径，单击保存。

5. 同样，在电解池中放入 0.10mol/L KNO_3 溶液，在 1～5 号 $K_3[Fe(CN)_6]$ 溶液中插入电极，以铂盘电极为指示电极，铂丝电极为辅助电极，饱和甘汞电极为参比电极，记录交流阻抗图。

五、注意事项

1. 将样品连入电路时注意不要短路。

2. 在样品测试的低频区注意避免对测试的干扰。

3. 此实验仪器第一次操作须请相关熟悉操作人员从旁指导操作，严禁初次上机即自行操作，严禁不熟练随意操作，严禁随意更改控制软件中各项实验操作参数（如果参数设置错误，开机运行，即会烧坏仪器）。

六、数据记录及处理

1. 记录不同浓度下电解池的电化学阻抗谱，用 Origin 软件绘制 Nyquist 图，观察扰动电压对结果的影响。

2. 用电化学工作系统中自带的软件拟合得到电极过程参数。对比分析不同实验结果，绘制出等效电路并采用圆方程拟合出元件参数：电容和电阻。

七、思考题

1. 如果实验数据偏离实验原理中提到的圆方程，估计原因是什么？要怎么处理？

2. 怎样尽量减少在拟合中人为因素造成的误差？

实验 13 紫外可见分光光度计测量 ZnO 的光学禁带宽度

一、实验目的

1. 了解紫外可见分光光度计的结构和测试原理。

2. 理解半导体材料对入射光子的吸收特性。

3. 掌握测量半导体材料的光学禁带宽度的方法。

4. 了解紫外-可见漫反射原理及积分球原理。

二、实验原理

1. 紫外-可见漫反射光谱

紫外线的波长范围为：10～400nm；可见光的波长范围：400～760nm；波长大于760nm 为红外线。波长在 10～200nm 范围内的称为远紫外线，波长在 200～400nm 的为近

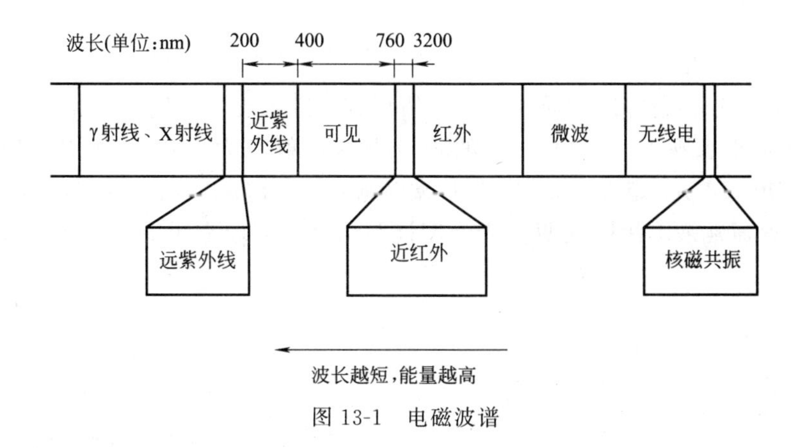

图 13-1 电磁波谱

紫外线（见图 13-1）。而对于紫外可见光谱仪而言，人们一般利用近紫外线和可见光，一般测试范围为 200～800nm。

当物体受到入射光波照射时，光子会和物体发生相互作用。由于组成物体的分子和分子间的结构不同，使入射光一部分被物体吸收，一部分被物体反射，还有一部分穿透物体而继续传播，即透射。

当光透过固体材料时，由于光与固体中的电子、原子（离子）间的相互作用，可以发生光的吸收。从微观过程来考虑，固体的吸收可能来自带间吸收（本征吸收）、晶格振动吸收、自由电子吸收、激子吸收、杂质吸收、缺陷吸收等过程。

光吸收率是材料的一个基本参数，其测量对材料的实际应用无疑很重要。为了表示入射光透过材料的程度，通常用入射光通量与透射光通量之比来表征物体的透光性质，称为光透射率。常用的紫外可见分光光度计能精确测量材料的透射率，测试方法具有简单、操作方便、精度高等突出优点，是研究半导体能带结构及其他性质最基本、最普遍的光学方法之一。另外，研究固体的光吸收，可以直接获得有关电子能带结构、杂质缺陷态、原子的振动等多方面的信息。因此，光吸收率的测试对于工业实际应用和科学研究均具有重要的意义。

通常晶体和薄膜的吸收率可通过透射谱的测量获得。但粉体材料由于强烈光散射，常采用漫反射谱的测量来分析其光吸收特性。

当光束入射至粉末状的晶面层时，一部分光在表层各晶粒面产生镜面反射（specular reflection）；另一部分光则折射入表层晶粒的内部，经部分吸收后射至内部晶粒界面，再发生反射、折射吸收。如此多次重复，最后由粉末表层朝各个方向反射出来，这种辐射称为漫反射光（diffuse reflection）。

紫外-可见漫反射光谱与紫外-可见吸收光谱相比，所测样品的局限性要小很多。后者符合朗伯-比尔定律，溶液必须是稀溶液才能测量，否则将破坏吸光度与浓度之间的线性关系。而前者，紫外-可见漫反射光谱可以测浑浊溶液、悬浊溶液、固体及固体粉末等，试样产生的漫反射满足 Kubelka-Munk 方程式：

$$F(R_{\infty})=\frac{K}{S}=\frac{(1-R_{\infty})^2}{2R_{\infty}} \tag{13-1}$$

式中，K 为吸收系数；S 为散射系数；R_{∞} 为无限厚样品反射系数 R 的极限值，其数值为一个常数。F（R_{∞}）称为减免函数或 Kubelka-Munk 函数。

Kubelka-Munk 方程式描述一束单色光入射到一种既能吸收光，又能反射光的物体上的光学关系。$\frac{1}{R_\infty}$和 $\lg\frac{1}{R_\infty}$相当于透射光谱测定中的吸收率。R_∞的确定，一般不测定样品的绝对反射率，而是以白色标准物质为参比（假设其不吸收光，反射率为 1），得到的相对反射率。参比物质要求在 200～3000nm 波长范围内反射率为 100%，常用 MgO、$BaSO_4$、$MgSO_4$ 等，其反射率 R_∞ 定义为 1。MgO 机械性能不如 $BaSO_4$，现在多用 $BaSO_4$ 作为标准。

漫反射光谱通常采用紫外-可见分光光度计并结合积分球来测试，其测试原理如图 13-2 所示。

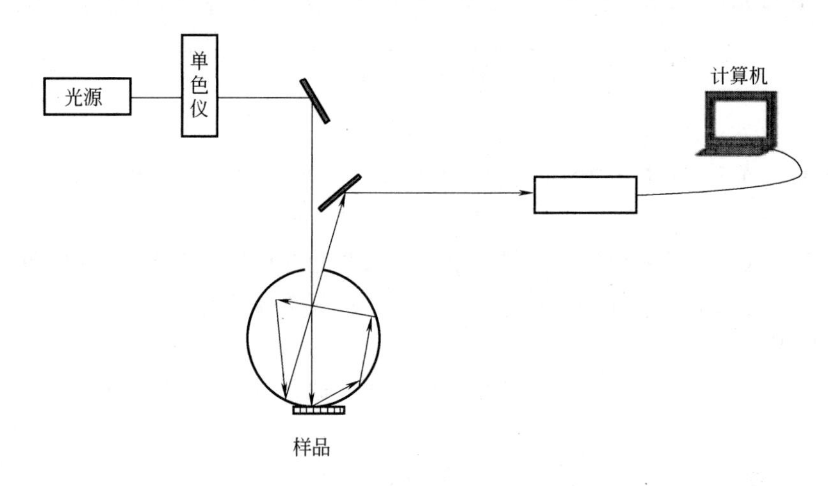

图 13-2 漫反射光谱测试原理图

积分球又称光通球，是一个中空的完整球壳，内壁涂白色漫反射层（$BaSO_4$）且球内壁各点漫反射均匀。积分球用于悬浊液的透过率测试，固体样品的漫反射（0°入射时）、漫反射加镜反射（8°入射时）及透过率测试。

漫反射光是分析与样品内部分子发生作用以后的光，携带有丰富的样品结构和组织信息。与漫透射光相比，虽然透射光中也负载有样品的结构和组织信息，但是透射光的强度受样品的厚度及透射过程光路的不规则性影响，因此，漫反射测量在提取样品组成和结构信息方面更为直接可靠。积分球是漫反射测量中常用的附件之一，其内表面漫反射物质的反射系数高达 98%，使得光在积分球内部的损失接近零。由于信号光从散射层面发出后，经过了积分球的空间积分，所以可以克服漫反射测量中随机因素的影响，提高数据的稳定性和重复性。

2. 禁带宽度

对于包括半导体在内的晶体，其中的电子既不同于真空中的自由电子，也不同于孤立原子中的电子。真空中的自由电子具有连续的能量状态，原子中的电子是处于分离的能级状态，而晶体中的电子是处于所谓能带状态。能带是由许多能级组成的，能带与能带之间隔离着禁带，电子就分布在能带中的能级上，禁带是不存在公有化运动状态的能量范围。半导体最重要的能带就是价带和导带。导带底与价带顶之间的能量差即为禁带宽度（或者称为带隙、能隙）。禁带中虽然不存在属于整个晶体所有的公有化电子的能级，但是可以出现杂质、缺陷等非公有化状态的能级——束缚能级。例如施主能级、受主能级、复合中心能级、陷阱中心能级、激子能级等。

禁带宽度是半导体的一个重要特征参量，用于表征半导体材料物理特性。其涵义有如下四个方面：第一，禁带宽度表示晶体中的公有化电子所不能具有的能量范围。第二，禁带宽度表示价键束缚的强弱。当价带中的电子吸收一定的能量后跃迁到导带，产生出自由电子和空穴时，才能够导电。因此，禁带宽度的大小实际上是反映了价带中电子被束缚强弱程度的物理量。价电子由价带跃迁到导带的过程称为本征激发。本征激发根据价电子获取能量的方式可以分为热激发、光学激发和电离激发等。第三，禁带宽度表示电子与空穴的势能差。导带底是导带中电子的最低能量，故可以看作电子的势能。价带顶是价带中空穴的最低能量，故可以看作空穴的势能。离开导带底和离开价带顶的能量就分别为电子和空穴的动能。第四，虽然禁带宽度是一个标志导电性能好坏的重要参量，但是也不是绝对的。价电子由价带跃迁到导带的概率是温度的指数函数，所以当温度很高时，即使是绝缘体（禁带宽度很大），也可以发生本征激发。

3. 基于透射光谱的光学禁带宽度计算原理

当一定波长的光照射半导体材料时，电子吸收能量后会从低能级跃迁到能量较高的能级。对于本征吸收，电子吸收足够能量后将从价带直接跃迁入导带。发生本征吸收的条件是：光子的能量必须等于或大于材料的禁带宽度 E_g，即

$$h\nu \geqslant h\nu_0 = E_g \tag{13-2}$$

而当光子的频率低于 ν_0 或波长大于本征吸收的长波限时，不可能发生本征吸收，半导体的光吸收系数迅速下降，这在透射光谱上表现为透射率的迅速增大，即透射光谱上出现吸收边。

光波透过厚度为 d 的样品时，吸收系数同透射率的关系如式（13-3）所示。

$$\alpha d = \ln \frac{1-R^2}{T} \tag{13-3}$$

式中，d 为样品厚度；R 为对应波长的反射率；T 为对应波长的透射率。

实验中，我们所选样品为 ZnO 基薄膜材料，入射光垂直照射在样品表面，且样品表面具有纳米级的平整度，在紫外和可见光波段的反射率很小，所以在估算禁带宽度时，忽略反射率的影响，则吸收系数 α 可简单表示为

$$\alpha d = \ln \frac{1}{T} \tag{13-4}$$

因此，在已知薄膜厚度的情况下，可以通过不同波长的透射率求得样品的吸收系数。

半导体的禁带宽度与半导体材料的禁带宽度满足下列方程

$$\alpha h\nu = A(h\nu - E_g)^{\frac{m}{2}} \tag{13-5}$$

$$A \approx \frac{e^2(2\mu^*)^{3/2}}{nch^2 m e^*} \tag{13-6}$$

式中，α 为吸收系数；$h\nu$ 为光子能量；E_g 为材料的禁带宽度；A 为材料折射率（n）、折合质量（μ^*）和真空中光速（c）的函数，基本是一常数；m 为常数。对于直接带隙半导体允许的偶极跃迁，$m=1$；对于直接带隙半导体禁止的偶极跃迁，$m=3$；对于间接带隙半导体允许的偶极跃迁，$m=4$；对于间接带隙半导体禁止的偶极跃迁，$m=6$。

ZnO 薄膜是一种直接带隙半导体，在本征吸收过程中电子发生直接跃迁，因此 m 取 1，则式（13-5）可以表示为

$$(\alpha h\nu)^2 = A^2(h\nu - E_g) \tag{13-7}$$

对于禁带宽度的计算，可根据 $\alpha h\nu \propto h\nu$ 的函数关系作图，将吸收边陡峭的线性部分外推到 $(\alpha h\nu)^2=0$ 处，与 x 轴的交点即为相应的禁带宽度值。上述方法也称为 Tauc plot 法。

三、实验设备与材料

岛津 UV-2450 紫外可见分光光度计，见图 13-3。

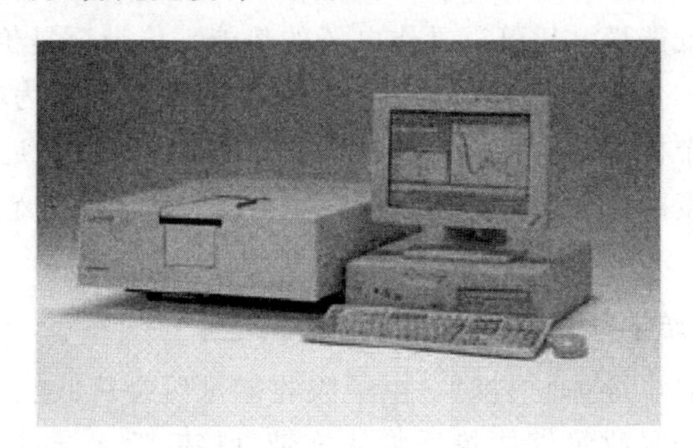

图 13-3 岛津 UV-2450 紫外可见分光光度计

紫外可见分光光度计通常由 5 部分组成。

(1) 光源　通常采用钨灯或碘钨灯产生 340～2500nm 的光，氘灯产生 160～375nm 的紫外线。

(2) 单色器　单色器将光源辐射的复色光分解成用于测试的单色光。通常由入射狭缝、准光器、色散元件、聚焦元件和出射狭缝等组成。色散元件可以是棱镜，也可以是光栅。光栅因具有分辨本领高等优点被广泛使用。

(3) 吸收池　用于盛放分析试样，有紫外、玻璃和塑料等种类。测试材料散射时可以使用积分球附件；测试固体样品的透射率等可以使用固体样品支架附件。

(4) 检测器　检测器是检测信号、测量透射光的器件，常用的有硅光电池和光电倍增管等。光电倍增管的灵敏度比一般的硅光电池高约 200 倍。

(5) 数据系统　多采用软件对信号放大和采集，并对数据进行保存和处理等。

其他材料：ZnO 薄膜、Cu_2O 薄膜、TiO_2 粉体、$BaSO_4$ 粉体。

四、实验内容与步骤

1. 标准白板制备

(1) 标准白板的制备　往样品槽中加入适量的 $BaSO_4$ 粉末，然后用玻璃柱将粉末压实，使得 $BaSO_4$ 粉末压成一个平面并完整地填充整个样品槽（$BaSO_4$ 粉末低于或者超出样品槽边缘都是不标准的）。

备注：为了便于玻璃圆柱的清洗，一般在 $BaSO_4$ 粉末表面盖上一张称量纸，然后再用玻璃圆柱进行压片，使得玻璃圆柱不直接和样品进行接触。

(2) 采用标准白板测试背景基线　将压好的标准白板放到样品卡槽位置，以其为背景测试基线（图 13-4 所示仪器型号为 SHIMADZU UV-2450）。

(3) 压制样品板　在标准白板的基底上加入少量样品，再次用玻璃圆柱将样品压平，得到样品板（见图 13-5）。

(4) 测试样品板　将样品板放入到样品卡槽中进行测试，得到紫外-可见漫反射光谱。

图 13-4 积分球

图 13-5 装好的样品板

测试完一个样品后，重新制备标准白板，然后在标准白板的基础上压制样品板，继续进行测试。

2. 透射率测试

（1）样品准备：将空白基片放在参考位，将 ZnO 基薄膜样品置于样品位。

（2）打开仪器电源，预热 20min。

（3）打开软件，点选“连接”按钮，系统将自检。

（4）选择仪器的工作模式为光谱扫描，输入测试波长和狭缝宽度，样品测试选择透射率。

（5）点击“自动清零”。

（6）将清洗干净的空白基片放在参考位，进行基线扫描。

（7）将 ZnO 基薄膜样品置于样品位，点击“开始”按钮。

（8）扫描结束后保存测试样品的透射率数据。

（9）实验测量结束，点击“断开”按钮；关闭软件。

（10）关闭电源开关，取出测量样品，放入干燥剂，盖上防尘布。

五、注意事项

1. 测试不透明样品（白浊样品）时，在样品上光发生散射，成为散射透射光，有不能到达检测器的光。为此，显示的透射率相当低。并且，根据分光光度计的机型，样品设置位置到检测器的距离不同，因此，即使测定同一样品，各装置有时也得到不同的测定结果。为此，难以进行不透明样品的直线透射测定。

2. 样品较厚时（3mm 以上），由于空气和样品的折射率不同，与基线校正时相比，检测器上的聚光焦点位置发生变化，因此，不能得到正确的透射率。对于这样的厚样品，请使用积分球或端窗式光电倍增管进行全光线透射测定。

六、数据记录及处理

1. 由透过率得到吸收系数：$\alpha=\left(-\frac{1}{d}\right)\times\ln T$ [d 为样品厚度，单位为 cm；T 为透过率（无量纲），就是透射谱的纵坐标值，最大为 100%]。

2.将波长换为能量 $h\nu(\mathrm{eV})=\frac{1240}{\lambda}(\mathrm{nm})$。

3.确定半导体带隙类型，如果是直接带隙，计算出 $(\alpha h\nu)^2$；如果是间接带隙，计算出 $(\alpha h\upsilon)^{\frac{1}{2}}$。

4.在 Origin 中以 $(\alpha h\upsilon)^2$ 对 $h\upsilon$ 作图。

5.将步骤 4 中所得到图形中的直线部分外推至横坐标轴，交点即为禁带宽度值。

七、思考题

1.简述紫外-可见漫反射的基本原理。

2.根据该实验得到的透明导电玻璃的吸收光谱是否真实代表了其对光的吸收？并说明理由。

3.半导体材料带隙计算时应注意什么问题？

第三章 太阳能电池性能测试

本章包含6个实验，主要涉及太阳能资源表征、太阳能电池性能测试以及太阳能系统性能。实验的目的是以太阳能电池为例，加深对能源转化器件性能的认识，并在此基础上理解能源转化系统。

实验14 太阳辐照检测

一、实验目的

1. 了解太阳辐射的时间和气象的差异性。
2. 掌握太阳辐射的测量方法。
3. 掌握太阳辐射电流表的使用方法。

二、实验原理

太阳辐射强度是表示太阳辐射强弱的物理量，称为太阳辐射强度，单位是 W/m^2，即点辐射源在给定方向上发射的在单位立体角内的辐射通量。

大气上界的太阳辐射强度取决于太阳的高度角、日地距离和日照时间。

太阳高度角越大，太阳辐射强度越大。因为同一束光线，直射时，照射面积最小，单位面积所获得的太阳辐射则多；反之，斜射时，照射面积大，单位面积上获得的太阳辐射则少。太阳高度角因时、因地而异。一日之中，太阳高度角正午大于早晚；夏季大于冬季；低纬度地区大于高纬度地区。

日地距离是指日心到地心的直线长度。地球环绕太阳公转时，由于公转轨道呈椭圆形，日地之间的距离在不断改变。地球上获得的太阳辐射强度与日地距离的平方成反比。地球位于近日点时，获得的太阳辐射大于远日点。据研究，1月初地球通过近日点时，地表单位面积上获得的太阳辐射比7月初通过远日点时多7%。

太阳辐射强度与日照时间成正比。日照时间的长短，随纬度和季节而变化。

大气对太阳辐射的吸收、反射、散射作用，大大削弱了到达地面的太阳辐射。但尚有诸多因素影响太阳辐射的强弱，使到达不同地区的太阳辐射的多少不同。影响太阳辐射的因素主要有以下几点。

(1) 太阳高度角或纬度：太阳高度角越大，穿越大气的路径就越短，大气对太阳辐射的削弱作用越小，则到达地面的太阳辐射就越强；太阳高度角越大，等量太阳辐射散布的面积越小，太阳辐射越强。例如，中午的太阳辐射强度比早晚的强。

(2) 海拔高度：海拔越高空气越稀薄，大气对太阳辐射的削弱作用越小，则到达地面的太阳辐射越强。例如，青藏高原是我国太阳辐射最强的地区。

(3) 天气状况：晴天云少，对太阳辐射的削弱作用小，到达地面的太阳辐射强。例如，四川盆地多云雾阴雨天气，太阳辐射削弱强，太阳辐射成为我国最低值区。

(4) 大气透明度：大气透明度高则对太阳辐射的削弱作用小，使到达地面的太阳辐射强。

(5) 白昼时间的长短。

(6) 大气污染的程度：污染重，则对太阳辐射削弱强，到达地面的太阳辐射少。

太阳常数和大气质量是描述太阳辐射与大气吸收情况的物理量。在地球大气层上界，距太阳一个天文单位处，与阳光垂直的单位面积上，单位时间所得到的太阳总辐射能量叫一个太阳常数。国际上太阳常数标准值为 $1367\mathrm{W/m^2}$，这里把太阳看成不变的光源，并且不考虑大气吸收的影响。在地面上任何地方都不能排除大气吸收对太阳辐射的影响，因此引入大气质量（air mass，AM）的概念。

$$\mathrm{AM}=\frac{p}{d}=\frac{1}{\sin\theta} \tag{14-1}$$

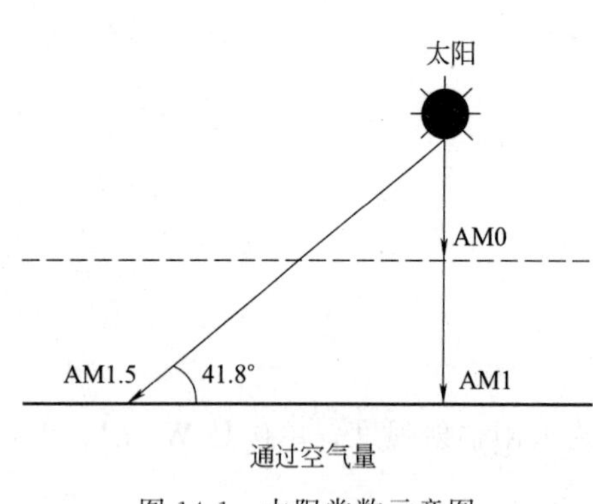

图 14-1 太阳常数示意图

由图 14-1 可以看出，太阳当顶时海平面处为 AM1；外层空间不通过大气的情况为 AM0；通常接近人类生活现实的太阳高度角 41.8°的情况为 AM1.5。太阳常数为 AM0 条件下的太阳辐射通量，AM0 光谱主要用于评估太空用的光伏电池和组件性能。为了使用方便，国际标准组织将 AM1.5 的辐照度定义为 $1000\mathrm{W/m^2}$（或 $100\mathrm{mW/cm^2}$）。

为了使太阳电池或组件的光伏性能测试具有可比性，太阳光伏能源系统标准化技术委员会规定了标准测试条件。如果不是在标准条件下进行测试，必须将所测数据修正到标准测试条件。地面用太阳电池的标准测试条件为：测试温度 (25±2)℃，光源的光谱辐照度 $1000\mathrm{W/m^2}$，并具有标准的 AM1.5 太阳光谱辐照度分布。航天用太阳电池的标准测试条件为：测试温度 (25±1)℃，光源的光谱辐照度 $1367\mathrm{W/m^2}$，并具有标准的 AM0 太阳光谱辐照度分布。由于太阳电池的响应与入射光的波长有关，入射光的光谱分布将严重地影响所测的电池性能。为了减小测量误差，需选用具有与被测电池基本相同光谱响应的标准太阳电池来测量光源的辐照度。因此，标准太阳电池用于在对太阳电池进行 I-V 测试时测试光源的辐照度。它只需要标定在标准测试条件下的短路电流值。如果标准太阳电池标定出相对或绝对光谱响应曲线，那么它也可以用于太阳电池光谱响应测试。标准太阳电池的标定值，必须每年由权威机构标定一次，以确保其准确性。

如果能够得到与标准太阳光谱一致的，并且光照强度又可以任意改变的人工光源，当然最理想的是太阳能电池的测试光源，但是目前而言还是很困难的，只能在某些方面满足要求。太阳辐射试验主要有氙灯、荧光紫外灯（荧光灯）、碳弧灯三种类型的试验设备。

氙灯可以很方便地模拟白天光照、夜间凝露或降雨的反复交变试验条件，其中氙灯模拟太阳光谱较佳（见图 14-2）。

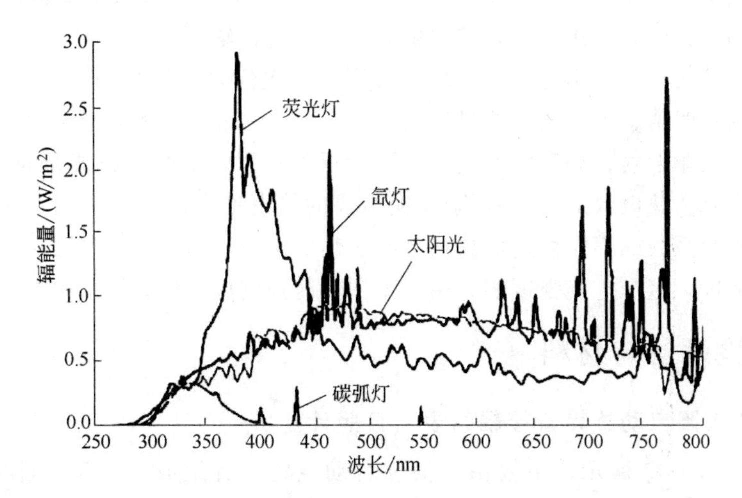

图 14-2　氙灯、荧光紫外灯（荧光灯）、碳弧灯三种光源与太阳光的光谱对比

荧光灯也可以很方便地模拟白天光照、夜间凝露或降雨的反复交变试验条件，荧光灯气候老化是模拟太阳光紫外光谱较接近的设备，加速老化效果更显著。

碳弧灯在某些情况下，经滤光器校正紫外辐射后，碳弧灯的辐射光谱分布可以接近地表的自然光谱，但是碳弧灯的定位精确性差和寿命较短，并且存在碳弧体容易烧毁的缺陷，即使采取先进的碳弧体移动机构，连续点燃时间仍低于 5h，因此此方法将逐渐被淘汰。

氙灯光谱范围包括波长大于 270nm 的紫外线、可见光和红外辐射。氙灯辐射经适当滤光后，已减少紫外短波辐射，并尽可能去掉红外辐射，其光谱能量分布与阳光中紫外、可见部分最相似，可模拟室外光，见表 14-1。

表 14-1　自然暴露的相对光谱辐照度（室外光）

波长 λ/nm	相对光谱辐照度/%	波长 λ/nm	相对光谱辐照度/%
$290<\lambda\leqslant800$	100	$320\leqslant\lambda\leqslant360$	4.2±0.5
$\lambda<290$	0	$360\leqslant\lambda\leqslant400$	6.2±1.0
$290\leqslant\lambda\leqslant320$	0.6±0.2		

注：290～800nm 的光谱辐照度定为 100%。

也可以进一步滤掉短波，采用可减少波长 320nm 以下光谱辐照度的滤光器来模拟透过玻璃滤光后的日光，可模拟室内光，见表 14-2。

表 14-2 透过窗玻璃的日光的相对光谱辐照度（室内光）

波长 λ/nm	相对光谱辐照度/%	波长 λ/nm	相对光谱辐照度/%
300＜λ≤800	100	320≤λ≤360	3.0±0.5
λ＜300	0	360≤λ≤400	6.0±1.0
300≤λ≤320	＜0.1		

注：300～800nm 的光谱辐照度定为 100%。

垂直太阳表面（视角约 0.5°）的辐射和太阳周围很窄的环形天空的散射辐射称为太阳直接辐射。太阳直接辐射是用太阳直接辐射表（简称直接辐射表或直射表）测量。

太阳辐射电流表是与太阳能辐射表配套使用的二次仪表，将其测得的数据经过换算后，即为太阳辐射的瞬时值。该表用来测量光谱范围为 0.3～3μm 的太阳总辐射，也可用来测量入射到斜面上的太阳辐射，如感应面向下可测量反射辐射，如加配遮光环可测量散射辐射。仪器的工作原理基于热电效应。在锰铜-康铜组成的热电堆上涂以炭黑及氧化镁，利用它们对太阳辐射热吸收系数的不同而造成热电堆冷、热端点的温差，形成热电势。用辐射电流表测出其热电流强度，这个电流强度的大小与太阳辐射强度成正比。

三、实验设备与材料

1. TBS-2-2 太阳自动旋转直接辐射表（日照计）

该表构造如图 14-3 所示，主要由光筒和自动旋转装置组成。光筒内部由光栏、内筒、热电堆（感应面）、干燥剂筒等组成。感应部件是采用绕线电镀式多接点热电堆，其表面涂有高吸收率的黑色涂层。热接点在感应面上，冷结点在机体内，在线性范围内产生的温差电势与太阳直接辐照度成正比。自动旋转装置是由底板、纬度架、电机等组成。

设备参数：①灵敏度 7～14μV/(W/m^2)；②响应时间≤30s（99%）；③内阻约 100Ω；④跟踪精度 24h 小于±1°；⑤稳定性±1%；⑥温度特性±1%（－20～40℃）；⑦测试精度 TBS-2-2 直接辐射表±2%；⑧信号输出 0～20mV。

图 14-3 TBS-2-2 太阳自动旋转直接辐射表（日照计）

图 14-4 BLJW-DLB 太阳辐射电流表

2. BLJW-DLB 太阳辐射电流表

BLJW-DLB 太阳辐射电流表（见图 14-4）是与太阳能辐射表配套使用的二次仪表，将其测得的数据经过换算后，即为太阳辐射的瓦每平方米值。设备参数：①测试范围 0～2000W/m^2；

②检测精度＜±1W/m^2；③显示数值小于200mV（液晶显示）；④使用温度－30～60℃。

四、实验内容与步骤

1. 将光筒对准太阳，太阳光通过小孔，当光斑落在凹坑的正中间时，说明太阳光垂直照射在光筒上。

2. 读取太阳辐射电流表中的数值。

3. 根据公式计算出直接辐射瞬时值。

$$太阳辐射瞬时值(W/m^2)=显示值(mV)\times 1000/辐射表灵敏度$$

或者总辐射表输出辐射量（W/m^2）＝测量输出电压信号值（μV）÷灵敏度系数［μV/(W/m^2)］，每个传感器分别给出标定过的灵敏度系数。

五、注意事项

1. 该表应安装在四周空旷、感应面以上没有任何障碍物的地方，然后将辐射表电缆插头正对北方，调整好水平位置，将其固定，再将辐射表输出电缆与采集器相连接，即可观测。

2. 玻璃罩应保持清洁，要经常用软布或毛皮擦拭。

3. 玻璃罩不可拆卸或松动，以免影响测量精度。

4. 应定期更换干燥剂，以防罩内结水。

六、数据记录及处理

测量所在城市（例如，景德镇位于北纬28°44′～29°56′）某一天的太阳辐射值，将测试的数据记入下列表中，计算测定结果并作图。

测试时间：____年____月____日

时间	显示值/mV	直接辐射瞬时值/(W/m^2)
8:00		
9:00		
10:00		
11:00		
12:00		
13:00		
14:00		
15:00		
16:00		
17:00		
18:00		

七、思考题

1. 影响太阳辐照的因素是什么？

2. 太阳辐照强度对太阳能电池性能的影响表现在哪些方面？

实验 15 太阳能电池基本特性测试

一、实验目的

1. 了解太阳能光伏电池的基本特性参数：开路电压、短路电流、峰值电压、峰值电流、峰值功率、填充因子及转换效率。

2. 了解太阳能光伏电池的伏安特性及曲线绘制。

3. 掌握电池特性的测试与计算。

二、实验原理

太阳能电池又称为“太阳能芯片”或“光电池”，是一种利用太阳光直接发电的光电半导体薄片。它只要被满足一定照度条件的光照到，瞬间就可输出电压及在有回路的情况下产生电流。在物理学上称为太阳能光伏（photovoltaic，PV），简称光伏。

太阳能电池发电是一种可再生的环保发电方式，发电过程中不会产生二氧化碳等温室气体，不会对环境造成污染。按照制作材料分为硅基半导体电池、CdTe 薄膜电池、CIGS 薄膜电池、染料敏化薄膜电池、有机材料电池等。其中硅电池又分为单晶电池、多晶电池和无定形硅薄膜电池等。对于太阳能电池来说，最重要的参数是转换效率，在实验室所研发的硅基太阳能电池中，单晶硅电池效率为 25.0%，多晶硅电池效率为 20.4%，CIGS 薄膜电池效率达 19.6%，CdTe 薄膜电池效率达 16.7%，非晶硅（无定形硅）薄膜电池的效率为 10.1%。

太阳光照在半导体 PN 结上，形成新的空穴-电子对，在 PN 结内建电场的作用下，光生空穴流向 P 区，光生电子流向 N 区，接通电路后就产生电流。这就是光电效应太阳能电池的工作原理。简单地说，太阳光电的发电原理，是利用太阳能电池吸收 0.4～1.1μm 波长（针对硅晶）的太阳光，将光能直接转变成电能输出的一种发电方式。

太阳能发电有两种方式，一种是光-热-电转换方式，另一种是光-电直接转换方式。

（1）光-热-电转换　光-热-电转换方式利用太阳辐射产生的热能发电，一般是由太阳能集热器将所吸收的热能转换成工质的蒸气，再驱动汽轮机发电。前一个过程是光-热转换过程；后一个过程是热-电转换过程，与普通的火力发电一样。太阳能热发电的缺点是效率很低而成本很高，估计它的投资至少要比普通火电站贵 5～10 倍。一座 1000MW 的太阳能热电站需要投资 20 亿～25 亿美元，平均 1kW 的投资为 2000～2500 美元。因此，只能小规模地应用于特殊的场合，而大规模利用在经济上很不合算，目前还不能与普通的火电站或核电站相竞争。

（2）光-电直接转换　太阳能电池发电是根据特定材料的光电性质制成的。黑体（如太阳）辐射出不同波长（对应于不同频率）的电磁波，如红外线、紫外线、可见光等。当这些射线照射在不同导体或半导体上时，光子与导体或半导体中的自由电子作用产生电流。射线的波长越短、频率越高，所具有的能量就越高，例如紫外线所具有的能量要远远高于红外线。但是并非所有波长的射线的能量都能转化为电能，值得注意的是光电效应与射线的强度大小无关，只有频率达到或超越可产生光电效应的阈值时，电流才能产生。能够使半导体产生光电效应的光的最大波长同该半导体的禁带宽度相关，譬如晶体硅的禁带宽度在室温下约为 1.155eV，因此必须波长小于 1100nm 的光线才可以使晶体硅产生光电效应。

1. 太阳能电池的极性

太阳能电池的基本结构是一个大面积平面 PN 结。硅太阳能电池的一般制成 P+/N 型结构或 N+/P 型结构；P+和 N+表示太阳能电池正面光照层半导体材料的导电类型，N 和 P 表示太阳能电池背面衬底半导体材料的导电类型。太阳能电池的电性能与制造电池所用半导体材料的特性有关。单个太阳能电池单元的 PN 结面积已远大于普通的二极管。在实际应用中，为得到所需的输出电流，通常将若干电池单元并联。为得到所需输出电压，通常将若干已并联的电池组串连。因此，它的伏安特性虽类似于普通二极管，但取决于太阳能电池的材料、结构及组成组件时的串并连关系。光伏电池暗伏安特性是指无光照射时，流经太阳能电池的电流与外加电压之间的关系。

2. 太阳能电池的性能参数

太阳能电池的性能参数由开路电压、短路电流、最大输出功率、填充因子、转换效率等组成。这些参数是衡量太阳能电池性能好坏的标志。

（1）开路电压　开路电压 U_{OC} 即将太阳能电池置于 AM1.5 光谱条件、$100mW/cm^2$ 的光源强度照射下，在两端开路时，太阳能电池的输出电压值。开路电压的单位是伏特（V）。单片太阳能电池的开路电压不随电池片面积的增减而变化，一般为 0.5～0.7V。

（2）短路电流　短路电流 I_{SC} 就是将太阳能电池置于 AM1.5 光谱条件、$100mW/cm^2$ 的光源强度照射下，在输出端短路时，流过太阳能电池两端的电流值。短路电流的单位是安培（A），短路电流随着光强的变化而变化。

（3）最大输出功率　太阳能电池的工作电压和电流是随负载电阻而变化的，将不同阻值所对应的工作电压和电流值做成曲线就得到太阳能电池的伏安特性曲线。如果选择的负载电阻值能使输出电压和电流的乘积最大，即可获得最大输出功率，用符号 P_m 表示。此时的工作电压和工作电流称为最佳工作电压（峰值电压）和最佳工作电流（峰值电流），分别用符号 U_m 和 I_m 表示。峰值电压 U_m 是指太阳能电池片输出最大功率时的工作电压，峰值电压的单位是伏特（V）。峰值电压不随电池片面积的增减而变化，一般为 0.45～0.5V，典型值为 0.48V。峰值电流 I_m 的单位是安培（A）。峰值功率的单位是瓦（W）。太阳能电池的峰值功率取决于太阳辐照度、太阳光谱分布和电池片的工作温度，因此太阳能电池的测量要在标准条件下进行，测量标准为欧洲委员会的 101 号标准，其条件是：辐照度 $1000W/m^2$、光谱 AM1.5、测试温度（25±1）℃。

（4）填充因子　太阳能电池的另一个重要参数是填充因子 FF（fill factor），它是最大输出功率与开路电压和短路电流乘积之比。FF 是衡量太阳能电池输出特性的重要指标，是代表太阳能电池在带最佳负载时，能输出的最大功率的特性，其值越大表示太阳能电池的输出功率越大。FF 的值始终小于 1。串、并联电阻对填充因子有较大影响。串联电阻越大，短路电流下降越多，填充因子也随之减少得越多；并联电阻越小，其分电流就越大，导致开路电压就下降得越多，填充因子随之也下降得越多。填充因子的系数一般在 0.5～0.8，也可以用百分数表示。

(5) 转换效率　太阳能电池的转换效率指在外部回路上连接最佳负载电阻时的最大能量转换效率，等于太阳能电池的输出功率与入射到太阳能电池表面的能量之比。即：$\eta=P_m$（电池片的峰值功率)/S（电池片的面积）×P_{in}（单位面积的入射光功率），其中 $P_{in}=1kW/m^2=100mW/cm^2$。太阳能电池的光电转换效率是衡量电池质量和技术水平的重要参数，它与电池的结构、结特性、材料性质、工作温度、放射性粒子辐射损伤和环境变化等有关。

3. 太阳能电池的光谱特性

太阳能电池并不能把任何一种光都同样地转换成电。例如：通常红光转变为电的比例与蓝光转变为电的比例是不同的。由于光的颜色（波长）不同，转变为电的比例也不同，这种特性称为光谱特性。光谱特性通常用收集效率来表示；所谓收集效率就是用百分数（%）来表示一单位的光（一个光子）入射到太阳能电池上，产生多少电子和空穴。一般而言，一个光子产生的电子和空穴数目是小于 1 的。光谱特性的测量是用一定强度的单色光照射太阳能电池，测量此时电池的短路电流，然后依次改变单色光的波长，再重复测量以得到在各个波长下的短路电流，即反映了电池的光谱特性。

单晶硅太阳能电池的特点是对于大于 0.7μm 的红外线也有一定的灵敏度。以 P 型单晶硅为衬底，其上扩散 N 型杂质的太阳能电池与 N 型单晶硅为衬底的太阳能电池相比，其光谱特性的峰值更偏向左边（短波长一方）。另外，对于前面介绍过的紫外线太阳能电池，它对从蓝到紫色的短波长（波长小于 0.5μm）的光有较高的灵敏度，但其制法复杂、成本高，仅限于空间应用。此外，带状多晶硅太阳能电池的光谱特性也接近于单晶硅太阳能电池的光谱特性。非晶硅太阳能电池的光谱特性随着其材料的组成和结构、膜厚等因素的变化而有很大的不同。前面所示的是典型的非晶硅太阳能电池的光谱特性。非晶硅薄膜的带隙是 1.7eV，比单晶硅的带隙 1.1eV 大，所以其灵敏度比单晶硅更偏向短波一侧，这是它的一个优点。化合物半导体太阳能电池有许多种类，其光谱特性也各种各样。最常见的 GaAs-GaAlAs 太阳能电池的光谱特性，它在短波长一侧的收集效率较高。

从太阳能电池的应用角度来说，太阳能电池的光谱特性与光源的辐射光谱特性相匹配是非常重要的，这样可以更充分地利用光能和提高太阳能电池的光电转换效率。而光强和光谱的不同，会引起太阳能电池输出的变动。就人眼的感觉而言，在室外太阳光下和在室内荧光灯下，其亮度并不觉得差别很大。但其能量的绝对值却相差数百倍。由于各种太阳能电池的光谱特性不同，所以太阳能电池的输出特性随所用光源的光谱不同而变化较大。

4. 太阳能电池的温度特性

除了太阳能电池的光谱特性外，温度特性也是太阳能电池的一个重要特征。对于大部分太阳能电池，随着温度的上升，短路电流上升，开路电压减小，转换效率降低。单晶硅、多晶硅和非晶硅太阳能电池的输出特性的温度系数随着温度变化，开路电压变小而短路电流略微增大，导致转换效率的降低。单晶硅与多晶硅的转换效率的温度系数几乎相同，而非晶硅因为它的带隙大而温度系数较低。

在太阳能电池实际应用时，必须考虑到它的输出受到温度的影响。特别是室外使用的太阳能电池，由于阳光的作用，太阳能电池在使用过程中温度可能会变的较高。在这方面，带隙大的材料做成的电池的温度效应就小于带隙小的材料。因而，GaAs 太阳能电池的温度效应较小，有利于做成高聚光型太阳能电池。

三、实验设备与材料

实验装置ZKY-SAC-Ⅰ+Y太阳能电池特性及应用实验仪如图15-1所示，由太阳能电池组件、实验仪和测试仪3部分组成。图15-2为测试仪面板图。测试仪是为太阳能电池实验的基本型配套的，基本型与应用型共用一个测试仪。本实验只用测试仪的电压、电流表。

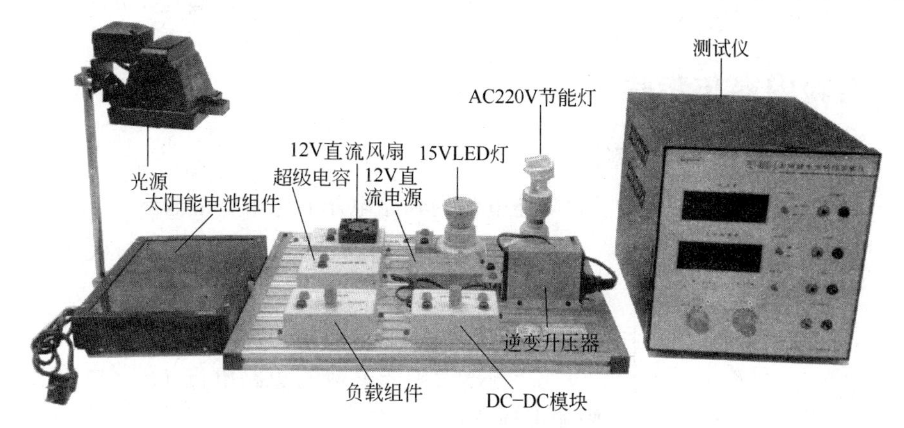

图15-1 ZKY-SAC-Ⅰ+Y太阳能电池特性及应用实验仪

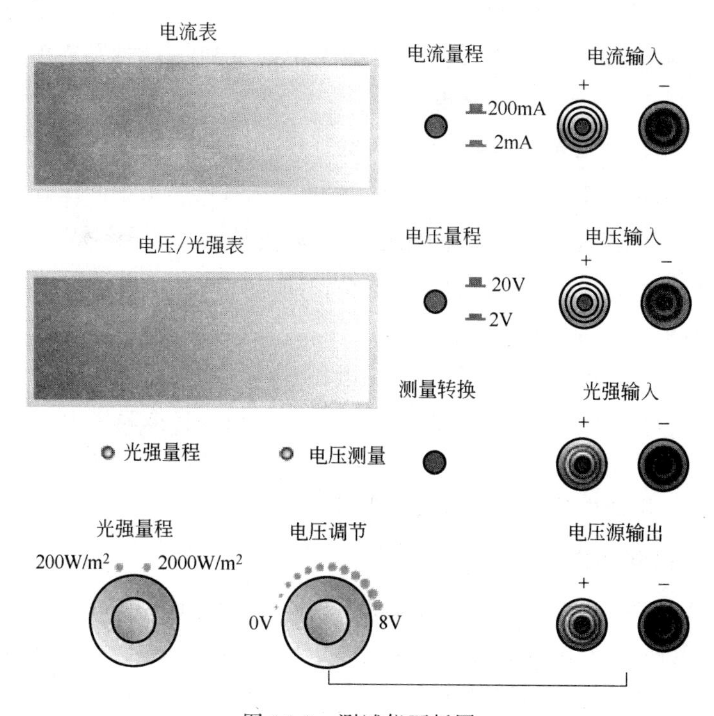

图15-2 测试仪面板图

各部件的基本参数如下。

太阳能电池：单晶硅太阳能电池，标称电压12V，标称功率4W；

光源：150W卤钨灯；

负载组件：0～1kΩ，2W；

直流风扇：12V，1W；

LED 灯：直流 15V，0.4W；

DC-DC：升降压 DC-DC，输入 5～35V，输出 1.5～17V，1A；

超级电容：2.35F，11V；

直流电源：12V，1.25A；

逆变器：DC12V～AC220V，100W；

交流负载：节能灯，5W。

四、实验内容与步骤

1. 太阳能电池基本常数的测定

（1）测定在一定入射光强度下太阳能电池的开路电压 U_{∞} 和短路电流 I_{SC}。

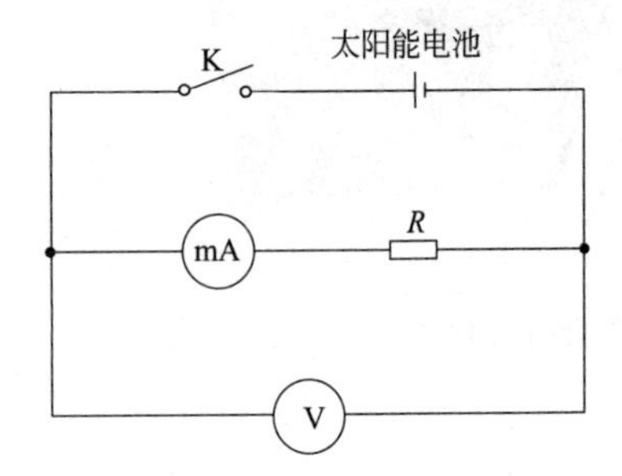

图 15-3　太阳能电池测量线路图

① 按图 15-3 连接线路，调节光源与太阳能电池处于适当位置不变。

② 测出太阳能电池的开路电压 U_{∞}（电流表支路断开）。

③ 测出太阳能电池的短路电流 I_{SC}（电流表直接与太阳能电池连接）。

（2）测定太阳能电池的开路电压和短路电流与入射光强度的关系。

① 光源与太阳能电池正对时，测出开路电压 $U_{\infty 1}$ 和短路电流 I_{SC1}。

② 转动太阳能电池一定角度（如 15°）测出 $U_{\infty 2}$ 和 I_{SC2}。

③ 转动太阳能电池角度为 30°、45°、60°、75°、90°时，测出不同位置下的 U_{∞} 和 I_{SC}。

2. 在一定入射光强度下，研究太阳能电池的输出特性

保持光源和太阳能电池处于适当的位置不变，即保持入射光强度不变。

（1）测量开路电压 U_{∞} 和短路电流 I_{SC}。

（2）分别测出不同负载电阻下的电流 I 和电压 U。

（3）根据 U_{∞}、I_{SC} 及一系列相应的 R、U、I 值，填入自拟表格中。

（4）计算在该入射光强度下，与各个 R 相对应的输出功率 $P=IU$，求出最大输出功率 P_{max}，以及相应的太阳能电池的最佳负载电阻 R_{mp}、U_{mp}、I_{mp} 值。

3. 光伏电池暗伏安特性曲线绘制

关闭模拟光源，将挡光板遮住电池组件 A，调节直流恒压源电压到零点，用实验导线连接如图 15-4 所示电路，调节电阻箱的电阻至 50Ω（限流），旋转恒压源电压旋钮，间隔 0.5V 左右，记录一次电压、电流值并填入表 15-1。

根据表 15-1 和表 15-2 记录的数据，在图 15-5 中绘制光伏电池暗伏安特性曲线。

4. 光伏电池光谱特性测试

（1）用实验导线连接如图 15-6 所示电路，打开模拟光源，调节电阻箱的阻值至电压、电流在一个合适的值，保持电阻值不变。

（2）分别用不同颜色的挡板遮挡电池组件 A，将电压、电流值填入表 15-3，并计算功率。

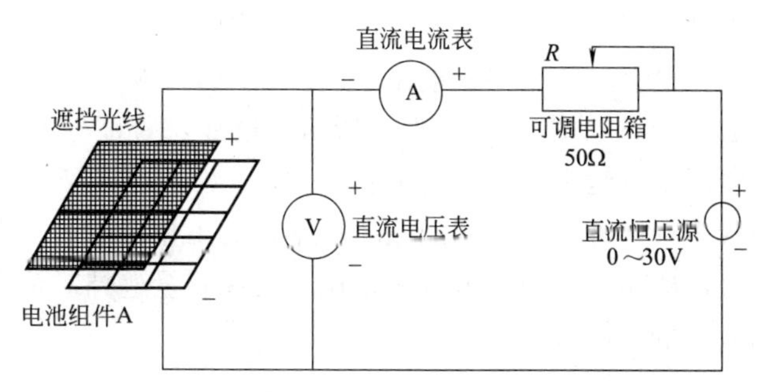

图 15-4 光伏电池暗伏安特性正向测量电路

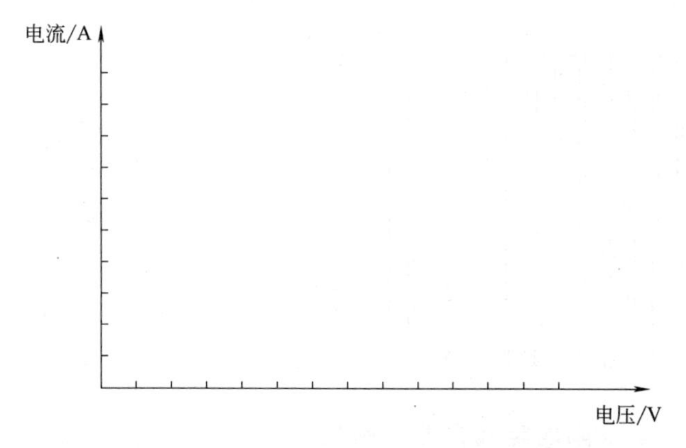

图 15-5 光伏电池组件暗伏安特性曲线图

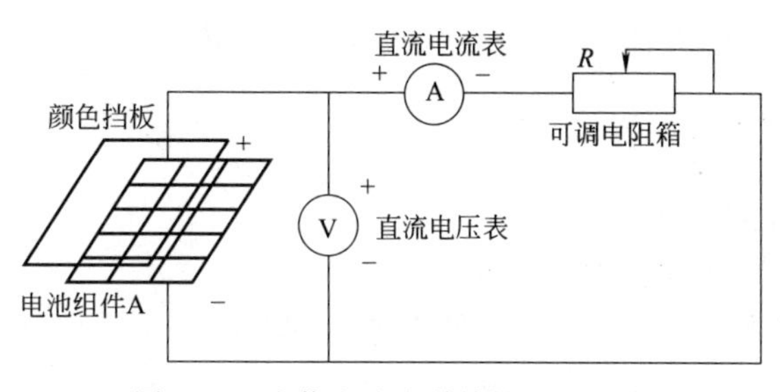

图 15-6 光伏电池光谱特性测试电路

(3) 根据测试结果数据，分析不同波长的光谱对光伏电池发电的影响。

5. 失配及遮挡对太阳能电池输出的影响实验

太阳能电池在串、并联使用时，由于每片电池电性能不一致，使得串、并联后的输出总功率小于各个单体电池输出功率之和，称为太阳能电池的失配。

太阳能电池由于云层、建筑物的阴影或电池表面的灰尘遮挡，使部分电池接收的辐照度小于其他部分，这部分电池输出也会小于其他部分，会对输出产生类似失配的影响。

太阳能电池并联连接时，总输出电流为各并联电池支路电流之和。在有失配或遮挡时，只要最差支路的开路电压高于组件的工作电压，则输出电流仍为各支路电流之和。若有某支路的开路电压低于组件的工作电压，则该支路将作为负载而消耗能量。

太阳能电池串联连接时，串联支路输出的电流由输出最小的电池决定。在有失配或遮挡时，一方面会使该支路输出电流降低，另一方面，失配或被遮挡部分将消耗其他部分产生的能量，这样局部的温度就会很高，产生热斑，严重时会烧坏太阳能电池组件。

由于即使部分遮挡，也会对整个串联电路输出产生严重影响，在应用系统中，常常在若干电池片旁并联旁路二极管，如图 15-7 中虚线所示。这样，若部分面积被遮挡，其他部分仍可正常工作。本实验所用电池未加旁路二极管。

由太阳能电池的伏安特性可知，太阳能电池在正常的工作范围内，电流变化很小，接近短路电流，电池的最大输出功率与短路电流成正比，故在测量遮挡对输出的影响时，可按图 15-8 测量遮挡对短路电流的影响。

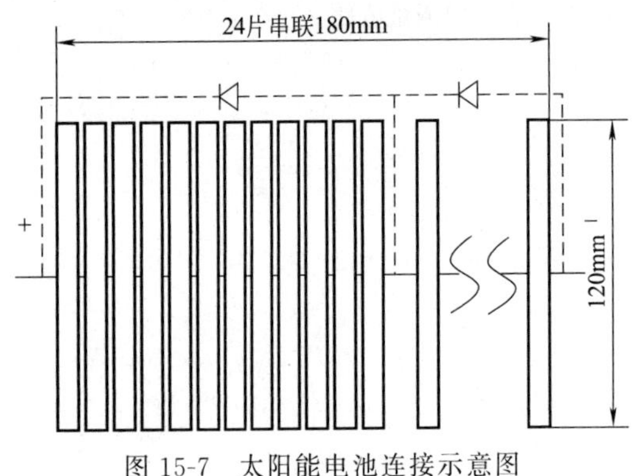

图 15-7　太阳能电池连接示意图

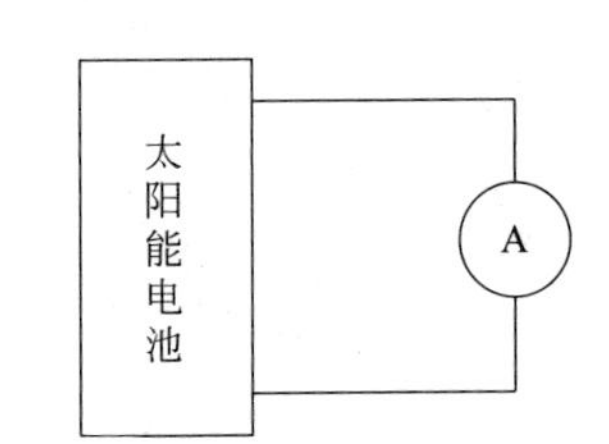

图 15-8　测量遮挡对短路电流的影响

6. 温度对不同类型太阳能电池性能的影响

根据实验 2 所述步骤，测量并计算 20～80℃温度范围内单晶硅、多晶硅和非晶硅太阳能电池的填充因子。

五、注意事项

1. 电池表面要保持清洁。

2. 在测试前，应保证电路连接正确。

3. 要根据预估，选择合适的电压表和电流表的量程，避免烧坏仪表。

4. 在做遮挡实验时，应尽快完成实验；同时注意遮挡片经过光照射后可能温度较高，避免烫伤。

5. 在预热光源的时候，需用遮光罩罩住太阳能电池，以降低太阳能电池的温度，减少实验误差。

6. 光源工作及关闭后的约 1h 期间，灯罩表面的温度很高，请不要触摸。

7. 可变负载只适用于本实验，用于其他实验可能烧坏可变负载。

六、数据记录及处理

1. 太阳能电池基本常数的测定

自拟数据表格，并用坐标纸画出 I_{SC}-θ 及 U_{∞}-θ 曲线。

2. 研究太阳能电池的输出特性

(1) 作 P-R 及输出伏安特性 I-U 曲线。

(2) 计算曲线因子 $FF=(U_{mp}I_{mp})/(U_{\infty}I_{SC})$。

3. 光伏电池暗伏安特性曲线

(1) 根据表 15-1 和表 15-2 记录的数据，在图 15-5 中绘制光伏电池暗伏安特性曲线。

表 15-1 光伏电池暗伏安特性正向测量数值记录表

电压 U/V						
电流 I/A						

(2) 将直流恒压源电压调到零，调换电池组件 A 的正负极，再间隔 0.5V 左右，记录电压、电流值并填入表 15-2。

表 15-2 光伏电池暗伏安特性负向测量数值记录表

电压 U/V						
电流 I/A						

4. 光伏电池光谱特性测试

根据表 15-3 中的数据，分析不同波长的光谱对光伏电池发电的影响。

表 15-3 光伏电池光谱特性测试数值记录表

光线	阳光	红光	橙光	黄光	绿光	青光	蓝光	紫光
波长/nm	390～770	625～740	590～625	565～570	500～565	585～500	440～485	380～570
电压 U/V								
电流 I/A								
功率 P/W								

5. 失配及遮挡对太阳能电池输出的影响

根据表 15-4 中的数据，分析遮挡对短路电流的影响。

表 15-4 遮挡对太阳能电池输出的影响

遮挡条件	无遮挡	纵向遮挡			横向遮挡		
遮挡面积	0	10%	20%	50%	25%	50%	75%
短路电流/mA							

6. 温度对不同类型太阳能电池性能的影响

计算不同温度条件下，三种硅电池的填充因子，并分析温度和电池类型对填充因子的影响。

七、思考题

1. 太阳能电池的工作原理及其影响因素是什么？
2. 太阳能电池的参数有哪些？哪个更能反映电池的性能？
3. 太阳能电池的特性有哪些？如何表征？
4. 纵向遮挡（遮挡串联电池片中的若干片）对输出影响如何？工程上如何减少这种影响？
5. 横向遮挡（遮挡所有电池片的部分面积，等效于遮挡并联支路）对输出影响如何？

实验16 太阳能光伏电池串并联与直接负载实验

一、实验目的

1. 了解太阳能光伏电池串并联特性。
2. 了解太阳能光伏电池直接带负载的特性。

二、实验原理

太阳能电池是一个较大的面结PN二极管。其工作电流I可用下式表示

$$I=I_{ph}-I_0\left(\exp\frac{qV}{nkT}-1\right)-\frac{I(R_s+R_L)}{R_{sh}} \tag{16-1}$$

开路电压表示为

$$V_{oc}=\frac{knT}{q}\ln\left(\frac{I_{sc}}{I_0}+1\right) \tag{16-2}$$

式中，I为负载中流过的电流；I_{ph}为由光激发产生载流子所形成的光电流；q为一个电子的电量；V为电池的工作电压；n为结构因子；k为玻耳兹曼常数；T为电池工作的绝对温度；V_{oc}为电池的开路电压；R_s为电池的串联电阻；R_{sh}为电池的并联电阻；R_L为负载电阻；I_{sc}为电池的短路电流。

太阳能电池是依据"光生伏打效应"原理工作的。太阳能电池组件则是将太阳能单体电池进行串、并联组合而构成的一个整体。组件的电性能将随单体电池的串、并联数量而与单体电池电性能产生量的变化。串联时电压叠加，并联时电流叠加，如图16-1和图16-2所示。

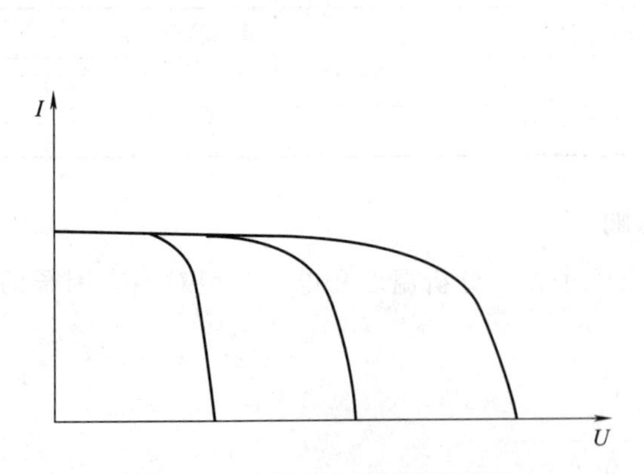

图16-1 太阳能电池的串联特性

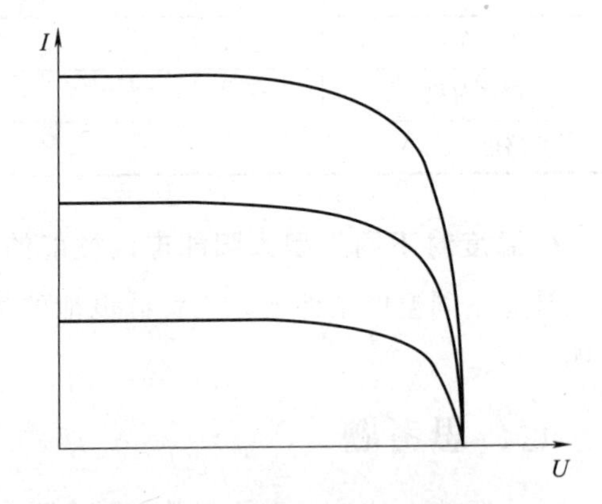

图16-2 太阳能电池的并联特性

1. 光伏电池串并联

每一块光伏电池组件的电压、电流和功率均是一定的，工业上为了得到更大的电压等级或者更大的电流，采用电池组件串并联组合来实现。电池组件串联就是将单块电池组件的正

极接另一块电池组件的负极，为了得到更高的电压，可以串联数块或数十块电池组件。电池组件并联就是将单块电池组件的正负极分别与另一块相同电压等级的电池组件正负极相连，为了提高组件的总功率，可以并联多块电池组件。

2. 光伏电池直接带负载

光伏电池在光照的条件下，能够产生一定电压和电流的直流电，可对相同电压和功率等级的直流负载直接提供电源。

三、实验设备与材料

仪器：光伏发电实验平台 V-Ets-Solar-IV。

导线若干（红线、黑线），太阳能电池板若干块。

四、实验内容与步骤

1. 光伏电池串联测试

用实验导线连接如图 16-3 所示电路，打开模拟光源，调节电阻箱阻值，使电压处在电池组件工作电压值附近，记录电压、电流值并计算功率值填入表 16-1。在相同的光照条件下，改变串联光伏电池的数目，如图 16-4～图 16-6 所示，再将不同数目条件下的电压、电流、功率值填入表 16-1，分析电池串联特性。

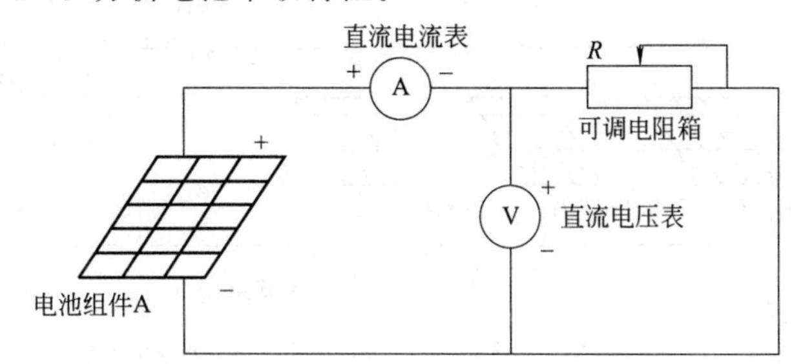

图 16-3　单块电池组件测量电路

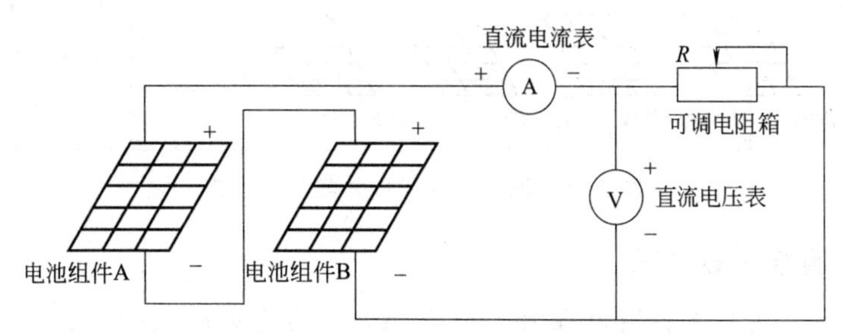

图 16-4　两块电池组件串联测量电路

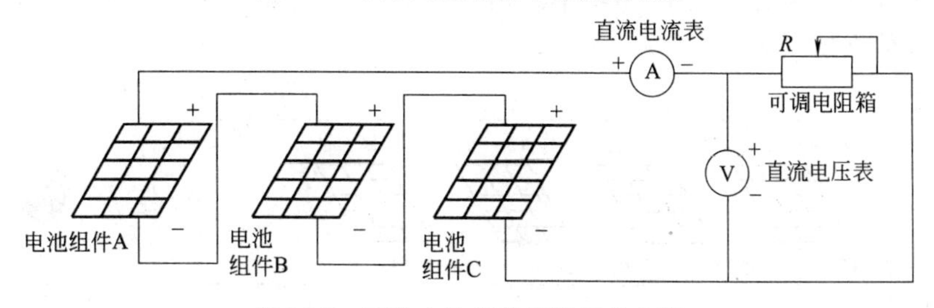

图 16-5　三块电池组件串联测量电路

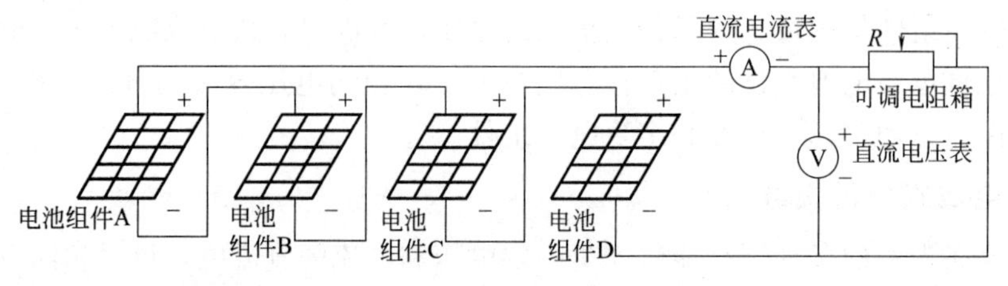

图 16-6 四块电池组件串联测量电路

2. 光伏电池并联测试

在前面实验的基础上，将电路改为如图 16-7～图 16-9 所示并联形式的电路进行测量，并将数据记录在表 16-2 中，分析电池并联特性。

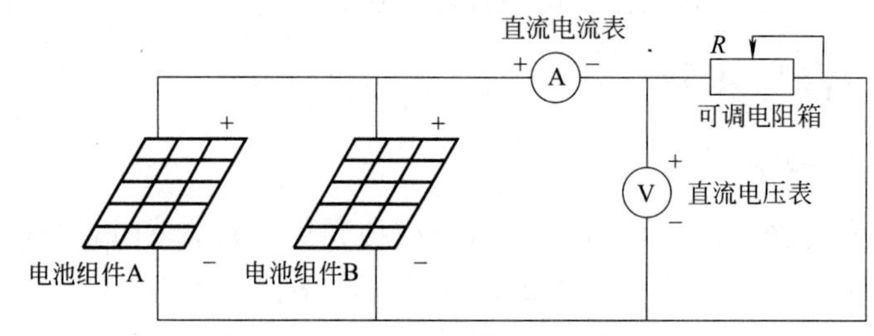

图 16-7 两块电池组件并联测量电路

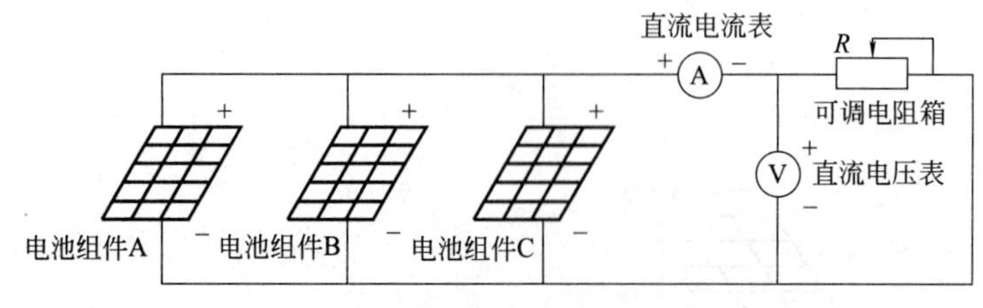

图 16-8 三块电池组件并联测量电路

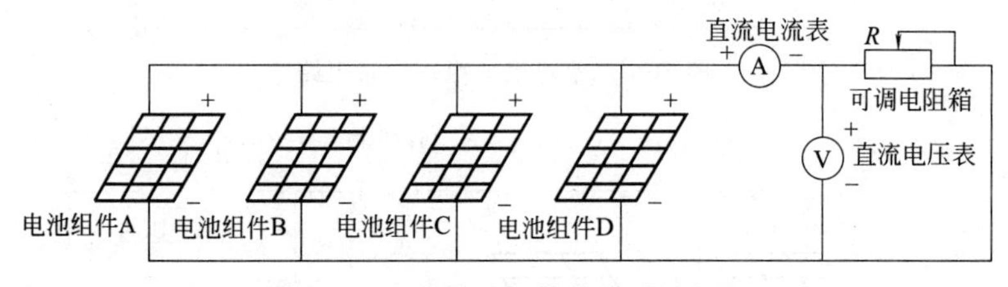

图 16-9 四块电池组件并联测量电路

3. 光伏电池直接负载测试

由于本实验平台配置的直流负载为 12V 等级，结合上面的实验，我们知道应并联电池组件给直流负载提供合适的电压和功率。用实验导线连接如图 16-10 和图 16-11 所示电路图，并将实验数据填入表 16-3 中。

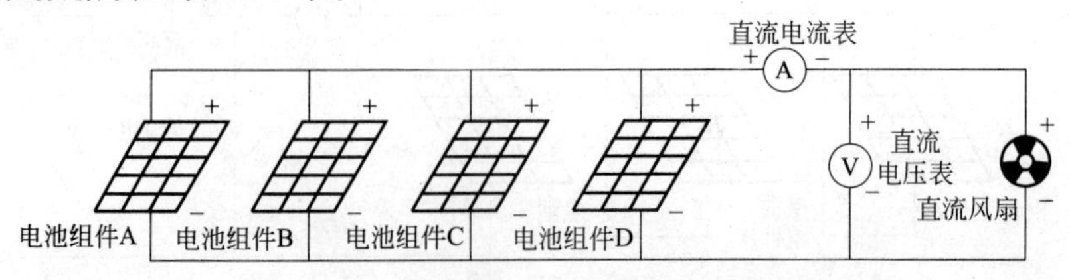

图 16-10 光伏电池直接感性负载电路

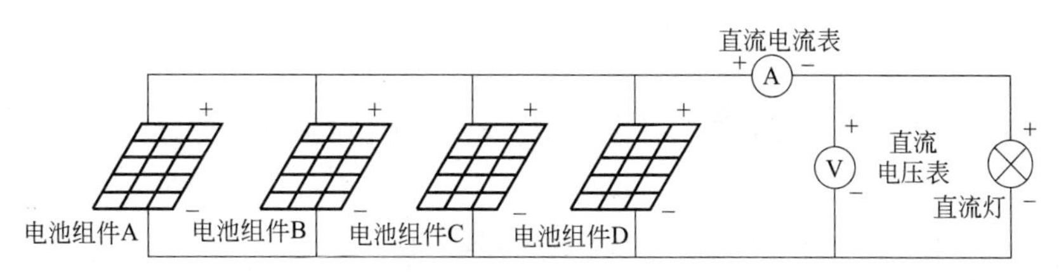

图 16-11　光伏电池直接阻性负载电路

五、注意事项

1. 电池表面要保持清洁。
2. 在测试前，应保证电路连接正确。
3. 要根据预估，选择合适的电压表和电流表的量程，避免烧坏仪表。
4. 可变负载只适用于本实验，否则可能烧坏可变负载。

六、数据记录及处理

实验数据及数据处理结果填入表 16-1～表 16-3 中。

表 16-1　光伏电池串联数据记录表

串联型	单块电池板	两块串联	三块串联	四块串联
电压 U/V				
电流 I/A				
功率 P/W				

表 16-2　光伏电池并联数据记录表

并联型	单块电池板	两块并联	三块并联	四块并联
电压 U/V				
电流 I/A				
功率 P/W				

表 16-3　光伏电池直接负载数据记录表

负载类型	组件结构类型	电压 U/V	电流 I/A	功率 P/W
直流风扇	四块组件并联			
	三块组件并联			
	二块组件并联			
	单块电池组件			
直流灯泡	四块组件并联			
	三块组件并联			
	二块组件并联			
	单块电池组件			

七、思考题

1. 太阳能电池串联时，如果其中一个太阳能电池的光照强度较低，那么输出的电压和电流将如何变化？

2. 太阳能电池并联时，如果其中一个太阳能电池的光照强度较低，那么输出的电压和电流将如何变化？

实验 17 太阳能控制器工作原理实验

一、实验目的

1. 了解太阳能控制器的功能与作用。
2. 了解太阳能控制器常用的拓扑结构。
3. 了解太阳能控制器的充、放电原理。
4. 了解太阳能控制器的充、放电保护措施和方法。
5. 了解蓄电池充电的过程。
6. 了解温度补偿的概念和方式。

二、实验原理

1. 太阳能控制器

太阳能控制系统由太阳能电池板、蓄电池、控制器和负载组成。

太阳能控制器是用来控制光伏板给蓄电池充电，并且为电压灵敏设备提供负载控制电压的装置。它对蓄电池的充、放电条件加以规定和控制，并按照负载的电源需求控制太阳能电池组件和蓄电池对负载的电能输出，是整个光伏供电系统的核心控制部分。

在离网型光伏发电系统中，太阳能控制器是重要的枢纽环节，典型的离网型光伏发电系统结构如图 17-1 所示。

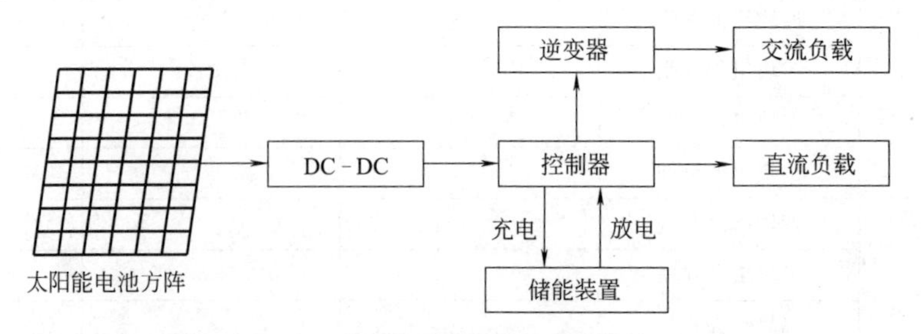

图 17-1　离网型光伏发电系统结构图

太阳能控制器采用高速 CPU 微处理器和高精度 A/D 模数转换器，是一个微机数据采集和监测控制系统。太阳能控制器通过单片机或 DSP 等核心处理器时刻检测环境状态、蓄电池电量以及负载使用情况，及时调整充电方式和放电状态，可以防止对蓄电池的过充和过放，同时可以根据蓄电池的性能和环境的温度对蓄电池进行必要的温度补偿。由于太阳光线的不稳定性和电池组件的伏安特性，太阳能控制器必须时刻追踪光伏组件的最大功率点，提高光伏组件的利用效率，当光线被遮挡或在夜晚时，电池组件的电压降低并会低于蓄电池的电压，为了防止蓄电池反向对电池组件充电，损耗蓄电池电能，甚至烧坏电池组件，太阳能控制器均会自带防反充功能，防止电流逆流。

新型太阳能控制器具有以下主要功能。

（1）过充保护：充电电压高于保护电压时，自动关断对蓄电池充电，此后当电压掉至维持电压时，蓄电池进入浮充状态，当低于恢复电压后浮充关闭，进入均充状态。

（2）过放保护：当蓄电池电压低于保护电压时，控制器自动关闭输出以保护蓄电池不受损坏；当蓄电池再次充电后，又能自动恢复供电。

（3）负载过流及短路保护：负载电流超过10A或负载短路后，熔断丝熔断，更换后可继续使用。

（4）过压保护：当电压过高时，自动关闭输出，保护电器不受损坏。

（5）防反充：采用肖特基二极管防止蓄电池向太阳能电池充电。

（6）防雷击：当出现雷击的时候，压敏电阻可以防止雷击，保护控制器不受损坏。

（7）太阳能电池反接保护：太阳能电池“＋”“－”极性接反，纠正后可继续使用。

（8）蓄电池反接保护：蓄电池“＋”“－”极性接反，熔断丝熔断，更换后可继续使用。

（9）蓄电池开路保护：万一蓄电池开路，若在太阳能电池正常充电时，控制器将限制负载两端电压，以保证负载不被损伤；若在夜间或太阳能电池不充电时，控制器由于自身得不到电力，不会有任何动作。

（10）具有温度补偿功能。

（11）自检：当控制器受到自然因素影响或人为操作不当时，可以让控制器自检，让人知道控制器是否完好，减少了工时，为赢得工程质量和优化工期创造条件。

（12）恢复间隔：为过充或过放保护所做的恢复间隔，以避免因线电阻或电池的自恢复造成负载的工作抖动。

（13）温度补偿：监视电池的温度，对充放值进行修正，让电池工作在理想状态。

（14）光控：多用于自动灯具，当环境足够亮时，控制器就会自动关闭负载输出；而环境暗下来后又会自动开启负载，以实现自动控制的功能。

随着电力电子、微处理的发展，太阳能控制器更加智能化，能对蓄电池的电压等级自动识别、能自动判断白天和夜晚、能根据设定的模式自动管理负载输出，有些太阳能控制器增加了人机界面和多种通信技术，通过LCD等多种显示技术实时显示系统参数，能把数据通过有线或无线方式发送给监控系统平台并可通过设定修改充电参数。此外太阳能控制器还有一系列自身保护功能，如防止蓄电池接反、防止过载、防止短路、防止充电电流过大等。

太阳能控制器常用的结构有两种：并联型充放电控制器和串联型充放电控制器。并联型充放电控制器原理结构如图17-2所示。

并联型充放电控制器充电回路中的开关器件T1并联在太阳能电池方阵的输出端，当蓄电池被充电压大于预定值时，开关器件T1导通，二极管D1截止，太阳能电池方阵的输出电流通过T1泄放，蓄电池不会出现过充，得到保护。开关器件T2为蓄电池放电开关，当负载电流大于额定电流出现过载或负载短路时，T2断开，起到输出过载保护和输出短路保护作用。当蓄电池电

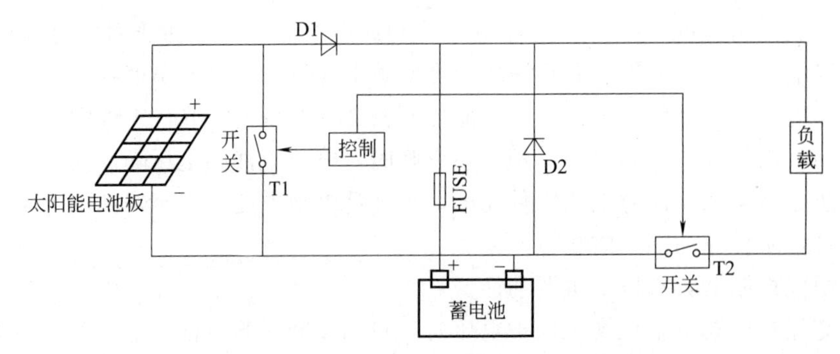

图 17-2 并联型充放电控制器原理结构图

压低于过放电压时，T2 也断开，进行过放电保护。D2 为防反接二极管，当蓄电池极性反接时，D2 导通使蓄电池通过 D2 短路放电，产生的大电流将熔断器熔断，起到保护作用。

串联型充放电控制器原理结构如图 17-3 所示。串联型充放电控制器与并联型充放电控制器的区别在于开关器件 T1 接法不同，串联型充放电控制器中的 T1 是串联在充电回路中，当蓄电池电压高于预定值，T1 断开，太阳能电池不再对蓄电池充电，起到过充保护作用。

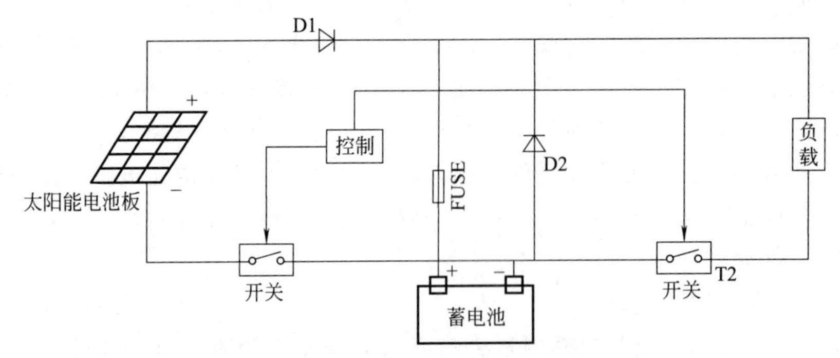

图 17-3 串联型充放电控制器原理结构图

太阳能控制器的核心是微处理器，接通蓄电池后，微处理器开始工作并检测蓄电池电压和光伏组件电压，根据蓄电池当前的电量状态，采用不同的充电模式和负载输出控制方式。由于蓄电池连续充电时容易产生浓差极化和欧姆极化，使蓄电池内压升高，降低蓄电池的容量和使用寿命，为了更好地保护蓄电池，各阶段均采用 PWM（脉宽调制技术）方式充电，这种脉冲充电方式有利于蓄电池化学反应产生的氧气和氢气有时间重新化合而被吸收掉，使蓄电池吸收更多的能量。基本的串联型 PWM 充放太阳能控制器核心原理如图 17-4 所示。

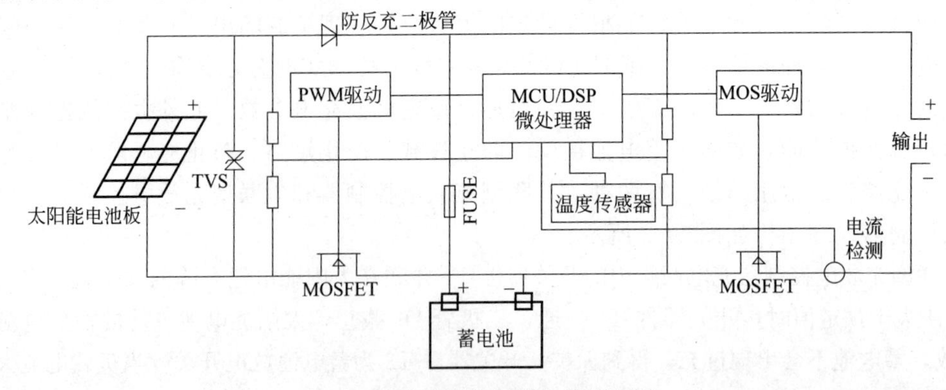

图 17-4 太阳能控制器电路原理图

太阳能控制器的充电过程主要有直充充电、浮充充电和涓流充电三个阶段。直充充电属于快速充电，是在蓄电池电压较低时采用的充电方式，直充充电的PWM占空比较大；当直充充电完成时便进入浮充充电阶段，浮充充电一直维持到蓄电池电压降到充电返回电压或蓄电池充满为止，浮充充电时PWM占空比较小，随着电压的变化而不断调整；当蓄电池充满后进入涓流充电状态，涓流充电是间歇式充电，补偿蓄电池的自放电。

2. 蓄电池

蓄电池的充放电是电能与化学能的相互转换，其过充点保护电压随着外界环境温度和自身电解液温度的变化而变化，当过充点保护电压不变时，不但容易造成蓄电池的储电能力降低，而且严重时还影响整个蓄电池的寿命，因此在太阳能控制器中增加温度补偿功能是十分必要的。智能太阳能控制器通过温度传感器实时采集环境温度变化，对蓄电池的充电参数进行相应温度补偿。

（1）铅酸蓄电池的结构　铅酸蓄电池主要由正极板组、负极板组、隔板、容器、电解液及附件等部分组成。

极板组由单片极板组合而成，单片极板又由基极（又叫极栅）和活性物质构成。铅酸蓄电池的正负极板常用铅锑合金制成，正极的活性物是二氧化铅，负极的活性物质是海绵状纯铅。电解液是用蒸馏水稀释纯浓硫酸而成，其相对密度视电池的使用方式和极板种类而定，一般在1.200～1.300（25℃，充电后）。容器通常为玻璃容器、衬铅木槽、硬橡胶槽或塑料槽等。

（2）铅酸蓄电池的工作原理　蓄电池是通过充电将电能转换为化学能储存起来，使用时再将化学能转换为电能释放出来的化学电源装置。它是用两个分离的电极浸在电解质中而制成的。由还原物质构成的电极为负极，由氧化态物质构成的电极为正极。

以酸性溶液（常用硫酸溶液）作为电解质的蓄电池，称为酸性蓄电池。铅酸蓄电池视使用场地，又可分为固定式和移动式两大类。铅酸蓄电池单体的标称电压为2V。实际上，电池的端电压随充电和放电的过程而变化。

（3）蓄电池的电压　铅酸蓄电池在充电终止后，端电压很快下降至2.3V左右。放电终止电压为1.7～1.8V。若再继续放电，电压急剧下降，将影响电池的寿命。铅酸蓄电池的使用温度范围为－40～40℃。铅酸蓄电池的安时效率为85％～90％，瓦时效率为70％，它们随放电率和温度而改变。

（4）蓄电池的容量　铅酸蓄电池的容量是指电池蓄电的能力，通常以充足电后的蓄电池放电至端电压到达规定放电终了电压时电池所放出的总电量来表示。在放电电流为定值时，电池的容量用放电电流和时间的乘积来表示，单位是安培小时，简称安时。

蓄电池的“标称容量”是在蓄电池出厂时规定的该蓄电池在一定的放电电流及一定的电解液温度下，单格电池的电压降到规定值时所能提供的电量。

蓄电池的放电电流常以放电时间的长短来表示（即放电速率），称为“放电率”，如30h率、20h率、10h率等。其中以20h率作为正常放电率。所谓20h放电率，表示用一定的电流放电，20h可以放出的额定容量。通常额定容量用字母“C”表示。因而C20表示20h放电率，C30表示30h放电率。

（5）蓄电池的型号　铅酸蓄电池的型号由三个部分组成：第一部分表示串联的单体电池个数；第二部分用汉语拼音字母表示电池类型和特征；第三部分表示20h率干荷电式（C20）的额定容量。例如“6-A-60”型蓄电池，表示6个单格（即12V）的干荷电式铅酸蓄电池，标称容量为60安时。

蓄电池标称电压12V。

蓄电池充满电压14.8V，充满恢复电压13.5V。

蓄电池过放电压10.8V，过放恢复电压13V。

输出电压10.8～14.8V，额定输出电流5A。

三、实验设备与材料

仪器：光伏发电实验平台V-Ets-Solar-IV。

导线若干（红线、黑线），太阳能电池板若干块。

四、实验内容与步骤

1.太阳能控制器充、放电过程实验

（1）连接好实验平台与跟踪系统之间的接线。

（2）打开总电源开关。

（3）用实验导线连接太阳能控制器与蓄电池，使太阳能控制器工作并观察蓄电池当前的电量状态。

（4）打开模拟光源，用实验导线将四块电池板并联，然后如图17-5所示经过电流表接入太阳能控制器。

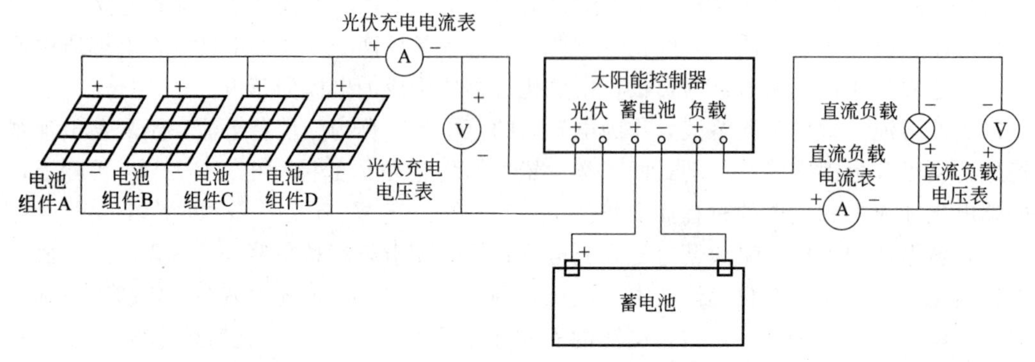

图17-5 太阳能控制器充、放电电路

（5）将太阳能控制器的输出端经过直流负载电流表接DC=12V直流负载。

（6）观察太阳能控制充电电流和充电电压的变化，以及蓄电池电压和放电电流的变化，将数据填入表17-1。

2.太阳能控制器充、放电保护实验

蓄电池接反保护测试：

（1）如图17-6所示，用实验导线将蓄电池的正负极反接入太阳能控制器，观察太阳能控制器是否能工作。

（2）将太阳能控制器端实验导线对换，观察太阳能控制器的工作状态。

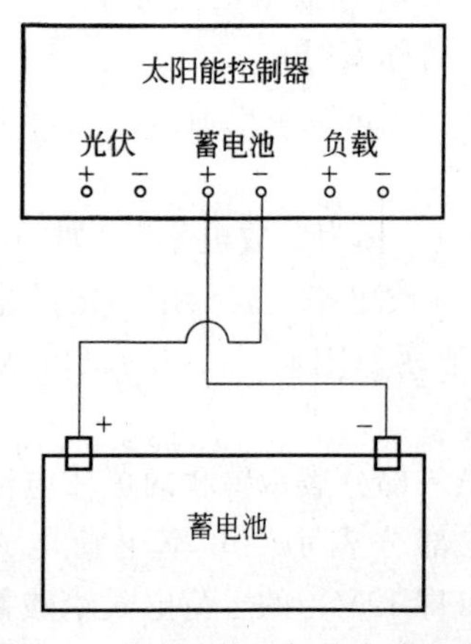

图17-6 蓄电池接反保护实验电路

电池板接反保护测试：

（1）连接好实验平台与跟踪系统之间的接线。

（2）打开总电源开关。

(3) 如图 17-7 所示，先用实验导线将蓄电池连接太阳能控制器，太阳能控制器开始工作。

(4) 将电池板串联电流表后反接入太阳能控制器光伏输入端，观察充电电流值、充电电压值显示。

(5) 将太阳能控制器光伏输入端的实验导线对换，再次观察充电电流和充电电压的变化。

充电保护及状态指示测试：

(1) 连接好实验平台与跟踪系统之间的接线。

(2) 打开总电源开关。

(3) 将直流恒流恒压源调到恒压状态，并将电压调到最小。

(4) 如图 17-8 所示，用恒压源模拟蓄电池，并接入太阳能控制器蓄电池接口输入端。

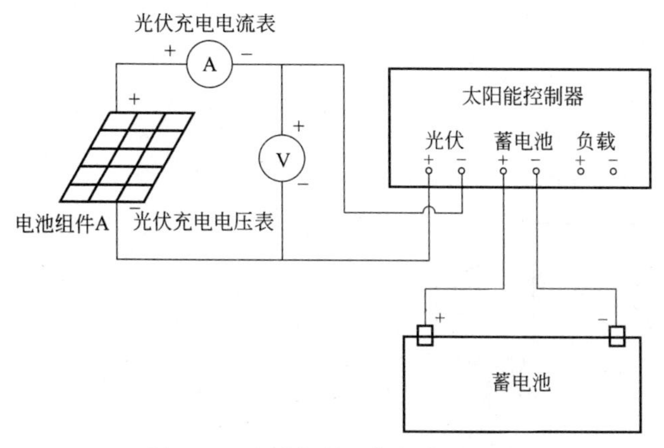

图 17-7 电池板接反保护实验电路

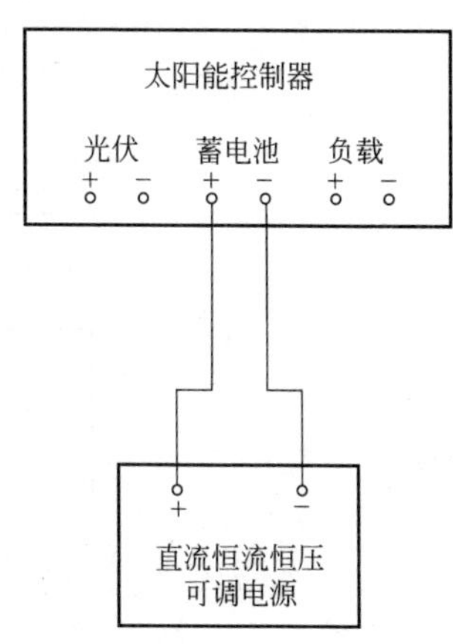

图 17-8 充电过程系统指示模拟测试实验电路

(5) 逐渐调大恒压源电压到 10.5V 左右，此时太阳能控制器开始工作，蓄电池处于过放电状态，系统状态指示灯为红色。

(6) 将恒压源电压调到 11.5V 左右，此时蓄电池处于欠压状态，系统状态指示灯为橙黄色。

(7) 将恒压源电压调到 12.5V 左右，此时蓄电池处于正常电压范围状态，系统状态指示灯为绿色常亮。

(8) 将恒压源电压调到 14V 左右，此时蓄电池处于充满状态，系统状态指示灯为绿色慢闪。

(9) 将恒压源电压调到 17.5V 左右，此时蓄电池处于超压保护状态，系统状态指示灯为红色常亮。

放电保护及状态指示测试：

(1) 连接好实验平台与跟踪系统之间的接线。

(2) 打开总电源开关。

(3) 将直流恒流恒压源调到恒压状态，并将电压调到 13V 左右。

(4) 如图 17-9 所示，用恒压源模拟蓄电池接入太阳能控制器蓄电池接口输入端，将直流负载串联电流表接入太阳能控制器负载输出端，负载正常工作，负载状态指示灯常亮。

(5) 将恒压源电压逐渐调低，观察负载电流和电压的变化，当电压低于 11.3V 时，系统状态指示灯为红色，太阳能控制器负载输出关闭，负载电压为零，停止工作。

短路保护测试实验：

(1) 用实验导线连接太阳能控制器与蓄电池，使太阳能控制器正常工作，负载输出指示灯常亮。

(2) 如图 17-10 所示，将太阳能控制器负载输出端直接短路，太阳能控制器仍正常工作，但负载输出指示灯快速闪烁，输出关闭。

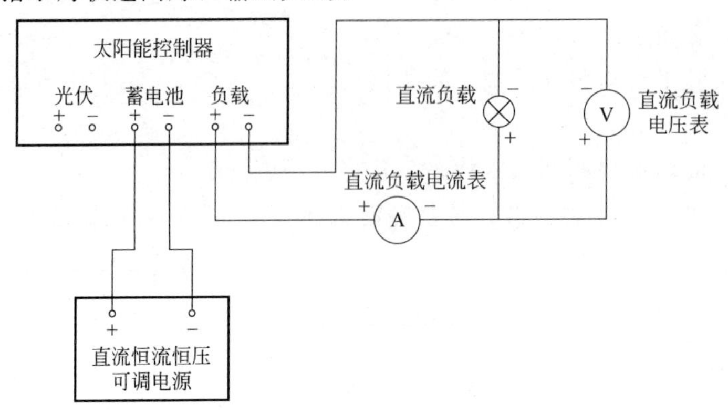

图 17-9 放电过程系统指示模拟测试实验电路

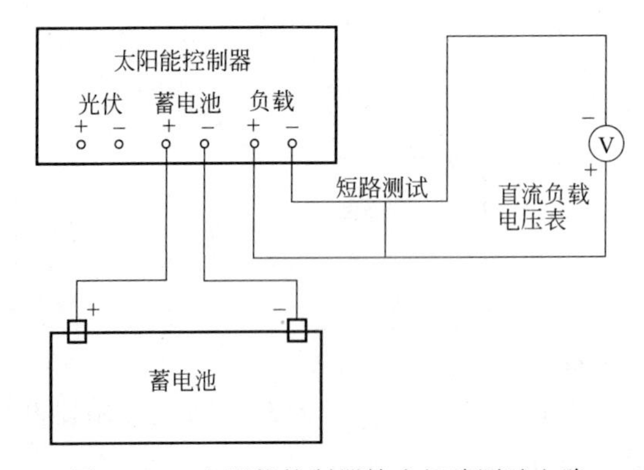

图 17-10 太阳能控制器输出短路测试电路

五、注意事项

1. 光照方向对光电池输出影响较大，实验时应予以注意。
2. 电压表、电流表的量程必须分别大于太阳能电池板的开路电压和短路电流。
3. 实验结束后必须拆散电路，整理好仪器。

六、数据记录及处理

实验数据及数据处理结果填入表 17-1 中。

表 17-1 太阳能控制器充、放电数据记录表

时间间隔/min	0	10	20	30	40
充电电流/A					
充电电压/V					
放电电流/A					
蓄电池电压/V					

七、思考题

1. 太阳能控制器的原理是什么？
2. 太阳能控制器在太阳能系统中的作用是什么？
3. 蓄电池的容量如何计算？
4. 如何延长蓄电池的使用寿命？

实验 18 光伏逆变器工作原理实验

一、实验目的

1. 了解逆变器的功能与作用。
2. 了解逆变器的原理及其分类。
3. 掌握逆变器的使用方法和波形的测试。

二、实验原理

1. 逆变器

光伏阵列所发的电能为直流电能，然而许多负载需要交流电能，如电机、变压器等。直流供电系统有很大的局限性，不便于变换电压，负载应用范围有限。除特殊用电负荷外，均需要使用逆变器将直流电变换为交流电。

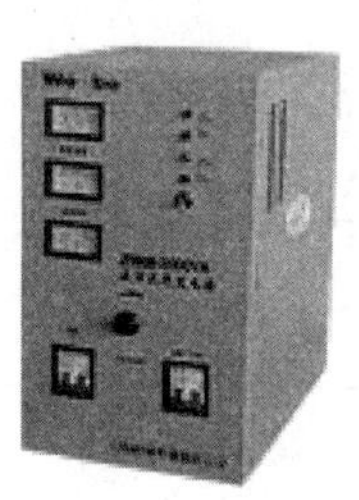

图 18-1 光伏逆变器

逆变器又称电源调整器、功率调节器，是光伏系统必不可少的一部分。逆变器的工作原理与整流器恰好相反，光伏逆变器见图 18-1 最主要的功能是把太阳能电池板所发的直流电转化成家电使用的交流电，太阳能电池板所发的电全部都要通过逆变器的处理才能对外输出。通过全桥电路，一般采用 SPWM 处理器经过调制、滤波、升压等，得到与照明负载频率、额定电压等相匹配的正弦交流电，供系统终端用户使用。有了逆变器，就可使用直流蓄电池为电器提供交流电。

光伏发电系统对逆变器的技术要求：

（1）要求具有较高的逆变效率；

(2) 要求具有较高的可靠性;

(3) 要求直流输入电压有较宽的适应范围;

(4) 在中、大容量的光伏发电系统中，逆变器的输出应为失真度较小的正弦波。

逆变器除了能将直流电变换为交流电外，还具有自动稳压的功能，可以改善系统的供电质量。逆变器的种类很多，根据逆变输出的相数，有单相逆变器、三相逆变器和多相逆变器。根据逆变器输出波形的不同，有方波逆变器、阶梯波逆变器和正弦波逆变器。根据逆变器主回路拓扑结构不同，可分为半桥结构、全桥结构、推挽结构。根据逆变器在光伏发电系统中的应用，分为离网型逆变器和并网型逆变器等。

逆变器的主要技术性能指标:

(1) 额定输出电压。

(2) 逆变器应具有足够的额定输出容量和过载能力。

(3) 输出电压稳定度。

(4) 输出电压的波形失真度。

(5) 额定输出频率。

(6) 负载功率因数。

(7) 额定输出电流（或额定输出容量)。

(8) 额定逆变输出效率。

(9) 保护功能：①过电压保护；②过电流保护。

基本的单相桥式逆变器工作原理如图 18-2（a）所示，开关 S1、S2、S3、S4 构成桥式电路的 4 个臂，它们由电力电子器件及其辅助电路组成。当开关 S1、S4 闭合，S2、S3 断开时，加在负载上的电压为正向 u_0，电流为正向 i_0。当开关 S1、S4 断开，S2、S3 闭合时，加在负载上的电压为负的 u_0，电流亦为反向的 i_0，其波形如图 18-2（b）所示。这样就把直流电变成了交流电，改变两组开关的切换频率，即可改变输出交流电的频率。

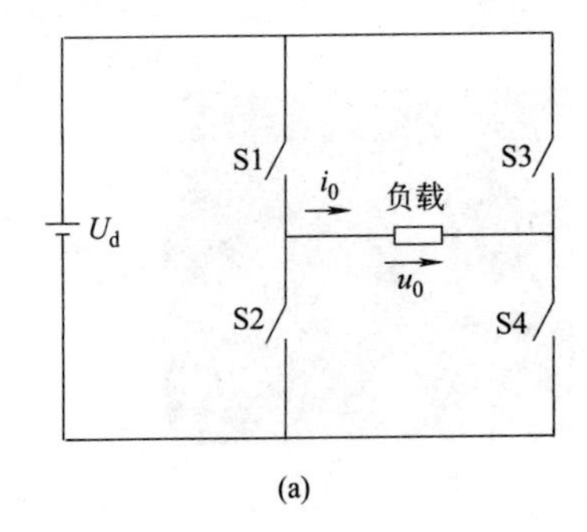

(a)

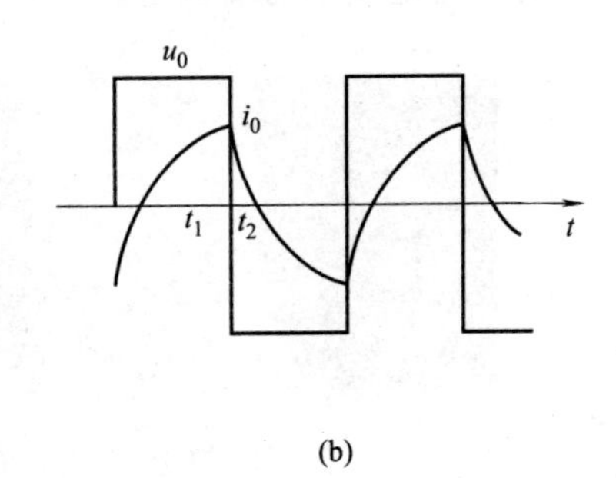

(b)

图 18-2 单相桥式逆变电路

逆变电路根据直流侧电源性质的不同可分为两种：直流侧是电压源的称为电压型逆变电路；直流侧是电流源的称为电流型逆变电路，它们也分别被称为电压源型逆变电路和电流源型逆变电路。电压源型逆变电路的特点：直流侧为电压源或并联大电容，直流侧电压基本无脉动，直流回路呈现低阻抗；输出电压为矩形波，输出电流因负载阻抗不同而不同，阻感负载时需提供无功功率。为了给交流侧向直流侧反馈的无功能量提供通道，逆变桥各臂并联反馈二极管。电流源型逆变电路的特点：直流侧串联大电感，电流基本无脉动，相当于电流源；交流输出电流为矩形波，与负载阻抗角无关。输出电压波形和相位因负载不同而不同;

直流侧电感起缓冲无功能量的作用，不必给开关器件并联二极管。

电压源型单相全桥逆变电路如图 18-3 所示，共四个桥臂，可看成由两个半桥电路组合而成。两对桥臂交替导通 180°。输出电压和电流波形与半桥电路形状相同，幅值高出 1 倍。改变输出交流电压的有效值只能通过改变直流电压 U_d 来实现。阻感负载时，还可采用移相的方式来调节输出电压-移相调压。V_3 的基极信号比 V_1 落后 θ（$0° < \theta < 180°$）。V_3、V_4 的栅极信号分别比 V_2、V_1 的前移 $180° - \theta$。输出电压是正负各为 θ 的脉冲。改变 q 就可调节输出电压。

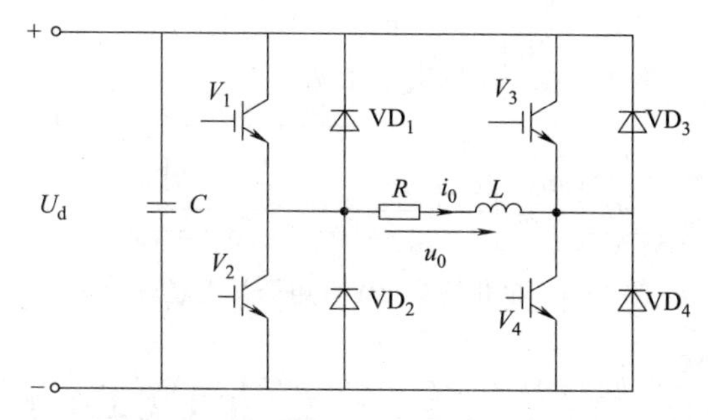

图 18-3 电压源型单相桥式逆变电路

电流源型单相全桥逆变电路如图 18-4 所示，也有四个桥臂构成，每个桥臂的晶闸管各串联一个电抗器，用来限制晶闸管开通时的 di/dt。工作方式为负载换相。电容 C 和 L、R 构成并联谐振电路。输出电流波形接近矩形波，含基波和各奇次谐波，且谐波幅值远小于基波。

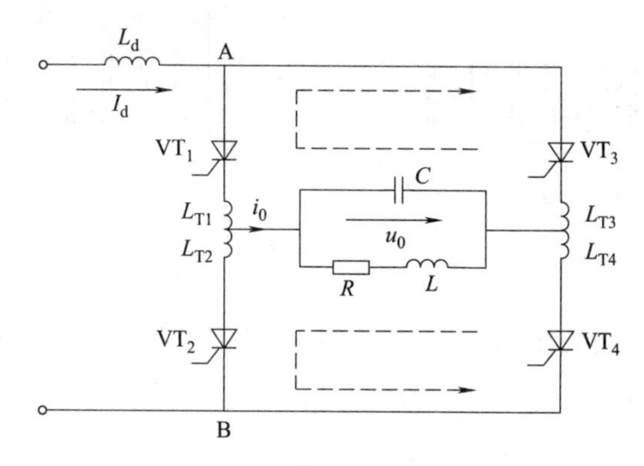

图 18-4 电流源型单相桥式逆变电路

在中小功率逆变器的逆变电路中均采用 PWM 控制技术，PWM（pulse width modulation）控制就是脉宽调制技术，即通过对一系列脉冲的宽度进行调制，来等效地获得所需要的波形（含形状和幅值）。PWM 的控制方法有两种。一种是计算法。根据正弦波频率、幅值和半周期脉冲数，准确计算 PWM 波各脉冲宽度和间隔，据此控制逆变电路开关器件的通断，就可得到所需 PWM 波形。本方法较烦琐，当输出正弦波的频率、幅值或相位变化时，结果都要变化。另一种是调制法。把希望输出的波形作为调制信号，把接受调制的信号作为载波，通过信号波的调制得到所期望的 PWM 波形。通常采用等腰三角波或锯齿波作为载波，其中等腰三角波应用最多。因为等腰三角波上任一点的水平宽度和高度成线性关系且左右对称，当它与任何一个平缓变化的调制信号波相交时，如果在交点时刻对电路中开关器件的通断进行控制，就可以得到宽度正比于信号波幅值的脉冲，这正好符合 PWM 控制的要求。在调制信号波为正弦波时，所得到的就是 SPWM 波形，这种情况应用最为广泛。单相桥式 PWM 控制的电压源型逆变电路如图 18-5 所示，其调制方式既可以是单极性 PWM 调制（见图 18-6）也可以是双极性 PWM 调制（见图 18-7）。

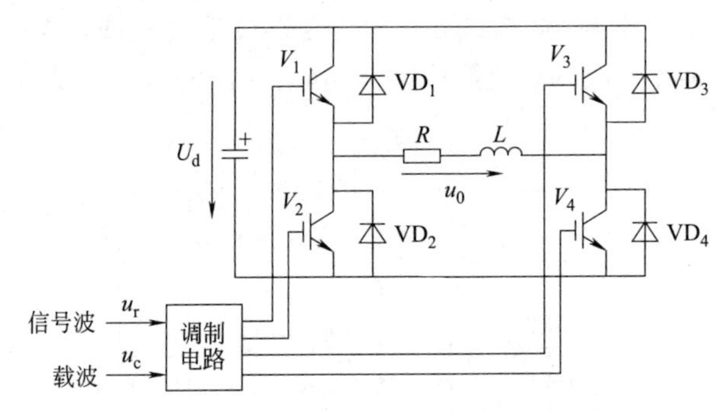

图 18-5 单相桥式 PWM 电压源型逆变电路

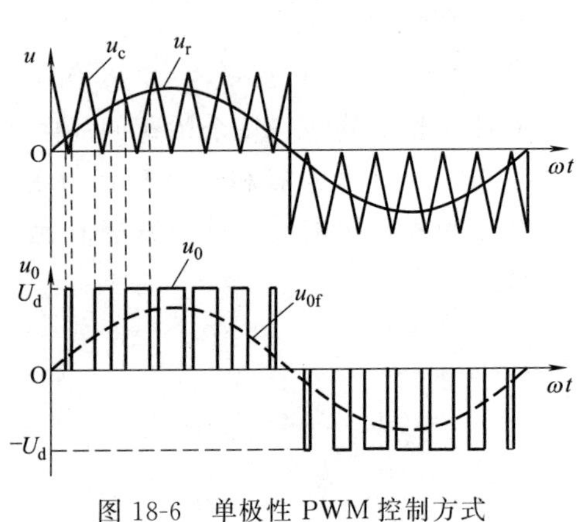

图 18-6 单极性 PWM 控制方式

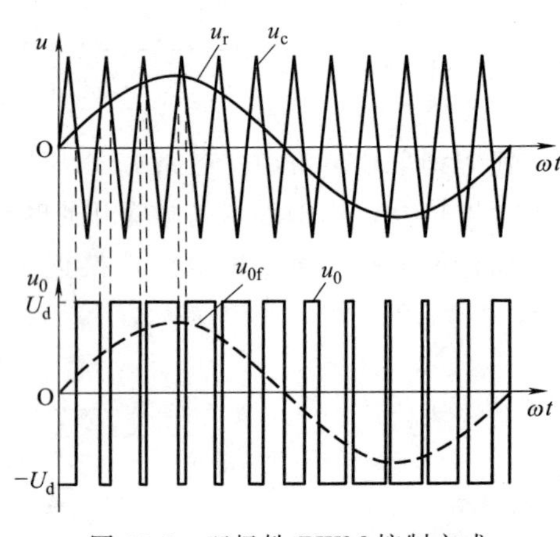

图 18-7 双极性 PWM 控制方式

2. 离网逆变器

为正确选用光伏发电系统用的逆变器，应对逆变器的技术性能进行评价。根据逆变器对离网型主要光伏发电系统运行特性的影响和光伏发电系统对逆变器性能的要求，评价内容有如下几项。

（1）额定输出容量　表征逆变器向负载供电的能力。额定输出容量值高的逆变器可带更多的用电负载。但当逆变器的负载不是纯阻性时，也就是输出功率小于 1 时，逆变器的负载能力将小于所给出的额定输出容量值。

（2）输出电压稳定度　表征逆变器输出电压的稳压能力。多数逆变器产品给出的是输入直流电压在允许的波动范围内该逆变器输出电压的偏差（%），通常称为电压调整率。高性能的逆变器应同时给出当负载由 0→100%变化时，该逆变器输出电压的偏差（%），通常称为负载调整率。性能良好的逆变器的电压调整率应≤±3%，负载调整率应≤±6%。

（3）整机效率　表征逆变器自身功率损耗的大小，通常以%表示。容量较大的逆变器还应给出满负荷效率值和低负荷效率值。千瓦级以下逆变器的效率应为 80%～85%，10kW 级逆变器的效率应为 85%～90%。逆变器效率的高低对光伏发电系统提高有效发电量和降低发电成本有重要影响。

（4）保护功能　过电压、过电流及短路保护是保证逆变器安全运行的最基本措施。功能完美的正弦波逆变器还具有欠电压保护、缺相保护及温度越限报警等功能。

（5）启动性能　逆变器应保证在额定负载下可靠启动。高性能的逆变器可做到连续多次满负荷启动而不损坏功率器件。小型逆变器为了自身安全，有时采用软启动或限流启动。

对于大功率光伏发电系统和联网型光伏发电系统，逆变器的波形失真度和噪声水平等技术性能也十分重要。

在选用离网型光伏发电系统用的逆变器时，除依据上述5项基本评价内容外，还应注意以下几点：

（1）应具有足够的额定输出容量和负载能力。逆变器的选用，首先要考虑具有足够的额定容量，以满足最大负荷下设备对电功率的要求。对于以单一设备为负载的逆变器，其额定容量的选取较为简单，当用电设备为纯阻性负载或功率因数大于0.9时，选取逆变器的额定容量为电设备容量的1.1～1.15倍即可。在逆变器以多个设备为负载时，逆变器容量的选取要考虑几个用电设备同时工作的可能性，即“负载同时系数”。

（2）应具有较高的电压稳定性能。在离网型光伏发电系统中均以蓄电池为储能设备。当标称电压为12V的蓄电池处于浮充电状态时，端电压可达13.5V，短时间过充电状态可达15V。蓄电池带负荷放电终了时端电压可降至10.5V或更低。蓄电池端电压的起伏可达标称电压的30%左右。这就要求逆变器具有较好的调压性能，以保证光伏发电系统以稳定的交流电压供电。

（3）在各种负载下具有高效率或较高效率。整机效率高是光伏发电用逆变器区别于通用型逆变器的一个显著特点。10kW级的通用型逆变器实际效率只有70%～80%，将其用于光伏发电系统时将带来总发电量20%～30%的电能损耗。因此光伏发电系统专用逆变器在设计中应特别注意减少自身功率损耗，提高整机效率，这是提高光伏发电系统技术经济指标的一项重要措施。在整机效率方面对光伏发电专用逆变器的要求是：千瓦级以下的逆变器额定负荷效率大于等于80%～85%，低负荷效率大于等于65%～75%；10kW级逆变器额定负荷效率大于等于85%～90%，低负荷效率大于等于70%～80%。

（4）应具有良好的过电流保护与短路保护功能。光伏发电系统正常运行过程中，因负载故障、人员误操作及外界干扰等原因而引起供电系统过电流或短路，是完全可能的。逆变器对外电路的过电流及短路现象最为敏感，是光伏发电系统中的薄弱环节。因此，在选用逆变器时，必须要求具备良好的对过电流及短路的自我保护功能。

（5）维护方便。高质量的逆变器在运行若干年后，因元器件失效而出现故障，应属于正常现象。除生产厂家需有良好的售后服务系统外，还要求生产厂家在逆变器生产工艺、结构及元器件选型方面具有良好的可维护性。例如，损坏元器件有充足的备件或容易买到，元器件的互换性好；在工艺结构上，元器件容易拆装，更换方便。这样，即使逆变器出现故障，也可迅速恢复正常。

3. 并网太阳能逆变器工作原理

太阳能并网逆变器是并网发电系统的核心部分，图18-8所示的单相光伏并网逆变器系统由功率主电路、控制器、驱动电路、检测电路等组成。其中，功率主电路采用DC/DC、DC/AC两级结构，其中DC/DC电路采用Boost升压变换器，DC/AC电路采用SPWM驱动的单相全桥电路。

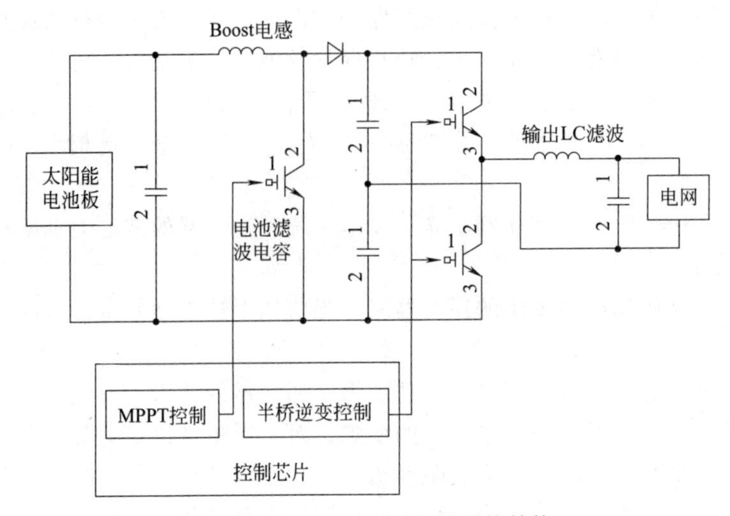

图 18-8 太阳能并网逆变器系统结构

控制环节一方面控制 DC/DC 环节，以实现光伏电池的最大功率点跟踪，另一方面控制 DC/AC 环节，以使直流母线电压稳定，并将电能转化为 220V/50Hz 正弦交流电。系统保证并网逆变器输出的正弦电流与电网的相电压同频同相。逆变器并网时，要求其输出电流与电网电压同频同相。

太阳能并网逆变控制主要涉及功率点控制和输出波形控制两个闭环控制环节。根据光伏阵列的输出特性，一般采取最大功率点跟踪（MPPT）技术，以实时调整光伏电池的工作点，使之始终工作在最大功率点附近，输出波形控制方式则采用单周数字控制算法。并且为了保证逆变器正常工作，还需要设计诸如输入侧的接地、漏电流检测、开关管过流等保护电路。

控制环节综合使用 DSP 和 CPLD 作为控制核心，开发了丰富灵活的外围电路，控制电路框图如图 18-9 所示。DSP 芯片采用哈佛结构的 DSP56F803，CPLD 采用型号为 XC95144XL 的高性能低电压可编程逻辑器件。其中 DSP56F803 的地址线模式设置为通用输入输出口，作为 XC95144XL 的复位控制。当开关管短路或电路过压时，CPLD 自动封锁 6 路 PWM 输出信号，同时触发 DSP 外中断，直到 DSP 发出解锁命令时将驱动芯片 IR2113 的 SD 端口电平拉低，允许输出驱动信号，实现可靠保护。

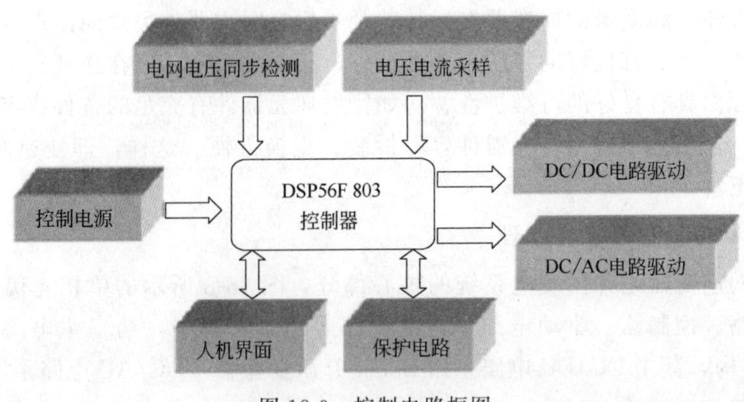

图 18-9 控制电路框图

三、实验设备与材料

仪器：光伏发电实验平台 V-Ets-Solar-IV。

导线若干（红线、黑线），太阳能电池板若干块。

四、实验内容与步骤

1. 逆变器启动和空载测试

（1）连接好实验平台与跟踪系统之间的接线。

（2）打开总电源开关。

（3）如图 18-10 所示连接蓄电池与逆变器，当蓄电池电压在正常范围内时启动逆变器输出开关。

（4）观察逆变器输入直流电压、直流电流和逆变器输出交流电压，记录在表 18-1 中，并计算逆变器空载损耗。

（5）用示波器检测交流电压表两端的电压波形。

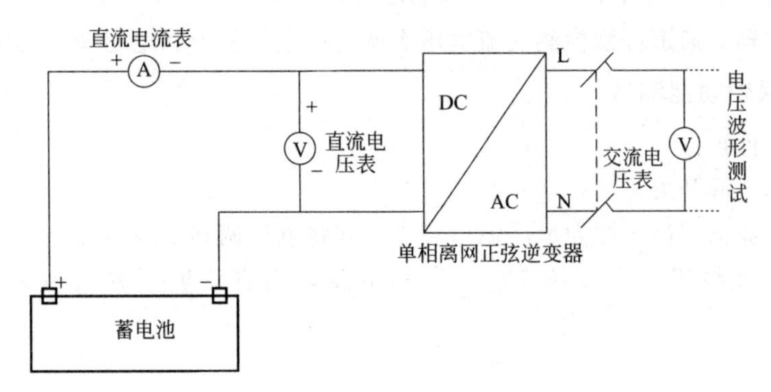

图 18-10　逆变器空载测试电路

2. 逆变器带载运行与测试

交流感性负载（见图 18-11）：

（1）启动逆变器后，用实验导线将交流风扇串联交流电流表和 10Ω 电阻接入逆变器输出端。

（2）交流风扇正常运转后，记录逆变器输入直流电压、直流电流和逆变器输出交流电压、交流电流于表 18-2 中，并计算逆变器的转换效率。

（3）用示波器双通道分别检测交流电压表两端的电压波形和电阻两端的电流波形。

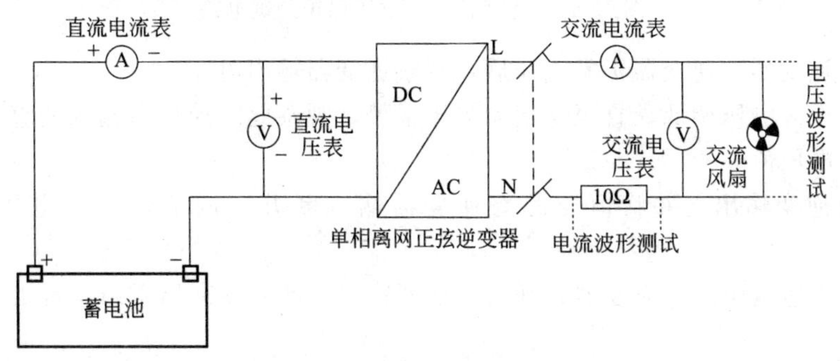

图 18-11　交流感性负载测试电路

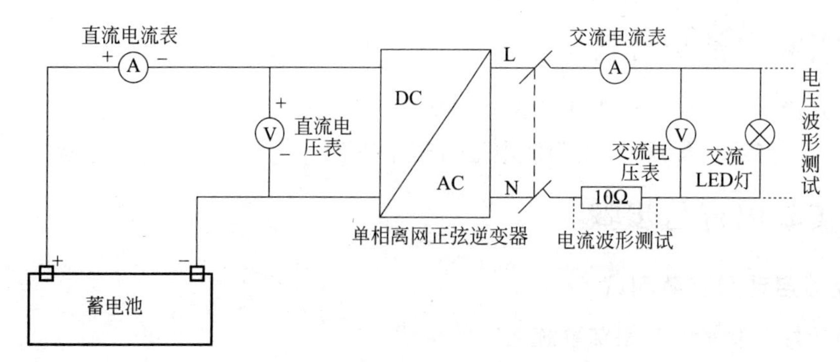

图 18-12 交流阻性负载测试电路

交流阻性负载（见图 18-12）：

（1）启动逆变器后，用实验导线将交流 LED 灯串联交流电流表和 10Ω 电阻接入逆变器输出端。

（2）交流 LED 灯正常点亮后，记录逆变器输入直流电压、直流电流和逆变器输出交流电压、交流电流于表 18-3 中，并计算逆变器的转换效率。

（3）用示波器双通道分别检测交流电压表两端的电压波形和电阻两端的电流波形。

3. 逆变器保护功能测试

欠压、过压保护：

（1）打开总电源开关。

（2）调节直流恒流恒压源为恒压输出状态，并将电压调到 13V 左右。

（3）将实验导线连接成如图 18-13 所示电路，用直流恒压源模拟蓄电池接逆变器供电。

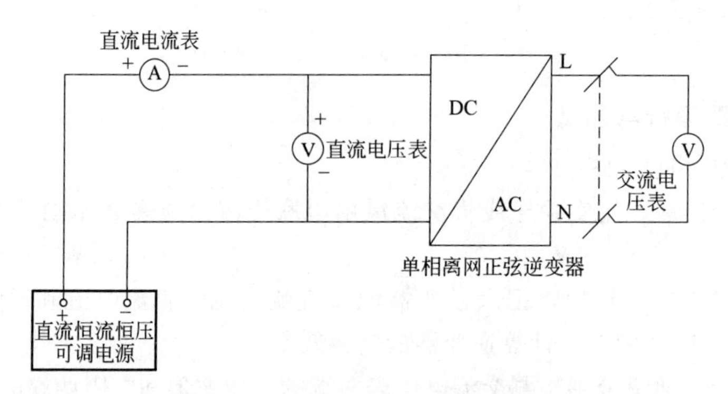

图 18-13 逆变器欠、过压保护测试电路

（4）开启逆变器，逆变器正常工作后，观察逆变器输出电压。

（5）将恒压源电压调低，直至逆变器欠压报警，观察此时逆变器输入的直流电压和逆变器输出的交流电压值。

（6）关闭逆变输出，并将恒压源与逆变器输入断开。调节恒压源电压恢复到 13V 左右。

（7）再次接通恒压源与逆变器，开启逆变器输出，此时逆变器重新正常工作，观察逆变器输出电压。

（8）将恒压源电压逐渐调过，直至逆变器过压报警，记录过压时逆变器输入的直流电压和逆变器输出的交流电压值。

（9）再关闭逆变器输出，且将恒压源与逆变器输入断开。调节恒压源电压恢复到13V左右。

（10）接通恒压源与逆变器，开启逆变器输出，此时逆变器再次重新正常工作，观察逆变器输出电压。记录欠压逆变器、过压逆变器的输入、输出电压于表18-4中。

过载保护：

（1）用实验导线连接成如图18-14所示电路，将交流负载改为150W以上的白炽灯或其他大功率的交流负载。

（2）开启逆变器输出，此时逆变器过载保护，并发出过载保护警报。

（3）关闭逆变器输出，将交流负载换成小功率的LED灯。再次开启逆变器输出，观察逆变器输出情况，此时逆变器恢复正常工作状态。

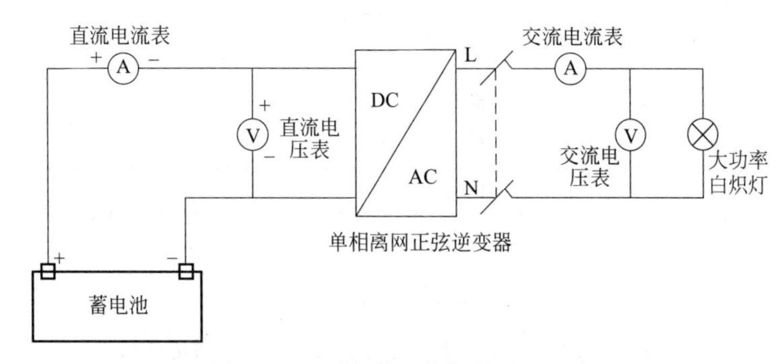

图18-14　逆变器过载保护测试电路

短路保护：

（1）如图18-15所示，将逆变器输出短接。

（2）开启逆变器输出，此时逆变器短路保护，并发出短路保护警报。

（3）关闭逆变器输出，将短路导线拿开，再次开启逆变器输出。

（4）逆变器重新恢复正常工作状态。

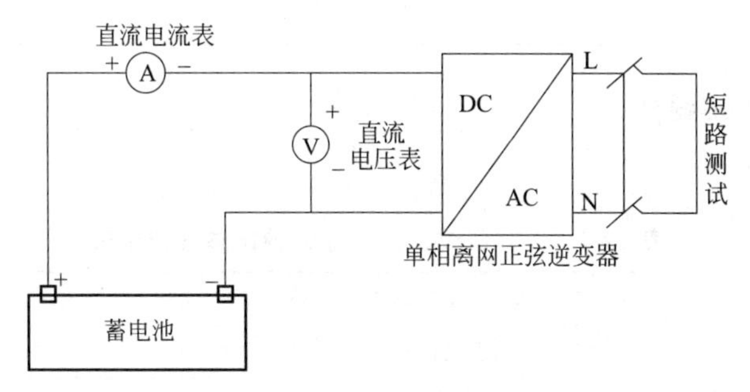

图18-15　逆变器短路保护测试电路

五、注意事项

1. 在确认蓄电池标称电压和逆变器的正、负极性连接无误后，再通电。

2. 电压表、电流表的量程必须分别大于太阳能电池板的开路电压和短路电流。

3. 实验结束后必须拆散电路，整理好仪器。

六、数据记录及处理

1. 数据处理

逆变器启动和空载输入输出参数记录表如表18-1所示。

表18-1 逆变器启动和空载输入输出参数记录表

逆变输入电压/V	逆变输入电流/A	空载损耗/W	逆变输出电压/V

2. 逆变器带载运行与测试

表18-2 逆变器带交流感性负载输入输出参数记录表

逆变器输入	输入电压/V	
	输入电流/A	
	输入功率/W	
逆变器输出	输出电压/V	
	输出电流/A	
	输出功率/W	
转换效率/%		

表18-3 逆变器带交流阻性负载输入输出参数记录表

逆变器输入	输入电压/V	
	输入电流/A	
	输入功率/W	
逆变器输出	输出电压/V	
	输出电流/A	
	输出功率/W	
转换效率/%		

3. 逆变器保护功能测试

表18-4 逆变器欠、过压输入输出参数记录表

欠压测试	欠压逆变器输入电压/V	
	欠压逆变器输出电压/V	
过压测试	过压逆变器输入电压/V	
	过压逆变器输出电压/V	

七、思考题

1. 逆变器的输入电压在什么范围内，可以逆变成220V交流电？
2. 逆变器的效率是多少？

实验 19 光伏发电系统实验

一、实验目的

1.了解光伏发电系统的组成与结构。

2.了解光伏发电系统的分类。

3.了解光伏发电系统的设计方法和考虑的问题。

4.了解光伏发电系统的计算方法。

5.了解光伏发电系统的应用领域和其优缺点。

二、实验原理

光伏发电系统的应用领域非常广泛，主要包括：家庭型太阳能电源；交通领域供电电源；通信领域供电；石油、海洋、气象领域电源；家庭灯具电源；汽车电源；空调电源；卫星、航天、空间电站供电等。

根据光伏系统的使用特点，光伏发电系统分为三大类：独立型光伏发电系统、并网型光伏发电系统和分布式光伏发电系统。独立型光伏发电系统又称离网型光伏发电系统，主要由太阳能电池组件、控制器、蓄电池组成，若要为交流负载供电，还需要配置交流逆变器。

并网型光伏发电系统是将光伏阵列产生的直流电经过并网逆变器转换成符合市电电网要求的交流电之后直接接入市电网络，并网系统中的电池方阵所产生的电力除了供给交流负载使用外，多余的电力反馈给电网。在阴雨天或夜晚，光伏阵列没有产生电能或产生的电能不能满足负载需求时就由电网供电，因为直接将电能输入电网，免除配置蓄电池，省去了蓄电池储能和释放的过程，可以充公利用电池方阵的电力，从而减少了能量的损耗，并降低了系统的成本。

分布式光伏发电系统，又称分散式发电或分布式供能，是指在用户现场或靠近用电现场配置较小的光伏发电供电系统，以满足特定用户的需求，支持现存配电网的经济运行，或者同时满足这两个方面的要求。分布式光伏发电系统的基本设备包括光伏电池组件、光伏方阵支架、直流汇流箱、直流配电柜、并网逆变器、交流配电柜等设备，另外还有供电系统监控装置和环境监测装置。其运行模式是在有太阳辐射的条件下，光伏发电系统的太阳能电池组件阵列将太阳能转换输出的电能，经过直流汇流箱集中送入直流配电柜，由并网逆变器逆变成交流电供给建筑自身负载，多余或不足的电力通过接入电网来调节。

典型的光伏发电系统由光伏阵列、电缆、汇流单元、跟踪装置、电力电子变换器、储能元件、负载、监控系统等构成，如图 19-1 所示。其中太阳能光伏电池阵列是利用光生伏打效应原理将光能直接转换成电能；控制器是控制整个系统的工作状态，对蓄电池起到充、放电保护的作用，将剩余的光伏电能存储在蓄电池组中，在日落或阴天的时候持续给负载提供电能；逆变器是将系统的直流电逆变成交流电供交流负载使用。

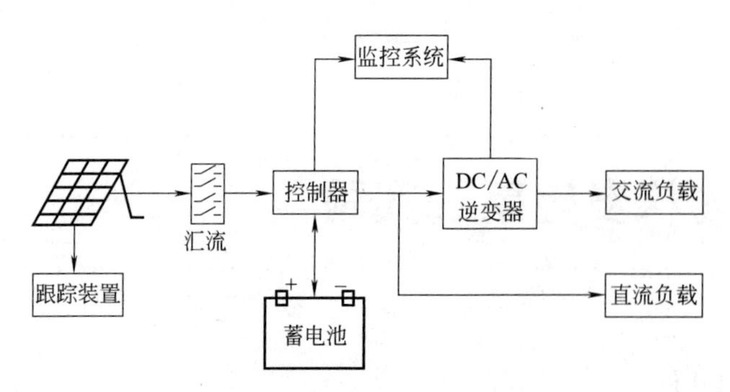

图 19-1 太阳能光伏发电系统的构成

光伏发电系统的设计与计算涉及的影响因素较多，不仅与光伏电站所在地区的光照条件、地理位置、气候条件、空气质量有关，也与电器负荷功率、用电时间有关，还与需要确保供电的阴雨天数有关，其他还与光伏组件的朝向、倾角、表面清洁度、环境温度等因素有关。而这些因素中，例如光照条件、气候、电器用电状况等主要因素均极不稳定，因此严格地讲，离网光伏电站十分严格地保持光伏发电量与用电量之间的始终平衡是不可能的。离网电站的设计计算只能按统计性数据进行设计计算，通过蓄电池电量的变化调节两者的不平衡，使之在发电量与用电量之间达到统计性的平衡。

离网型光伏发电系统设计与计算依据：光伏电站所在地理位置（纬度）、年平均光辐射量 F 或年平均每日辐射量 f（$f=F/365$），参考表 19-1；各种电器负荷电功率 w 及其每天用电时间 t；确保阴雨天供电天数 d；蓄电池放电深度 DOD（蓄电池放电量与总容量之比）。

表 19-1 我国不同地区水平面上光辐射量与日照时间资料

地区		年平均光辐射量 F		年平均光照时间 H/h	年平均每天辐射量 f/(MJ/m^2)	年平均每天光照时间 h/h	平均每天 1kW/m^2 峰光照时间 h_1/h
		MJ/m^2	kW·h/m^2				
一	宁夏北部、甘肃北部、新疆南部、青海西部、西藏西部	6680～8400	1855～2333	3200～3300	18.3～23.0	8.7～9.0	5.0～6.3
二	河北西北部、山西北部、内蒙古南部、宁夏南部、甘肃中部、青海东部、西藏东南部、新疆西部	5852～6680	1625～1855	3000～3200	16.0～18.3	8.2～8.7	4.5～5.1
三	山东、河南、河北东南部、山西南部、新疆北部、吉林、辽宁、云南、陕西北部、甘肃东南部、江苏北部、安徽北部、台湾西南部	5016～5852	1393～1625	2200～3000	13.7～16.0	6.0～8.2	3.8～4.5

续表

地　区		年平均光辐射量 F		年平均 光照时间 H/h	年平均每天 辐射量 f/(MJ/m²)	年平均每天 光照时间 h/h	平均每天 1kW/m² 峰光照时间 h_1/h
		MJ/m²	kW·h/m²				
四	湖南、湖北、广西、江西、浙江、福建北部、广东北部、陕西南部、江苏南部、安徽南部、黑龙江、台湾东北部	4190～5016	1163～1393	1400～2200	11.5～13.7	3.8～6.0	3.2～3.8
五	四川、贵州	3344～4190	928～1163	1000～1400	9.16～11.5	2.7～3.8	2.5～3.2

注：1. 1kW·h=3.6MJ。

2. $f=F/365$，单位 MJ/m^2。

3. $h=H/365$，单位 h。

4. $h_1=\frac{F}{365}\frac{1}{1000}$，单位 h。

5. 表中所列为各地水平面上的辐射量，在倾斜光伏组件上的辐射量比水平面上的辐射量多。设 y=倾斜光伏组件上的辐射量/水平面上辐射量=1.05～1.15，故设计计算倾斜光伏组件面上辐射量时应乘以 y。

离网型光伏发电系统设计计算：

1. 每天电器用电总量 Q

$$Q=W_1t_1+W_2t_2+\cdots$$

2. 光伏组件总功率 P_m

$$P_m=aQ/Fy\eta/365\times3.6\times1 \text{ 或 } P_m=aQ/fy\eta/3.6\times1 \text{ 或 } P_m=(aQ/h_1y\eta)$$

式中，P_m 为光伏组件峰值功率，单位 W_p 或 kW_p（标定条件：光照强度 1000W/m²，温度 25℃，大气质量 AM1.5）；a 为全年平均每天光伏发电量与用电量之比 $1\leqslant a\leqslant d$；η 为发电系统综合影响系数（详细见表 19-2）

表 19-2　光伏发电系统各种影响因素分析表

系数代号	系数名称	损失率	备　注
η_1	组件表面清洁度损失	约 3%	
η_2	温升损失	0.4%/℃	
η_3	方阵组合损失	约 3%	
η_4	最大功率点偏离损失	约 4%	
η_5	组件固定倾角损失	约 8%	
η_6	逆变器效率		85%～93%
η_7	线损	约 3%	
η_8	蓄电池过充保护损失	约 3%	
η_9	充电控制器损耗	约 8%	
η_{10}	蓄电池效率		80%～90%

续表

系数代号	系数名称	损失率	备　注
合计 η	①离网交流系统	$\eta_1 \sim \eta_{10}$	$\eta = 52\% \sim 56\%$
	②离网直流系统	$\eta_1 \sim \eta_5$ $\eta_7 \sim \eta_{10}$	$\eta = 59\% \sim 63\%$
	③并网系统	$\eta_1 \sim \eta_7$	$\eta = 72\% \sim 78\%$

3. 蓄电池容量 C

$$C = d\frac{Q}{\text{DOD}}\eta_6\eta_9\eta_{10} \quad (\text{kW} \cdot \text{h,交流供电})$$

$$C = d\frac{Q}{\text{DOD}}\eta_9\eta_{10} \quad (\text{kW} \cdot \text{h,直流供电})$$

4. 蓄电池电压 V、安时数 A·h（1A·h=3600C）、串联数 N 与并联数 M 设计

蓄电池总安时数 A·h=蓄电池容量 C/蓄电池组电压 V；

蓄电池电压根据负载需要确定，通常有如下几种：12V、24V、48V、60V、110V、220V；

蓄电池串联数 N=蓄电池组电压 V/每只蓄电池端电压 v；

蓄电池并联数 M=蓄电池总安时数 A·h/每只蓄电池安时数 A·h。

5. 光伏组件串联与并联设计

光伏组件串联电压和组件串联数根据蓄电池串联电压确定（详细见表 19-3）。光伏组件并联数 M=光伏组件总功率 P_m/每块组件峰值功率×组件串联数。

表 19-3　光伏组件串联电压和组件串联数

蓄电池组端电压/V	12	24		48		220	
充电电压/V	17	34		68		308	
光伏组件最大功率电压/V	16.5～17.5	16.5～17.5	34	16.5～17.5	34	16.5～17.5	34
光伏组件串联数	1	2	1	4	2	18	9

6. 太阳能控制器选用

主要根据下列要求选用：最大输入电压≥光伏方阵串联空载电压 1.2～1.5 倍；最大输入电流≥光伏方阵并联短路电流 1.2～1.5 倍；输入并联支路数≥光伏方阵并联数；额定功率≥最大负载功率总和 1.2～1.5 倍；输出最大电流≥最大负载电流 1.2 倍；太阳能控制器应具有过充、欠压保护，防反充和接反保护功能。

7. 离网逆变器选用

主要根据下列要求选用：最大电压≥蓄电池串联电压；额定功率≥负载最大功率 1.2～1.5 倍（对于感性负载，需考虑启动电流）；输出电压=负载额定电压；输出电流波形根据负载要求可以为方波或准正弦波或正弦波；逆变器应具有输出过电压和过电流保护。

离网光伏发电系统电站实际发电举例：西藏昌都地区一座总功率 P_m=30kW 离网光伏电站，经 910d运行，实际累计发电 74332kW·h，平均每天发电量 g=74332kW·h/910=81.68kW·h。理论计算：昌都地处西藏东南部，查表 19-1，年平均辐射量为 1625～

1855kW·h/m^2，取 F=1700kW·h/m^2 或 h_1=4.6h，年发电量 $G=P_m Fy\eta/1=30\times1700\times1.1\times0.54/1=30294$（kW·h）。每天发电量 $g=G/365=30294/365=83$（kW·h）或 $g=P_m h_1 y\eta=30\times4.6\times1.1\times0.54=81.97$（kW·h）。理论计算发电量 81.97kW·h 与实际发电量 81.68kW·h 十分接近，表明理论计算的正确性。

三、实验设备与材料

仪器：光伏发电实验平台 V-Ets-Solar-IV。

导线若干（红线、黑线），太阳能电池板若干块。

四、实验内容与步骤

光伏发电系统演示实验步骤如下。

（1）连接好实验平台与跟踪系统之间的接线。

（2）打开总电源开关。

（3）将蓄电池连接太阳能控制器，使太阳能控制器正常工作。

（4）用实验导线将太阳能电池组件并联，串联电流表接入太阳能控制器光伏输入端。开启模拟光源，启动自动跟踪装置。

（5）连接逆变器的输入端到蓄电池。

（6）直流负载串联直流电流表接太阳能控制器负载输出端。

（7）交流负载串联交流电流表接逆变器输出端，并开启逆变器输出。

（8）系统运行后，观察系统的运行状态，并每隔 10min 在表 19-4 中记录系统的运行数据。

（9）实验结束后，先将交、直流负载断开，关闭模拟光源，断开太阳能电池组件与太阳能控制器的连接，最后断开太阳能控制器、逆变器与蓄电池的连接。

（10）关闭实验台总电源。

太阳能光伏发电系统演示电路如图 19-2 所示。

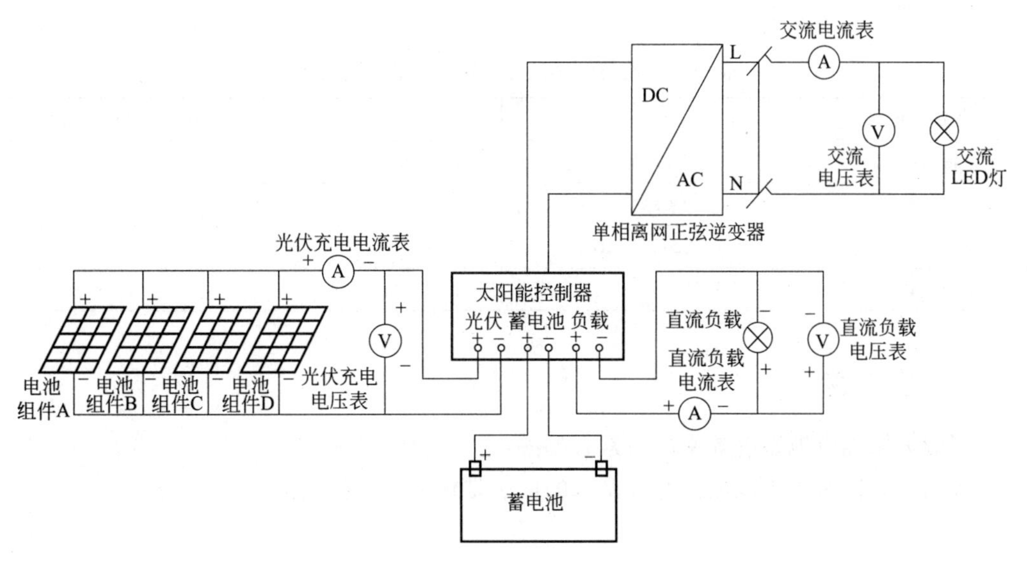

图 19-2　太阳能光伏发电系统演示电路

五、注意事项

1. 太阳能组件和蓄电池容量都均要大于设计要求的容量。
2. 实验结束后必须拆散电路，整理好仪器。

六、数据记录及处理

1. 光伏发电系统演示实验

表 19-4　光伏发电系统运行数据记录表

时间间隔/min	0	10	20	30	40
光伏充电电流/A					
光伏充电电压/V					
光伏充电功率/W					
直流负载电流/A					
直流负载电压/V					
直流负载功率/W					
交流负载电流/A					
交流负载电压/V					
交流负载功率/W					

2. 光伏发电系统计算

要求：地处江西景德镇，建设一个小型户用离网型太阳能光伏发电系统，负载要求如表19-5所示，系统能满足至少3个阴雨天气负载能正常工作，光伏组件选用标称35W、工作电压17.5V的单晶硅电池板。蓄电池选用标称12V、20A·h的免维护铅酸电池。试计算光伏组件的总功率和串并联数、蓄电池的容量和串并联数，以及描述太阳能控制器的选择要求和离网逆变器的规格要求。

表 19-5　离网型光伏发电系统负载使用要求

负载类型	电压	功率/W	每天使用时长/h
直流负载 1	DC24V	60	6
直流负载 2	DC24V	30	3
交流负载 1	AC220V/50Hz	300	2
交流负载 2	AC220V/50Hz	120	5

七、思考题

1. 影响太阳能电池系统效率的因素有哪些？
2. 离网和并网对太阳能电池系统要求的区别是什么，为什么？

第四章 新能源转化与存储系统实验

本章包含8个实验，主要涉及风力发电、太阳能电池、燃料电池等能源转化器件以及锂离子电池和超级电容器等能源存储器件和系统。实验的目的是加深对新能源转化和能量存储器件的结构与性能的认识，并通过制备过程深入理解其结构对能量转化与存储的影响。

实验20 风力发电原理及性能测试

一、实验目的

1. 风速、螺旋桨转速（也是发电机转速）、发电机感应电动势之间关系的测量。
2. 扭曲型可变桨距3叶螺旋桨的功率系数 C_P 与风轮叶尖速比 λ 关系的测量。
3. 切入风速到额定风速区间的功率调节实验。
4. 额定风速到切出风速区间的功率调节实验——变桨距调节。
5. 风帆型3叶螺旋桨的功率系数 C_P 与风轮叶尖速比 λ 关系的测量。
6. 平板型4叶螺旋桨的功率系数 C_P 与风轮叶尖速比 λ 关系的测量。

二、实验原理

风能是一种清洁的可再生能源，储量巨大。全球的风能约为 2.7×10^8 万千瓦，其中可利用的风能为 2×10^6 万千瓦，比地球上可开发利用的水能总量要大10倍。随着全球经济的发展，对能源的需求日益增加，对环境的保护更加重视，风力发电越来越受到世界各国的青睐。

大力发展风电等新能源是我国的重大战略决策，也是我国经济社会可持续发展的客观要求。发展风电不但具有巨大的经济效益，而且能与自然环境和谐共生，不对环境产生有害影响。近几年，随着我国的风电设备制造技术取得突破，风力发电取得飞速发展。

据2018年4月《国家电网公司促进风电发展白皮书》，截至2017年底，我国风电累计装机容量16367万千瓦，同比增长10%；新增装机容量1503万千瓦。国家电网调度范围风电累计装机容量14539万千瓦，占全国风电装机容量的89%；新增装机容量1344万千瓦，占全国的89%。国家电网调度范围海上风电装机容量202万千瓦，较上年同期增长53万千瓦。海上风电全部位于江苏、上海、福建三省，装机容量分别为163万千瓦、31万千瓦、9万千瓦，发电量3057亿千瓦·时，同比增长26%；占总发电量的4.8%，同比提高0.8个百分点。根据《关于可再生能源发展“十三五”规划实施的指导意见》，2020年底，全国风电装机容量将达到2.1亿千瓦以上。

与其他能源相比，风力、风向随时都在变动中。为适应这种变动，最大限度地利用风能，近年来在风叶翼型设计、风力发电机的选型研制、风力发电机组的控制方式、并网发电的安全性等方面，都进行了大量的研究，取得了重大进展，为风力发电的飞速发展奠定了基础。

1. 风能与风速测量

风是风力发电的源动力，风况资料是风力发电场设计的第一要素。设计规程规定一般应收集有关气象站风速风向30年的系列资料，发电场场址实测资料一年以上。在现有技术及成本条件下，在年平均风速6m/s以上的场址建风力发电站，可以获得良好的经济效益。风力发电机组的额定风速，也要参考年平均风速设计。

设风速为V_1，单位时间通过垂直于气流方向、面积为S的截面的气流动能为

$$E=\frac{1}{2}\Delta m V_1^2=\frac{1}{2}\rho S V_1^3 \tag{20-1}$$

式（20-1）中，Δm为单位时间作用在截面S上的空气质量；ρ为空气密度。可见，空气的动能与风速的立方成正比。由气体状态方程，密度ρ与气压p、热力学温度T的关系为

$$\rho=\frac{Mp}{\mathrm{R}T}\approx 3.48\times 10^{-3}\ \frac{p}{T} \tag{20-2}$$

式（20-2）中，$M=2.89\times 10^{-2}$kg/mol为空气的摩尔质量；R=8.31J/(mol·K)为普适气体常数。气压会随海拔高度h变化，代入0℃（273.15K）时反映气压随高度变化的恒温气压公式

$$p=p_0 e^{\frac{Mg}{\mathrm{R}T}h}\approx p_0\left(1-\frac{Mg}{\mathrm{R}T}h\right)=1.013\times 10^5(1-1.25\times 10^{-4}h) \tag{20-3}$$

式（20-3）中，$g=9.8\mathrm{m/s^2}$为重力加速度。式（20-3）在$h<2$km时比较准确。将式（20-3）代入式（20-2）

$$\rho=3.53\times 10^2\ \frac{1-1.25\times 10^{-4}h}{T} \tag{20-4}$$

式（20-4）中h的单位为m，在标准情况下（$p=1.013\times 10^5$Pa、$T=273.15$K），$h=0$时，空气密度值为$1.292\mathrm{kg/m^3}$。

式（20-4）表明海拔高度和温度是影响空气密度的主要因素，它是一种近似计算公式，实际上，即使在同一地点、同一温度，气压与湿度的变化也会影响空气密度值。在不同的书籍中，经常可看到不同的近似公式。

测量风速有多种方式，目前用得较多的是旋转式风速计及热线（片）式风速计。

旋转式风速计是利用风杯或螺旋桨的转速与风速成线性关系的特性，测量风杯或螺旋桨转速，再将其转换成风速显示。旋转式风速计的最佳测量范围是5～40m/s。

热线（片）式风速计有一根被电流加热的金属丝（片），流动的空气使它散热，利用散

热速率和风速之间的关系，即可制成热线（片）风速计。在小风速（5m/s 以下）时，热线（片）式风速计精度高于旋转式风速计。

在本套实验仪器中，由于风速与风源电机（即风扇）转速成一一对应关系，所以在出厂前已通过风扇转速对风速进行了校准，故在本套实验仪器中并未使用风速传感器来测量风速，而是通过风扇转速转换成风速显示在风速表上。

2. 发电方式与发电机选择

风力发电有离网运行与并网运行两种发电方式。

离网运行是风力发电机与用户组成独立的供电网络。由于风电的不稳定性，为解决无风时的供电，必须配有储能装置，或能与其他电源切换、互补。中小型风电机组大多采用离网运行方式。

并网运行是将风电输送到大电网中，由电网统一调配，输送给用户。此时风电机组输出的电能必须与电网电能同频率、同相位，并满足电网安全运行的诸多要求。大型风电机组大都采用并网运行方式。

发电机由静止的定子和可以旋转的转子两大部分组成，定子和转子一般由铁芯和绕组组成，铁芯的功能是靠铁磁材料提供磁的通路，以约束磁场的分布，绕组是由表面绝缘的铜线缠绕的金属线圈（励磁线圈）组成。

发电机原理可用图 20-1 说明。转子励磁线圈通电产生磁场，螺旋桨带动转子转动，使转子成为一个旋转磁场，定子绕组切割磁力线，感应出电动势，感应电动势的大小与导体和磁场的相对运动速度有关。

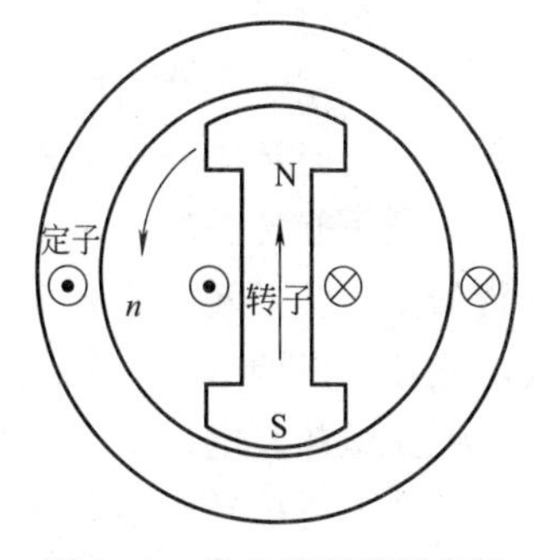

图 20-1 发电机原理示意图

风力发电机都是 3 相电机，图 20-1 中定子绕组只画了 1 相中的 1 组，对应于一对磁极，若电机中每相定子绕组由空间均匀分布的 N 组串联的铁芯和绕组组成，则会形成 N 对磁极。

风力发电常用的发电机有以下 3 种。

（1）永磁同步直驱发电机　永磁同步电机的转子采用永磁材料制造，省去了转子励磁绕组和相应的励磁电路，不需励磁电源，转子结构比较简单，效率高，是今后电机发展的主流机型之一。

永磁发电机通常由螺旋桨直接驱动发电，没有齿轮箱等中间部件，提高了机组的可靠性，减少了传动损耗，提高了发电效率，在低风速环境下运行效率比其他发电机更高。

大型风机螺旋桨的转速最高为每分几十转，采用直驱方式，发出的交流电频率远低于电网交流电频率。为满足并网要求，永磁风力发电机组采用交流-直流-交流的全功率变流模式，即风电机组发出的交流电整流成直流，再变频为与电网同频同相的交流电输入电网。全功率变流模式的缺点是对换流器的容量要求大，会增加成本；优点是螺旋桨的转速可以根据风力优化，最大限度地利用风能，能提供性能稳定、符合电网要求的高品质电能。

（2）双馈式变速恒频发电机　由发电机原理可知，若发电机转子转速为 f_m（通常用 f 表示每秒转速，n 表示每分转速），电机的极对数为 N，转子励磁电流为频率为 f_1 的交流电，则发出的交流电频率为

$$f=Nf_m \pm f_1 \tag{20-5}$$

上式表明，当螺旋桨转速发生变化导致发电机转子转速变化时，可以通过调整励磁电流

的频率，使输出电流频率不变。

双馈式发电机的定子端直接连接电网，f 为 50Hz。当 Nf_m 小于 50Hz 时，为亚同步状态，式（20-5）中 f_1 前面取正号，由电网通过变频电路向励磁电路提供频率为 f_1 的交流励磁电流，使输出恒定在 50Hz。当 Nf_m 等于 50Hz 时，为同步状态，变频电路向励磁电路提供直流励磁电流。当 Nf_m 大于 50Hz 时，为超同步状态，式（20-5）中 f_1 前面取负号，输出仍恒定在 50Hz。此时励磁电流流向反向，由励磁电路通过变频电路向电网提供能量。即发电机超同步运行时，通过定子电路和转子电路双向向电网馈送能量。

由于螺旋桨转速远低于电网频率要求的转速，螺旋桨提供的能量要通过变速箱增速，再传递给发电机转子。

当螺旋桨的转速变化时，双馈式发电机只需对励磁电路的频率进行调节，就可控制输出电流的频率与电网匹配，实现变速恒频。由于励磁功率只占发电机额定功率的一小部分，只需较小容量的双向换流器就可实现。

双馈式发电机是目前风电机组采用最多的发电机。

（3）恒速恒频发电机　恒速恒频机组一般采用感应发电机，感应发电机又称异步发电机，它是利用定子绕组中 3 相交流电产生的旋转磁场与转子绕组内的感应电流相互作用而工作的。运行时定子直接接外电网，转子不需外加励磁。转子以超过同步速 3%～5%的转速运行，定子旋转磁场在转子绕组中感应出频率为 f_1 的感应电流，式（20-5）中 f_1 的前面取负号。当转子转速略有变化时，f_1 的频率随之改变，而输出电流频率始终与电网频率一致，无须加以调节。

恒速恒频发电机螺旋桨与发电机转子之间通过变速箱增速。

感应发电机转子不需外加励磁，没有滑环和电刷，结构简单，基本无须维护，运行控制也很简单，早期风电机组很多采用这种发电机。但感应发电机转速基本恒定，对螺旋桨最大限度捕获风能非常不利，比前述两种发电机年发电量低 10%以上，现在的大型风电机组已很少采用。

3. 风能的利用

风机能利用多少风能？什么条件下能最大限度地利用风能？这是风机设计的首要问题。

风机的第一个气动理论是由德国的贝兹（Betz）于 1926 年建立的。贝兹假定螺旋桨是理想的，气流通过螺旋桨时没有阻力，气流经过整个螺旋桨扫掠面时是均匀的，并且气流通过螺旋桨前后的速度为轴向方向。

以 V_1 表示风机上游风速，V_0 表示流过风机叶片截面 S 时的风速，V_2 表示流过风扇叶片截面后的下游风速。

根据冲量定律，流过风机叶片截面 S，质量为 Δm 的空气，在风机上产生的作用力为

$$F=\frac{\Delta m(V_1-V_2)}{\Delta t}=\frac{\rho SV_0\Delta t(V_1-V_2)}{\Delta t}=\rho SV_0(V_1-V_2) \qquad (20\text{-}6)$$

式中，Δt 为作用时间。螺旋桨吸收的功率为

$$P=FV_0=\rho SV_0^2(V_1-V_2) \qquad (20\text{-}7)$$

此功率是由空气动能转换而来的。从风机上游至下游，单位时间内空气动能的变化量为

$$P'=\frac{1}{2}\rho SV_0(V_1^2-V_2^2) \qquad (20\text{-}8)$$

令式（20-7）、式（20-8）两式相等，得到

$$V_0=\frac{1}{2}(V_1+V_2) \tag{20-9}$$

将式（20-9）代入式（20-7），可得到功率随上下游风速的变化关系式

$$P=\frac{1}{4}\rho S(V_1+V_2)(V_1^2-V_2^2) \tag{20-10}$$

当上游风力 V_1 不变时，令 $\frac{dP}{dV_2}=0$，可知，当 $V_2=\frac{1}{3}V_1$ 时式（20-10）取得极大值，且

$$P_{max}=\frac{8}{27}\rho SV_1^3 \tag{20-11}$$

将上式除以气流通过风机截面时空气的动能，可以得到风机的最大理论效率（贝兹极限）

$$\eta_{max}=\frac{P_{max}}{\frac{1}{2}\rho SV_1^3}=\frac{16}{27}\approx 0.5926 \tag{20-12}$$

风机的实际风能利用系数（功率系数）C_P 定义为风机实际输出功率与流过螺旋桨截面 S 的风能之比。C_P 随风力机的叶片型式及工作状态而变，并且总是小于贝兹极限，商品风机工作时，C_P 一般在 0.4 左右。

风机实际的输出功率为

$$P_o=\frac{1}{2}C_P\rho SV_1^3 \tag{20-13}$$

在风电机组的设计过程中，通常将螺旋桨转速与风速的关系合并为一个变量——叶尖速比，定义为螺旋桨叶片尖端线速度与风速之比，即

$$\lambda=\frac{\omega R}{V_1} \tag{20-14}$$

式中，ω 为螺旋桨角速度，R 为螺旋桨最大旋转半径（叶尖半径）。

理论分析与实验表明，叶尖速比 λ 是风机的重要参数，其取值将直接影响风机的功率系数 C_P。图 20-2 表示某螺旋桨功率系数 C_P 与螺旋桨叶尖速比 λ 的关系，由图可见，在一定的叶尖速比下，螺旋桨能够获得最高的风能利用率。

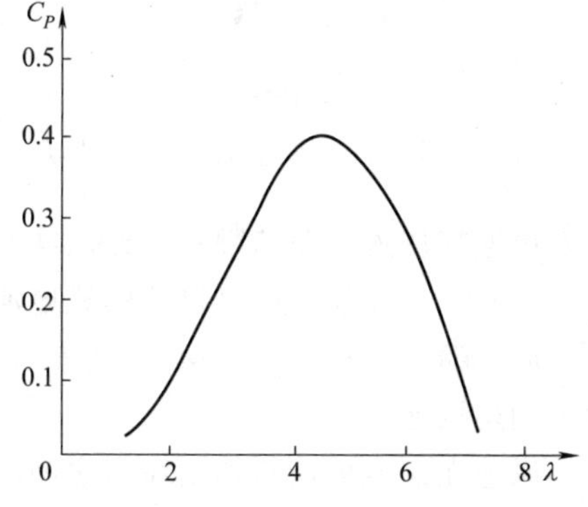

图 20-2 功率系数 C_P 与风轮叶尖速比 λ 的关系

对于同一螺旋桨，在额定风速内的任何风速，功率系数与叶尖速比的关系都是一致的。不同翼型或叶片数的螺旋桨，C_P 曲线的形状不一样，C_P 最大值与最大值对应的 λ 值也不一样。

叶尖速比在风力发电机组的设计与功率控制过程中都是重要参数。

目前大型风机都采用 3 叶片设计。增多叶片会增加螺旋桨质量，增加成本。C_P 的最大值取决于螺旋桨叶片翼型设计，与叶片数量关系不大。

4. 风电机组的功率调节方式

任何地方的自然风力都是随时变动的，风力的变化范围大，无法控制，风电机组的设计必须适应风能的特点。

风电机组设计时都有切入风速、额定风速、切出风速几个参数。

切入风速是风电机组的开机风速。高于此风速后，风电机组能克服传动系统和发电机的效率损失，产生有效输出。

切出风速是风电机组的停机风速。高于此风速后，为保证风电机组的安全而停机。

额定风速是风电机组的基本设计参数。额定风速与额定功率对应，在此风速下，风电机组已达到最大输出功率。

额定风速对风电机组的平均输出功率有决定性的作用。额定风速偏低，风电机组会损失掉高于额定风速时的很多风能。额定风速过高，额定功率大，相应的设备投资会增加，若实际风速大部分时间都达不到此风速，会造成资金浪费。而且额定风速高，设备大以后，切入风速会相应提高，会损失低风速风能。

额定风速要根据风电场风速统计规律优化设计。商业风电机组，额定风速在 10～18m/s，切入风速在 3～4m/s，切出风速在 20～30m/s。

桨距角 β 定义为螺旋桨桨叶上某一指定剖面处（通常在相对半径 0.7 处），风叶横截面前后缘连线与螺旋桨旋转平面之间的夹角，如图 20-3 所示。

假设螺旋桨在一种不能流动的介质中旋转，那么螺旋桨每转一圈，就会向前前进一段距离，这段距离称为桨距。显然，桨距角越大，桨距也越大。

对于叶片形状确定的桨叶，桨距角 β 有一最佳值，使功率系数 C_P 达到最大。风电机组输出功率与风速关系如图 20-4 所示。

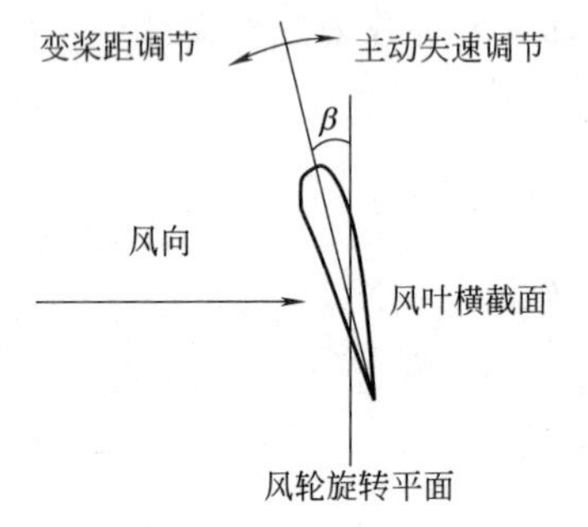

图 20-3 超过额定风速后的功率调节方式

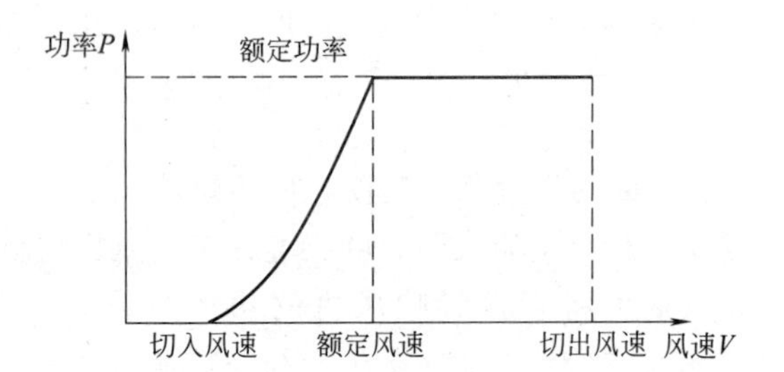

图 20-4 风电机组输出功率与风速的关系

风速在切入风速与额定风速之间时，一般使桨距角 β 保持在最佳值，风力改变时调节发电机负载（双馈发电机可调节励磁电流大小），改变发电机的阻力矩，使风机输出转矩 M 改变（风机输出功率 $P_o=\omega M$），控制螺旋桨转速，使风机工作在最佳叶尖速比状态，最大限度地利用风能。

风速在额定风速与切出风速之间时，要使输出功率保持在额定功率，使电器部分不因输出过载而损坏，目前的商业风电机组采用定桨距被动失速调节、主动失速调节或变桨距调节 3 种方式之一达到此目的。

被动失速调节是桨距角 β 保持不变，通过叶片的空气动力设计，使风速高于额定风速后，叶片转矩下降，功率系数 C_P 迅速下降，达到控制功率的目的。该方式对叶片气动和结构设计要求高，在额定风速与切出风速之间输出功率难以保持恒定，在大型风电机组中已较少采用。

主动失速调节是在风速超过额定风速后，减小桨距角 β，使功率系数 C_P 下降，风电机组在额定功率输出电能。

变桨距调节是在风速超过额定风速后，增大桨距角 β，使功率系数 C_P 下降，风电机组在额定功率输出电能，是目前采用的主要功率调节方式。采用变桨距调节有如下优点：

（1）输出功率特性平稳 当风速超过额定风速后，通过变桨距调节，可以使输出功率平稳地保持在额定功率，如图 20-4 所示的平直线段，而失速调节难以达到此种效果。

（2）风能利用系数高 定桨距风机叶片设计时，由于要兼顾失速特性，在低风速段的风能利用系数较高，接近额定风速时风能利用系数已下降，超过额定风速后风能利用系数大幅下降。变桨距叶片可以设计得在启动风速到额定风速都保持高的风能利用系数。

（3）启动和制动性能好 变桨距螺旋桨在启动时，桨距角可以转到合适的角度，使螺旋桨在低风速下启动。在风速达到切出风速或因其他原因需要停机时，可以将桨距角调到 90°，称为顺桨，此时没有转矩作用于发电机组，发电机组可以无冲击地脱离电网。

三、实验设备与材料

ZKY-FD 风力发电实验仪如图 20-5 所示。螺旋桨直接固定在发电机轴上，由紧固螺母锁紧。紧固螺母是反螺纹（螺旋桨旋转越快，螺母固定越紧），紧固与松开的旋转方向与普通螺纹相反。用手即可松开或旋紧紧固螺母，取下紧固螺母，可以更换螺旋桨。

图 20-5 ZKY-FD 风力发电实验仪

为减少其他气流对实验的影响，风扇与螺旋桨之间用有机玻璃风罩连接。

风扇由调压器供电。改变调压器输出电压，可以改变风扇转速，改变风速。

风扇端装有风扇转速传感器，由标定的风扇转速与风速关系给出风速。螺旋桨端装有螺旋桨转速传感器，转速、风速表的 2 行分别显示转速与风速。

发电机输出的 3 相交流电经整流滤波成直流电后输出到电子负载，电压、电流表测量负载两端的电压与流经负载的电流，电流电压的乘积即为发电机输出功率。电压、电流表的 2 行分别显示电压与电流。

电子负载是利用电子元件吸收电能并将其消耗的一种负载。其中的电子元件一般为功率场效应管、绝缘栅双极型晶体管等功率半导体器件。由于采用了功率半导体器件替代电阻等作为电能消耗的载体，使得负载的调节和控制易于实现，能达到很高的调节精度和稳定性，还具有可靠性高、寿命长等特点。

电子负载有恒流模式、恒压模式、恒阻模式、恒功率模式等工作模式，我们测量风力发电机组输出时采用恒压模式。在恒压工作模式时，将负载电压调节到某设定值后即保持不变，负载电流随发电机输出改变而改变。

配电箱为风力发电仪提供各种电源（包括多个低压直流电源、AC220V 市电），以及自动控制风扇通断。市电接口为调压器供电，同步信号接口用于监测发电机转速，其余多个低压直流电源孔分别为电子负载、电压电流表和风速转速表等供电。未连接同步信号时，市电断开，调压器和风扇不工作；配电箱接线正确时，若发电机转速超过额定转速，风扇立即断电，当发电机转速低于某一阈值，风扇又再次通电，短时间内若风扇断电三次，风扇将一直处于断电状态，不再启动，以保护发电机。关断并重新打开配电箱电源，配电箱重新工作，风扇可以再次通电启动。

风机叶片翼型对风力机的风能利用效率影响很大，叶片翼型可分为平板型、风帆型和扭曲型。平板型和风帆型易于制造，但效率不高。扭曲型叶片制造困难，效率高。

实验装置配扭曲型可变桨距 3 叶螺旋桨、风帆型 3 叶螺旋桨及平板型 4 叶螺旋桨 3 种螺旋桨，供对比研究，如图 20-6 所示。

(a) 扭曲型可变桨距3叶螺旋桨

(b) 风帆型3叶螺旋桨

(c) 平板型4叶螺旋桨

图 20-6 实验用各螺旋桨照片

四、实验内容与步骤

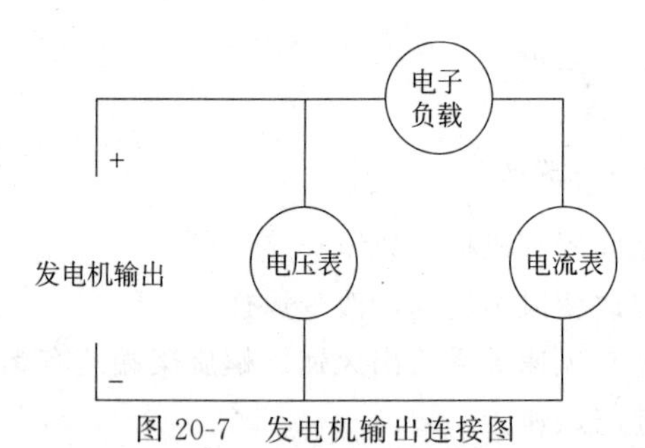

图 20-7 发电机输出连接图

风扇连接到调压器输出端，调压器连接到配电箱市电接口，电子负载、电压电流表、风速转速表的电源端分别连接到配电箱的低压直流电源孔，风速转速表中同步信号输出连接到配电箱中的同步信号接口，转速、风速输出连接到转速风速表。电子负载及电压、电流表按图 20-7 连接。电压、电流表的同步信号端口不连接，作以后功能扩展用。

1. 风速、螺旋桨转速（即发电机转速）、发电机感应电动势之间关系的测量

（1）实验前确认扭曲型可变桨距 3 叶螺旋桨处于最佳桨距角（即风叶离指示圆点最近的刻度线对准风叶座上的刻度线），风叶凹面朝向风扇，将螺旋桨安装在发电机轴上（紧固螺母是反螺纹，紧固与松开的旋转方向与普通螺纹相反）。

（2）断开电子负载，此时电压表测量的是开路电压，即发电机输出的电动势。

（3）调节调压器使得风速从 5.0m/s 开始以 0.5m/s 的间隔来逐渐调低风速，风速稳定后记录在不同风速下的螺旋桨转速及发电机感应电动势。

2. 扭曲型可变桨距 3 叶螺旋桨的功率系数 C_P 与叶尖速比 λ 关系的测量

（1）调节调压器，使风速为 5.0m/s。

（2）扭曲型可变桨距 3 叶螺旋桨上有角度刻线，松开风叶紧固螺钉，风叶可以绕轴旋转，从而改变桨距角。风叶离指示圆点最近的刻度线对准风叶座上的刻度线时，风叶位于最佳桨距角。以后每转动 1 个刻度线，桨距角改变 3°。

（3）接上电子负载，逆时针旋转电子负载旋钮，直到电流显示不为零，然后顺时针旋转电子负载旋钮使电流显示刚好为零，各表显示稳定后记录输出电压、输出电流、转速。

（4）逆时针调节电子负载调节旋钮，使输出电压以每隔 1.0V 进行调节，记录输出电压、输出电流、转速。

3. 切入风速到额定风速区间的功率调节实验

（1）固定叶尖速比调节方式时，由上面的内容 2 确定最佳叶尖速比 λ_m，由 $f=\lambda_m V_1/2\pi R$ 计算最佳转速，在各风速下通过调节电子负载使风机转速达到最佳转速，记录输出电压、电流。

（2）固定转速调节方式时，不同风速下调节电子负载大小，保持转速不变，记录风速变化时风机输出电压、电流。

4. 额定风速到切出风速区间的功率调节实验——变桨距调节

（1）停机取下螺旋桨，将 3 个风叶的桨距角调大 3°（即逆时针转动 1 格）。开机并调节风速略大于 5.0m/s，调节电子负载使得转速、电压为表 20-3 中“固定叶尖速比”方式下风速 5.0m/s 中的对应数据，然后缓慢调节风速使得电流达到表 20-3“固定叶尖速比”方式下风速 5.0m/s 中的电流值，记录此时的风速并停机。

（2）停机后取下螺旋桨，逐次调节桨距角，重复以上步骤，但保持电子负载不变，可以观测到桨距角增大后，在更大的风速下转速才能达到额定风速下的转速。

五、注意事项

1. 实验前确认各表头已连接电源线，观察表头上有无示数即可。

2. 风扇刚开始启动时转得很缓慢，此时应缓慢增大调压器电压，若突然增大调压器电压，风扇会迅速增大转速。

3. 若螺旋桨已经开始转动，而转速表显示转速为 0，应检查转速与发电机塔的连接是否正确。

4. 螺旋桨旋转时不得将手伸入保护罩内。不得向风罩内扔东西，以免实验时仪器受损。

5. 电子负载刚通电时电流为零，要让电子负载工作，须先逆时针调节电子负载至电流不为零。

6. 不要将风速调得过大，避免引起共振。

六、数据记录及处理

1. 风速、螺旋桨转速（即发电机转速）、发电机感应电动势之间关系的测量

将实验数据记入表 20-1 中。

表 20-1　风速、螺旋桨转速、发电机感应电动势之间的关系

风速/(m/s)	5.0	4.5	4.0	3.5	3.0	2.5
转速/(r/s)						
电动势/V						

以风速作横坐标，转速作纵坐标作图，分析两者之间的关系；以转速作横坐标，感应电

动势作纵坐标作图，分析两者之间的关系。

2. 扭曲型可变桨距3叶螺旋桨的功率系数 C_P 与叶尖速比 λ 关系的测量

将每次实验数据记入表20-2中。表20-2中的空气密度 ρ 用式（20-4）计算。

表20-2 扭曲型可变桨距3叶螺旋桨的功率系数 C_P 与叶尖速比 λ 的关系

当地海拔 h：____m 环境温度 T：____ 叶片半径 R：0.134m 额定风速 V_1：5.0m/s

转速 f/(r/s)	输出电压 U/V	输出电流 I/mA	输出功率 $P=UI$/W	叶尖速比 $\lambda=2\pi fR/V_1$	功率系数 $C_P=2P/\pi R^2\rho V_1^3$

以实验数据作螺旋桨的功率系数 C_P 与叶尖速比 λ 的关系曲线，并比较功率系数 C_P 与叶尖速比 λ 的关系与图20-2是否相似？

3. 切入风速到额定风速区间的功率调节实验

记录输出电压、电流于表20-3中。

表20-3 切入风速到额定风速区间的功率调节实验

调节方式 / 风速/(m/s)	固定叶尖速比($\lambda_m=$)				固定转速($f=5\lambda_m/2\pi R$)			
	$f=\lambda_m V_1/2\pi R$ 转速/(r/s)	电压/V	电流/mA	功率/W	转速/(r/s)	电压/V	电流/mA	功率/W
5.0								
4.5								
4.0								
3.5								
3.0								

画出以上2种调节方式下输出功率随风速的变化曲线。

比较上述2条曲线，能得出什么结论？

4. 额定风速到切出风速区间的功率调节实验——变桨距调节

记录在表20-3中的条件下，电流和桨距角对功率的影响，完成表20-4。

表20-4 变桨距调节实验

桨距角变化量/(°)	风速/(m/s)	转速/(r/s)	电压/V	电流/mA	功率/W
3					
6					
9					
12					

将表20-3中控制叶尖速比数据和表20-4中数据结合，画出变桨距调节下输出功率随风速的变化，与图20-4比较。

5. 风帆型 3 叶螺旋桨的功率系数 C_P 与叶尖速比 λ 关系的测量

见表 20-5。

表 20-5 风帆型 3 叶螺旋桨的功率系数 C_P 与叶尖速比 λ 的关系

当地海拔 h：____m 环境温度 T：____ 叶片半径 R：0.127m 额定风速 V_1：5.0m/s

转速 f/(r/s)	输出电压 U/V	输出电流 I/mA	输出功率 $P=UI$/W	叶尖速比 $\lambda=2\pi fR/V_1$	功率系数 $C_P=2P/\pi R^2\rho V_1^3$

以实验数据作螺旋桨功率系数 C_P 与叶尖速比 λ 的关系曲线，与实验内容与步骤中内容 2 的结果比较并讨论。

6. 平板型 4 叶螺旋桨的功率系数 C_P 与叶尖速比 λ 关系的测量

见表 20-6。

表 20-6 平板型 4 叶螺旋桨的功率系数 C_P 与叶尖速比 λ 的关系

当地海拔 h：____m 环境温度 T：____ 叶片半径 $R=0.127$m 额定风速 V_1：5.0m/s

转速 f/(r/s)	输出电压 U/V	输出电流 I/mA	输出功率 $P=UI$/W	叶尖速比 $\lambda=2\pi fR/V_1$	功率系数 $C_P=2P/\pi R^2\rho V_1^3$

以实验数据作螺旋桨的功率系数 C_P 与叶尖速比 λ 的关系曲线，与实验内容与步骤中内容 2 的结果比较并讨论。

七、思考题

1. 风力发电的工作原理及其影响因素是什么？
2. 影响风力发电效率的参数有哪些？
3. 如何改善风力发电效率？

实验 21 多晶硅太阳能电池的制备及性能测试

一、实验目的

1. 了解多晶硅太阳能电池的工作原理及性能特点。
2. 了解硅原料的纯化工艺。
3. 掌握多晶硅太阳能电池的制备工艺流程以及电池的组装方法。
4. 掌握评价多晶硅太阳能电池性能的方法。

二、实验原理

1. 硅的制取

不同形态、不同纯度的硅制取方式各有不同，具体方法如下。

无定形硅可以通过镁还原二氧化硅的方式制得。实验室里可用镁粉在赤热下还原粉状二氧化硅，用稀酸洗去生成的氧化镁和镁粉，再用氢氟酸洗去未作用的二氧化硅，即得单质硅。这种方法制得的都是不够纯净的无定形硅，为棕黑色粉末。

晶体硅可以用碳在电炉中还原二氧化硅制得。工业上生产硅是在电弧炉中还原硅石（SiO_2 含量大于 99%）。使用的还原剂为石油焦和木炭等。使用直流电弧炉时，能全部用石油焦代替木炭。石油焦的灰分低（0.3%～0.8%），采用质量高的硅石（SiO_2 大于 99%），可直接炼出制造硅钢片用的高质量硅。

电子工业中用的高纯硅是用氢气还原三氯氢硅 TCS 或四氯化硅 STC 而制得的见图 21-1。高纯的半导体硅可在 1200℃的热硅棒上用氢气还原高纯的三氯氢硅 $SiHCl_3$ 或 $SiCl_4$ 制得。

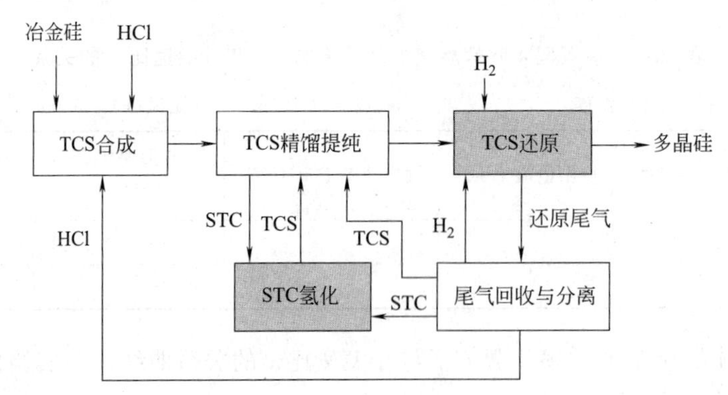

图 21-1 高纯硅的制备工艺流程图

超纯的单晶硅可通过直拉法或区域熔炼法等制备。

2. 单晶硅的生产工艺

单晶硅是非常重要的晶体硅材料，根据晶体生长方式的不同，可以分为区熔单晶硅和直拉单晶硅。区熔单晶硅是利用悬浮区域熔炼（float zone）的方法制备的，所以又称 FZ 硅单晶。直拉单晶硅是利用切氏法制备单晶硅，称为 CZ 单晶硅。这两种单晶硅具有不同的特性和不同的器件应用领域：区熔单晶硅主要应用于大功率器件方面，只占单晶硅市场很小的一部分，在国际市场上约占 10%左右，而直拉单晶硅主要应用于微电子集成电路和太阳能电池方面，是单晶硅的主题。与区熔单晶硅相比，直拉单晶硅的制造成本相对较低，机械强度较高，易制备大直径单晶，所以，太阳能电池领域主要应用直拉单晶硅，而不是区熔单晶硅。图 21-2 为直拉法制备单晶硅设备。

直拉法生长晶体的技术是由波兰的 J. Czochralski 在 1971 年发明的，所以又称切氏法。1950 年 Teal 等将该技术用于生长半导体锗单晶，然后又利用这种方法生长直拉单晶硅，在此基础上，Dash 提出了直拉单晶硅生长的“缩颈”技术，G. Ziegler 提出快速引颈生长细颈的技术，构成了现代制备大直径无位错直拉单晶硅的基本方法。单晶硅的直拉法生长已经是单晶硅制备的主要技术，也是太阳能电池用单晶硅的主要制备方法。

直拉单晶硅的制备工艺一般包括多晶硅的装料和熔化、种晶、缩颈、放肩、等径和收尾等。图 21-3 所示为直拉法制备单晶硅工艺过程。

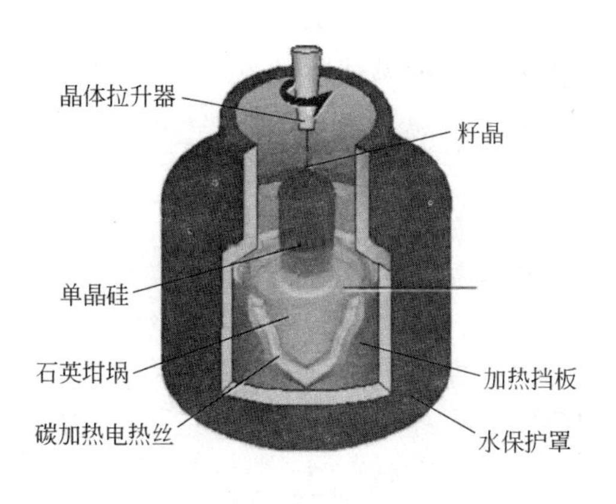

(a) 直拉法单晶炉内部结构

(b) 单晶炉外观

图 21-2 直拉法制备单晶硅设备

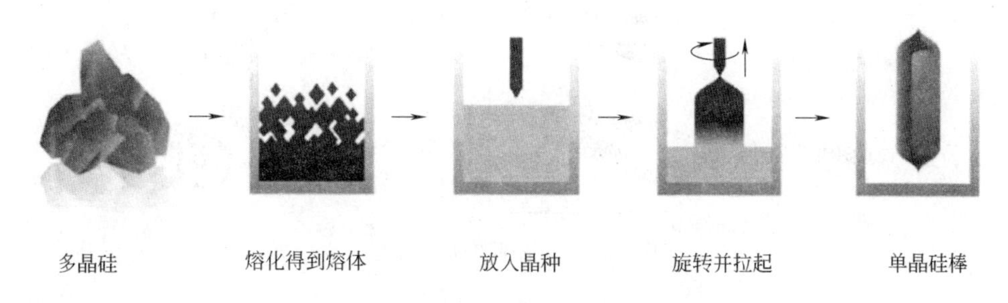

图 21-3 直拉法制备单晶硅工艺过程

3. 单晶硅片加工工艺

单晶硅片加工工艺主要为：切断→外径滚圆→切片→倒角→研磨→腐蚀、清洗等。

（1）切断 在晶体生长完成后，沿垂直于晶体生长的方向切去晶体硅头尾无用的部分，即头部的籽晶和放肩部分以及尾部的收尾部分。通常利用外圆切割机进行切割。外圆切割机刀片边缘为金刚石涂层。这种切割机的刀片厚、速度快、操作方便；但是刀缝宽、浪费材料，而且硅片表面机械损伤严重。目前，也有使用带式切割机来割断晶体硅的，尤其适用于大直径的单晶硅。

（2）外径滚圆 在直拉单晶硅中，由于晶体生长时的热振动、热冲击等原因，晶体表面都不是非常平滑的，也就是说，整根单晶硅的直径有一定偏差起伏；而且晶体生长完成后的单晶硅棒表面存在扁平的棱线，需要进一步加工，使得整根单晶硅棒的直径达到统一，以便于在后续的材料和加工工艺中操作。

（3）切片 在单晶硅滚圆工序完成后，需要对单晶硅棒切片。太阳能电池用单晶硅在切片时，对硅片的晶向、平行度和翘曲度等参数要求不高，只需对硅片的厚度进行控制。

（4）倒角 将单晶硅棒切割成晶片，晶片锐利边需要修整成圆弧形，主要防止晶片边缘破裂及晶格缺陷产生。

（5）研磨 切片后，在硅片的表面产生线痕，需要通过研磨除去切片所造成的线痕及表面损伤层，有效改善单晶硅的翘曲度、平坦度与平行度，达到一个抛光处理的过程规格。

（6）腐蚀、清洗 切片后，硅片表面有机械损伤层，近表面晶体的晶格不完整，而且硅片表面有金属粒子等杂质污染。因此，一般切片后，在制备太阳能电池前，需要对硅片进行化学腐蚀。在单晶硅片加工过程中有很多步骤需要用到清洗，这里的清洗主要是指腐蚀后的最终清洗。清洗的目的在于清除晶片表面所有的污染源。常见的清洗方式主要是传统的RCA湿式化学清洗技术。

单晶硅的加工工艺如图21-4所示。

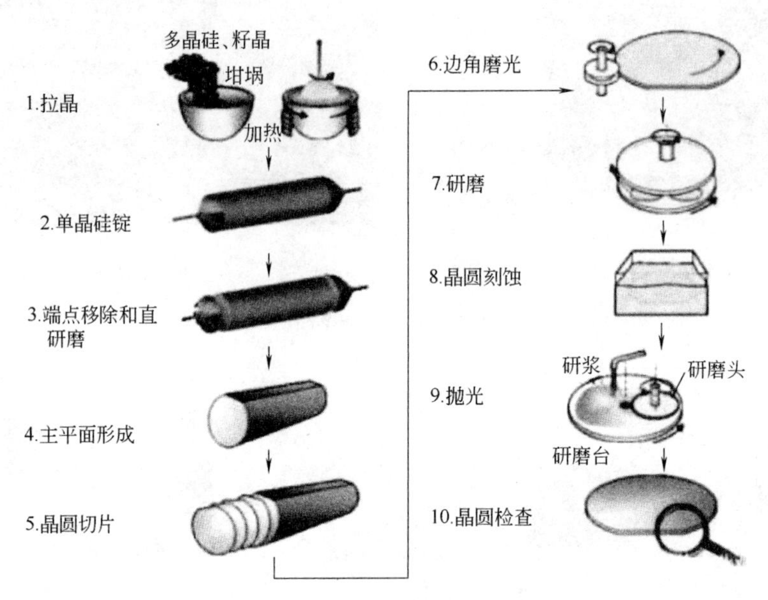

图21-4 单晶硅的加工工艺

4. 非晶硅的生产工艺

要获得非晶态，需要有高的冷却速率，而对冷却速率的具体要求随材料而定。硅要求有极高的冷却速率，用液态快速淬火的方法目前还无法得到非晶态。近年来，发展了许多种气相淀积非晶态硅膜的技术，其中包括真空蒸发、辉光放电、溅射及化学气相淀积等方法。一般所用的主要原料是单硅烷（SiH_4）、二硅烷（Si_2H_6）、四氟化硅（SiF_4）等，纯度要求很高。非晶硅膜的结构和性质与制备工艺的关系非常密切，目前认为以辉光放电法制备的非晶硅膜质量最好，设备也不复杂。

5. 多晶硅的生产工艺

直到20世纪90年代，太阳能光伏工业还是主要建立在单晶硅的基础上。虽然单晶硅太阳能电池成本在不断下降，但是与常规电力相比还是缺乏竞争力，因此，不断降低成本是光伏界追求的目标。自20世纪80年代铸造多晶硅发明和应用以来，多晶硅的使用增长迅速，80年代末期，它仅占太阳电池材料的10%左右，而至1996年底它已占整个太阳电池材料的36%。它以相对低成本、高效率的优势不断挤占单晶硅的市场，成为最具竞争力的太阳能电池材料，21世纪初已占50%以上，成为最主要的太阳能电池材料。

太阳能电池多晶硅锭是一种柱状晶，晶体生长方向垂直向上，是通过定向凝固（也称可控凝固、约束凝固）过程来实现的，即在结晶过程中，通过控制温度场的变化，形成单方向热流（生长方向和热流方向相反），并要求液固界面处的温度梯度大于0，横向则要求无温度梯度，从而形成定向生长的柱状晶。1975年，德国瓦克（Wacker）公司在国际上首先利用浇铸法制备多晶硅材料，用来制作太阳能电池，但铸造多晶硅太阳能电池转换效率要比直拉单晶硅低1%～2%。铸造多晶硅虽然含有大量的晶粒、晶界、位错和杂质，但省去了高费用的晶体拉制过程，所以成本较低，而且能耗也较低，在国际上得到广泛的应用。目前铸造多晶硅已占太阳能电池材料53%以上，成为主要的太阳能电池材料。

实现多晶硅定向凝固生长的四种方法分别为布里曼法、热交换法、电磁铸锭法、浇铸法。目前企业最常用的方法是热交换法生产多晶硅。热交换法生产铸造多晶硅的具体工艺流程一般如下：装料→加热→化料→晶体生长→退火→冷却。

多晶硅片的加工工艺流程如图21-5所示，太阳能电池极生成流程如图21-6所示。

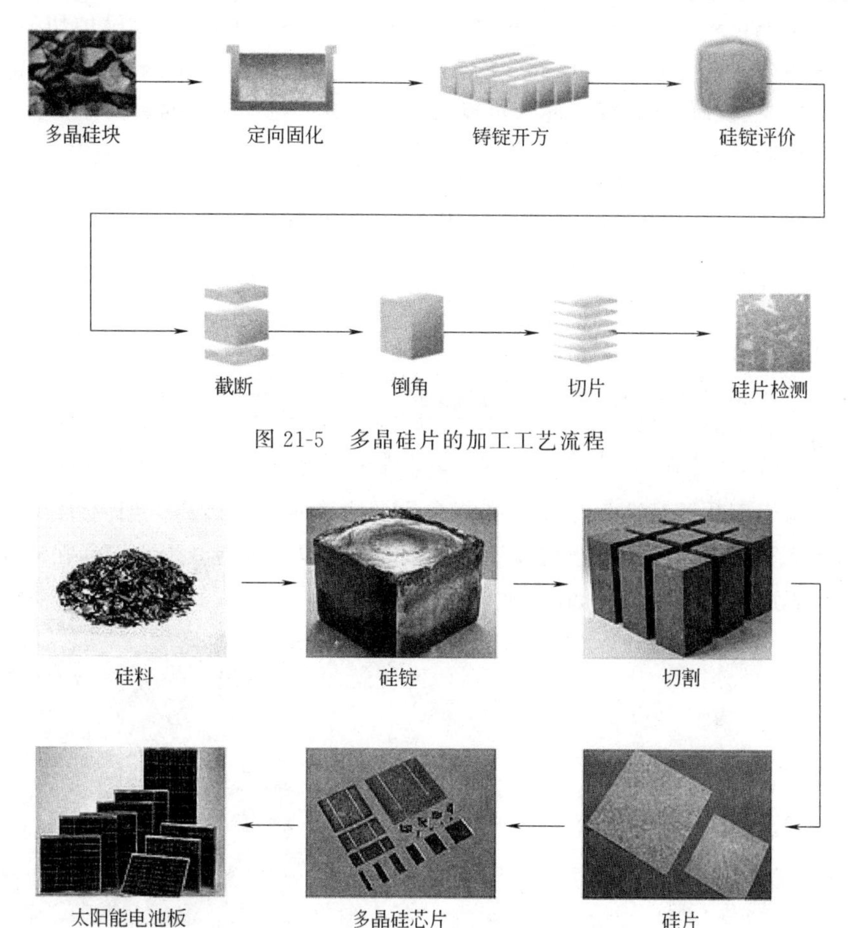

图21-5 多晶硅片的加工工艺流程

图21-6 太阳能电池板生成流程

多晶硅硅锭制备完成后采用线锯将其切割成几百微米厚的薄片，其中线锯中的金属丝通常采用铜丝，直径约为220μm，铜丝带动碳化硅微粉切割硅锭，切下的电池片厚度在220～380μm的范围内。多晶硅片加工工艺主要为：开方→磨面→倒角→切片→腐蚀、清洗等。

① 开方　对于方形的晶体硅锭，在硅锭切断后，要进行切方块处理，即沿着硅锭的晶体生长的纵向方向，将硅锭切割成一定尺寸的长方形硅块。

② 磨面　在开方之后的硅块表面会产生线痕，需要通过研磨除去开方所造成的线痕及表面损伤层，有效改善硅块的平坦度与平行度，达到一个抛光过程处理的规格。

③ 倒角　将多晶硅切割成硅块后，硅块边角锐利部分需要倒角，修整成圆弧形，主要是防止切割时硅片的边缘破裂、崩边及晶格缺陷产生。切片与后续的腐蚀、清洗工艺与单晶硅几乎一致。

制备的硅片要经过腐蚀、清洗，然后将硅片置于扩散炉石英管中，用三氯氧磷在硅片上扩散原子，以在P型硅片上形成深度约为0.5μm左右的N型导电区，在界面形成PN结，接着在受光面上制作减反射膜，并通过真空蒸发或丝网印刷制作上下电极。在受光面采用栅电极，以便最大限度地采光。图21-7为太阳能电池的主要制备工艺流程，工艺流程的具体说明如下。

（1）硅片腐蚀　多晶硅晶体排列方式杂乱，如果用碱液腐蚀无法得到良好的金字塔结构化表面，只能用酸溶液进行各向同性腐蚀，获得存在许多凹坑的表面结构，也能起到良好的陷光作用。利用HF和HNO_3的混合溶液腐蚀硅片，以除去硅片表面机械切痕和损伤，P型硅片每面的腐蚀深度可为5～10μm。去除硅片表面损伤层是太阳能电池制造的第一道常规工序，目前主要通过化学腐蚀，此法可以有效消除由于切片造成的表面损伤，同时还可以制作绒面表面构造，从而减少光反射。硅酸性腐蚀反应式为：

$$Si+6HF+HNO_3 \longrightarrow H_2SiF_6+HNO_2+H_2O+H_2\uparrow$$

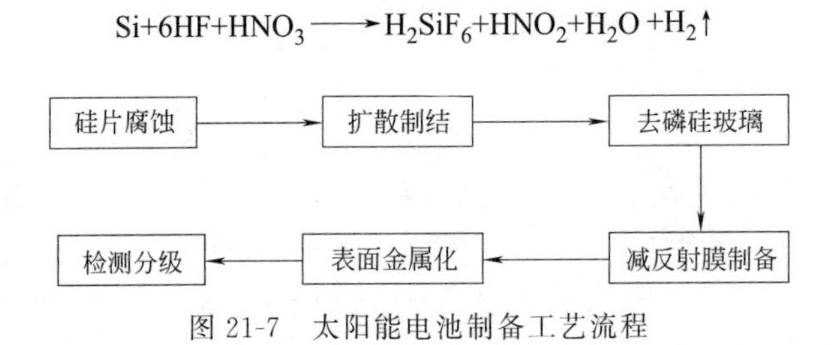

图21-7　太阳能电池制备工艺流程

通过多晶硅表面酸性腐蚀，可以形成一个陷光的表面绒面构造，如图21-8所示。光线经过这样的表面至少会有2次机会与硅片接触，这样可以有效地减少太阳光在硅片表面的反射。多晶硅片表面处理后的绒面如图21-9所示。

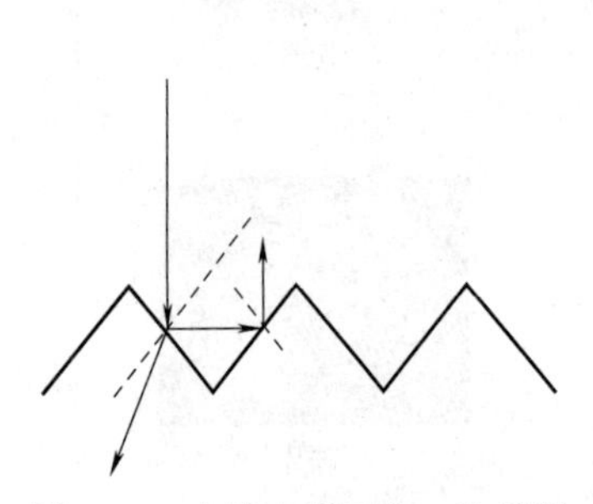
图21-8　光线在绒面的二次反射

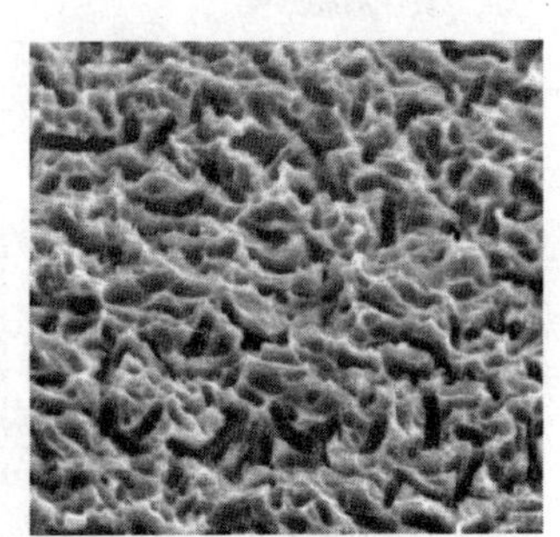
图21-9　多晶硅绒面

（2）扩散制结　多数厂家都选用P型硅片来制作太阳能电池，一般用$POCl_3$液态源作为扩散源。扩散设备可用横向石英管或链式扩散炉，如图21-10所示，进行磷扩散形成N型层。扩散的最高温度可达到850～900℃。这种方法制出的结均匀性好，方块电阻的不均匀性小于10%，少子寿命可大于10ms。扩散过程遵从如下反应式：

$$4POCl_3+3O_2(过量)\longrightarrow 2P_2O_5+6Cl_2(气)\quad 2P_2O_5+5Si\longrightarrow 5SiO_2+4P$$

近年来，Shellsolar开发了新的扩散工艺，即采用红外加热的办法，明显提高了功效，扩散速率可以达到每秒完成一片电池。

（3）去磷硅玻璃　用化学方法除去扩散层SiO_2，与HF生成可溶于水的SiF_4，从而使硅表面的磷硅玻璃（掺P_2O_5的SiO_2）溶解，化学反应为：$SiO_2+HF\longrightarrow H_2SiF_6+2H_2O$。

（4）减反射膜制备　采用等离子体增强化学气相沉淀（plasma enhanced chemical vapor

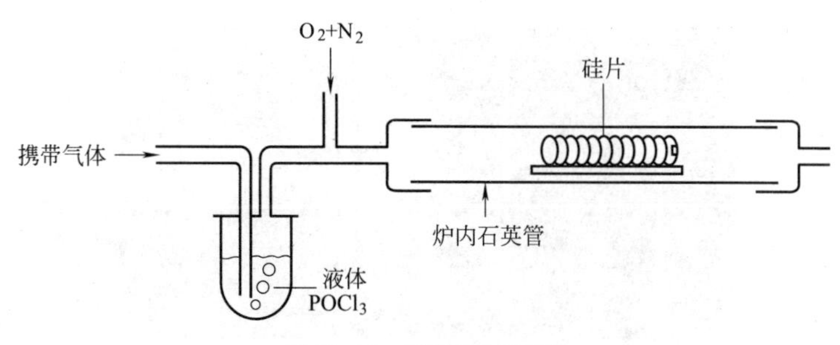

图 21-10　磷扩散原理图

deposition，PECVD）技术在电池表面沉积一层氮化硅（SiN_x）减反射膜，不但可以减少光的反射，而且因为在制备 SiN_x 减反射膜过程中大量的 H 原子进入，能够起到很好的表面钝化和体钝化的效果，如图 21-11 所示。这对于具有大量晶界的多晶硅材料而言，由于晶界的悬挂键被饱和，从而降低了复合中心的作用。由于具有明显的表面钝化和体钝化作用，因此可以用比较差一些的硅材料来制作太阳能电池。SiN_x 薄膜起到增强对光的吸收性的同时，H 原子对太阳能电池起到很好的表面和体内钝化作用，从而提高了电池的短路电流和开路电压。

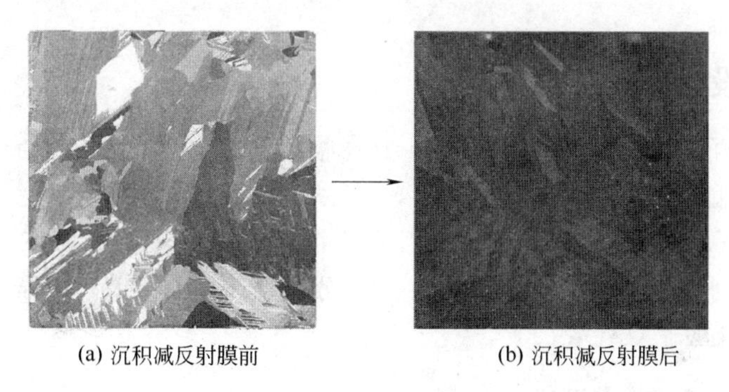

(a) 沉积减反射膜前　(b) 沉积减反射膜后

图 21-11　减反射膜制备

（5）表面金属化　太阳能电池制造的最后一道工序是印刷电极，最早采用真空蒸镀或化学电镀技术，而现在普遍采用丝网印刷法，即通过特殊的印刷机和模板将银浆、铝浆印制在太阳能电池的正、背面，以形成正、负电极引线，再经低温烘烤、高温烧结，最终即可制成太阳能电池。在电池的背面制作电极毫无问题，可在整个背面加上一层薄的金属层，为了容易焊接，必要时要镀上一层锡。但电池的正面必须保证对光的透明，因此，电池正面的电极呈梳子状或丝网状、树枝状结构，如图 21-12（a）所示。正面电极的形式和厚度是两方面因素平衡的结果：一方面要有高的透光率；另一方面要保证栅网电极有一个尽可能低的接触电阻。对此，各生产厂家有许多不同的制作工艺。通常电池片正面（负极）的梳子状电极结构中，有 2 条或 3 条主电极粗线，以便于连接条焊接，而背面往往以铝硅合金作为背表面场，以提高开路电压，背面（正极）也有 2 条或 3 条便于焊接的粗电极线，且往往还布满细细的网格状银线，如图 21-12（b）所示。

丝网印刷技术近年来不断改进，自动化程度不断提高。先进的丝网印刷模板采用镍板激光刻槽制成，以保证模板的耐久和栅格的精度。一般丝网印刷的正面电极对光线有 7%左右的遮拦，采用先进的模板印刷工艺可减少对光的遮拦，同时接触电阻又有一定程度的降低，制造出的电池效率也会有所提高。

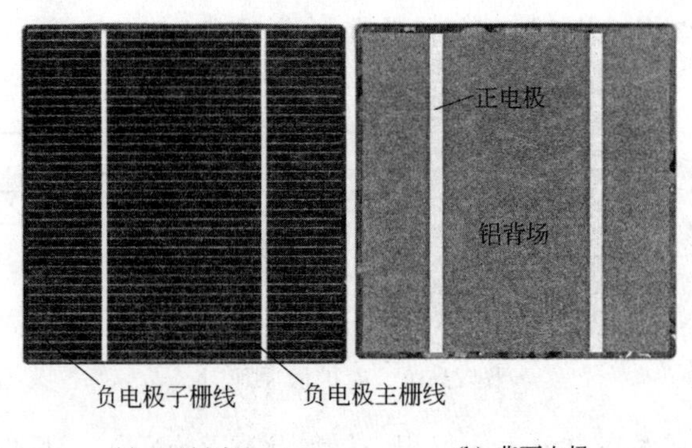

(a) 正面电极　　(b) 背面电极

图 21-12　太阳能电池电极正背面

（6）检测分级　电极印刷后到高温烧结结束后，整个太阳能电池制造过程也就完成了。在太阳光下将太阳能电池正、负电极用导线接上，就有电流通过了。为了保证产品质量的一致性，通常要对每个电池测试，并按电流和功率大小进行分类，可根据电池效率，每 0.4 或 0.5 分级包装。但要使太阳能电池很好地满足用户发电需要，还需将太阳能电池封装成太阳能电池组件。

三、实验设备与材料

仪器：旋转涂布机、快速加热退火炉、氮气瓶、氧气瓶、研磨机、真空热蒸镀机、打线机、太阳能电池性能测试仪。

试剂材料：P-type 的硅芯片、表面活性剂、丙酮、去离子水、BOE 溶液［49％HF 水溶液：40％NH_4F 水溶液＝1∶6（体积比）的成分混合而成］、KOH、异丙醇、P509（五氧化二磷溶液）、浓硫酸、双氧水。

四、实验内容与步骤

1.以表面活性剂、丙酮、去离子水清洁 P-type 的硅芯片，以 BOE 溶液去除芯片（事先切割成 1.5cm×1.5cm）上的氧化层（SiO_2）。

2.以 2％KOH（氢氧化钾）＋8％IPA（异丙醇）混合溶液在 75℃ 温度蚀刻芯片表面。

3.将硅芯片浸泡于浓硫酸（H_2SO_4 98％）与过氧化氢（H_2O_2，30％）的混合溶液（体积比为 4∶1），温度保持 90℃，浸泡时间为 15min，以增加 P509（五氧化二磷溶液）与基板间的亲水性。

4.将 P509 用旋转涂布机均匀涂布在 P-type 的硅芯片上。

5.再将芯片放入快速加热退火炉（RTA）中加热（1150℃，2～5min），通入氮气（N_2）与氧气（O_2），气体流量分别为 450mL/min（标准）与 150mL/min（标准），使磷原子掺杂进 P-type 芯片内形成 PN 结。

6.以 BOE 溶液去除芯片上的含磷 SiO_2(PSG)，再用研磨机磨除芯片边缘。

7.快速热氧化：石英管中通流量为 150mL/min（标准）的氧气，温度设定 1050℃，加热 90s。

8.以 BOE 溶液去除芯片上的 SiO_2，浸泡 5min。

9. 将芯片背面（P-type 面）放入真空热蒸镀机中蒸镀厚度为 1μm 的平面铝电极。

10. 再将芯片放入快速加热退火炉（RTA）中作陈化（通氮气，550℃的温度加热 20min），使 P-type 面获得良好的欧姆接触。

11. 将芯片正面（N-type 面）放入真空热蒸镀机中蒸镀栅栏形（梳形，1μm）铝电极。

12. 再次将芯片放入快速加热退火炉（RTA）中作陈化（通氮气，400℃的温度加热 15min），使 N-type 面获得良好的欧姆接触。

13. 用打线机将铝电极和基座作联机，将铜箔板裁成 2.5cm×2.5cm 的正方形，砂纸将其表面的氧化层磨除，避免造成串联电阻的增加而影响效率。用铜箔板切割成两个互不导电的区域，将基板的背面电极处涂上银胶后，粘贴于铜箔板上较大的区域，正面电极处以银胶黏金线后，将金线连接至铜箔板上另一较小区域处，完成太阳能电池。

14. 将太阳能电池接上太阳能电池性能测试仪。

五、注意事项

1. BOE 含氢氟酸，须全程在排气柜中以塑料吸管取用，容器不可用玻璃材质，全程戴手套以保证安全。

2. 芯片严禁以手触摸，必须用镊子夹取或戴手套拿取。

3. 真空热蒸镀机及快速加热退火炉操作前务必先开冷却水循环机。

4. 制绒和刻蚀工序用到酸性溶液，操作过程必须戴好防化用品。

5. 扩散工序要注意磷源（三氯氧磷、剧毒化学品）是否有泄漏。

六、数据记录及处理

1. 测试所制备太阳能电池的性能参数。

2. 与现有商品电池的性能参数比较，分析性能差异的原因。

七、思考题

1. 影响多晶硅太阳能电池性能的因素有哪些？

2. 在多晶硅太阳能电池制备工艺中，磷原子的掺杂深度对电池性能的影响，如何控制？

实验 22　染料敏化 TiO_2 太阳能电池的制备及性能测试

一、实验目的

1. 了解染料敏化纳米 TiO_2 太阳能电池的工作原理及性能特点。

2. 掌握合成纳米 TiO_2 溶胶的方法、染料敏化太阳能电池光阳极的制备方法以及电池的组装方法。

3. 掌握评价染料敏化太阳能电池性能的方法。

二、实验原理

太阳能电池是通过光电效应或者光化学效应直接把光能转化成电能的装置。纳米 TiO_2 晶体化学能太阳能电池是最近发展起来的，优点在于其廉价的成本和简单的工艺及稳定的性能。其光电效率稳定在10%以上，制作成本仅为硅太阳电池的1/5～1/10，寿命能达到20年以上。但是 TiO_2 的禁带宽度为3.2eV，只能吸收波长小于375nm的紫外线，为了使其吸收红移至可见光区，增大对全光谱范围的响应，1991年，瑞士洛桑高等工业学院（EPFL）Gratzel研究小组开发了染料敏化太阳能电池（dye sensitized solar cell，DSSC），它是由吸附染料光敏化剂（过渡金属钌的有机化合物染料）的纳米二氧化钛（TiO_2）多孔薄膜制成的新型光化学电池，其光电转换效率达7.1%。1993年，他们再次报道了光电转换效率达10%的 TiO_2 染料电池，1998年，该研究组进一步研制出全固态DSSC，使用固体有机空穴传输代替液体电解质，单色光光电转化效率达到33%，从而引起了全世界的科学家对染料敏化太阳能电池的关注。近年来，染料敏化太阳能电池的研究主要集中在阳极材料的改性、染料的改进、电解质的研究以及阴极对染料敏化太阳能电池的影响等。

1. DSSC结构和工作原理

电池中的 TiO_2 禁带宽度为3.2eV，只能吸收紫外区域的太阳光，可见光不能将它激发，于是在 TiO_2 膜表面覆盖一层染料光敏剂来吸收更宽的可见光，当太阳光照射在染料上，染料分子中的电子受激发跃迁至激发态，由于激发态不稳定，并且染料与 TiO_2 薄膜接触，电子于是注入到 TiO_2 导带中，此时染料分子自身变为氧化态。注入到 TiO_2 导带中的电子进入导带底，最终通过外电路流向对电极，形成光电流。处于氧化态的染料分子在阳极被电解质溶液中的 I^- 还原为基态，电解质中的 I_3^- 被从阴极进入的电子还原成 I^-，这样就完成一个光电化学反应循环。但是在反应过程中，若电解质溶液中的 I^- 在光阳极上被 TiO_2 导带中的电子还原，则外电路中的电子将减少，这就是类似硅电池中的“暗电流”。整个反应过程表示如下。

① 染料D受激发由基态跃迁到激发态 D^*：$D+hv \longrightarrow D^*$

② 激发态染料分子将电子注入到半导体导带中：$D^* \longrightarrow D^+ + e^-$

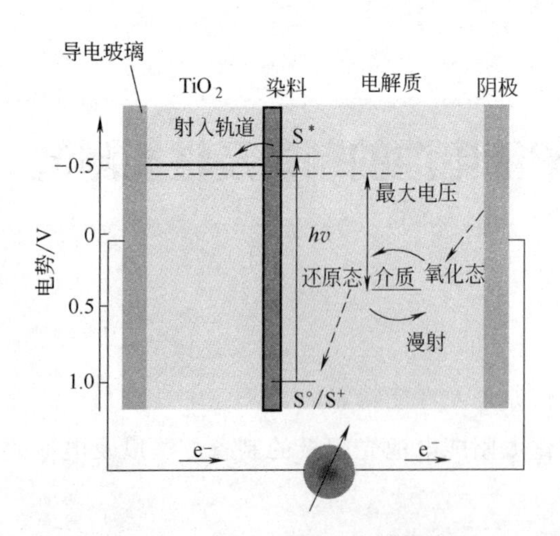

图22-1 DSSC结构与工作原理图

③ I^- 还原氧化态染料分子：$3I^- + 2D^+ \longrightarrow I_3^- + 2D$

④ I_3^- 扩散到对电极上得到电子使 I^- 再生：$I_3^- + 2e^- \longrightarrow 3I^-$

⑤ 氧化态染料与导带中的电子复合：$D^+ + e^- \longrightarrow D$

⑥ 半导体多孔膜中的电子与进入多孔膜中的 I_3^- 复合：$I_3^- + 2e^- \longrightarrow 3I^-$

其中，反应⑤的反应速率越小，电子复合的机会越小，电子注入的效率就越高；反应⑥是造成电流损失的主要原因。

染料敏化太阳能电池的结构是一种“三明治”结构，如图22-1所示，主要由以下几个部分组成：导电玻璃、染料光敏化剂、多孔结构的 TiO_2 半导体纳米晶薄膜、电解质和铂电极。其中吸附了染料的半导体纳米晶薄膜称为光阳极，铂电极叫作对电极或光阴极。

（1）光阳极　目前，DSSC 常用的光阳极是纳米 TiO_2。TiO_2 是一种价格便宜、应用广泛、无污染、稳定且抗腐蚀性能良好的半导体材料。TiO_2 有锐钛矿型（anatase）和金红石型（rutile）两种不同晶型，其中锐钛矿型的 TiO_2 带隙（3.2eV）略大于金红石型的能带隙（3.1 eV），且比表面积略大于金红石，对染料的吸附能力较好，因而光电转换性能较好。因此目前使用的都是锐钛矿型的 TiO_2。研究发现，锐钛矿在低温稳定，高温则转化为金红石，为了得到纯锐钛矿型的 TiO_2，退火温度为 450℃。

（2）染料敏化剂　用于 DSSC 电池的敏化剂染料应满足以下几点要求：①牢固吸附于半导体材料；②氧化态和激发态有较高的稳定性；③在可见区有较高的吸收；④有一长寿命的激发态；⑤足够负的激发态氧化还原势以使电子注入半导体导带；⑥对于基态和激发态氧化还原过程要有低的动力势垒，以便在初级电子转移步骤中自由能损失最小。

目前使用的染料可分为 4 类：

第一类为钌多吡啶有机金属配合物。这类染料在可见光区有较强的吸收，氧化还原性能可逆，氧化态稳定性高，是性能优越的光敏化染料。用这类染料敏化的 DSSC 太阳能电池保持着目前最高的转化效率，但原料成本较高。

第二类为酞菁和菁类系列染料。酞菁分子中引入磺酸基、羧酸基等能与 TiO_2 表面结合的基团后，可用作敏化染料。分子中的金属原子可为 Zn、Cu、Fe、Ti 和 Co 等金属原子。它的化学性质稳定，对太阳光有很高的吸收效率，自身也表现出很好的半导体性质，而且通过改变不同的金属可获得不同能级的染料分子，这些都有利于光电转化。

第三类为天然染料。自然界经过长期的进化，演化出了许多性能优异的染料，广泛分布于各种植物中，提取方法简单。因此近几年来，很多研究者都在探索从天然染料或色素中筛选出适合光电转化的染料。植物的叶子具有光化学能转化的功能，因此，从绿叶中提取的叶绿素应有一定的光敏活性。从植物的花中提取的花青素也有较好的光电性能，有望成为高效的敏化染料。天然染料突出的特点是成本低，所需的设备简单。

第四类为固体染料。利用窄禁带半导体对可见光良好的吸收，可在 TiO_2 纳米多孔膜表面镀一层窄禁带半导体膜。例如 InAs 和 PbS，利用其半导体性质和 TiO_2 纳米多孔膜的电荷传输性能，组成多结太阳能电池。窄禁带半导体充当敏化染料的作用，再利用固体电解质组成全固态电池。但窄禁带半导体严重的光腐蚀阻碍了进一步应用。

（3）电解质　电解质在电池中主要起传输电子和空穴的作用。目前 DSSC 电解质通常为液体电解质，主要由 I^-/I_3^-、$(SCN)_2^-/SCN^-$、$[Fe(CN)_6]^{3-}/[Fe(CN)_6]^{4-}$ 等氧化-还原电对构成。但液态电解质也存在一些缺点：①液态电解质的存在易导致吸附在 TiO_2 薄膜表面的染料解析，影响电池的稳定性。②溶剂会挥发，可能与敏化染料作用导致染料发生光降解。③密封工艺复杂，密封剂也可能与电解质反应，因此所制得的太阳能电池不能存放很久。要使 DSSC 走向实用，须首先解决电解质问题，固体电解质是解决上述问题的有效途径之一。

（4）光阴极　电池的阴极一般由镀了 Pt 的导电玻璃构成。导电玻璃用在 DSSC 上的一般有两种，它们分别是 ITO（掺 In 的 SnO_2 膜）和 FTO（掺 F 的 SnO_2 膜）。导电玻璃的透光率要求在 85%以上，其方块电阻为 10～20Ω/cm^2，导电玻璃起着电子的传输和收集的作用。I_3^- 在光阴极上得到电子再生成 I^-，该反应越快越好，但由于 I_3^- 在光阴极上还原的过电压较大，反应较慢。为了解决这个问题，可以在导电玻璃上镀上一层 Pt，降低电池中的暗反应速率，这可以提高太阳光的吸收率。

2. 染料敏化太阳能电池性能指标

DSSC 的性能测试目前通用的是使用辐射强度为 $1000W/m^2$ 的模拟太阳光，即 AM1.5 太阳光标准。评价的主要指标包括：开路电压（V_{oc}）、短路电流密度（I_{sc}）、染料敏化太阳电池的 I-V 特性、填充因子（FF）、单色光光电转换效率（IPCE）和总光电转换效率（η_{global}）。

开路电压指电路处于开路时 DSSC 的输出电压，表示太阳能电池的电压输出能力。短路电流指太阳能电池处于短接状态下流经电池的电流大小，表征太阳能电池所能提供的最大电流。V_{oc} 和 I_{sc} 是 DSSC 的重要性能参数，要提高 DSSC 的光电性能，就要有高的 V_{oc} 和 I_{sc}。

判断染料敏化太阳能电池输出特性的主要方法是测定其光电流和光电压曲线即 I-V 特性曲线。填充因子是指太阳能电池在最大输出功率（P_{max}）时的电流（I_m）和电压（V_m）的乘积与短路电流和开路电压乘积的比值，是表征因由电池内部阻抗而导致的能量损失。

DSSC 的光电转换效率是指在外部回路上得到最大输出功率时的光电转换效率。对于光电转换器件，经常用单色光光电转换效率 IPCE 来衡量其量子效率，IPCE 定义为单位时间内外电路中产生的电子数 N_e 与单位时间内入射单色光电子数 N_P 之比。由于太阳光不是单色光，包括了整个波长，因此对于 DSSC 常用总光电转换效率来表示其光电性能。η_{global} 定义为电池的最大输出功率与入射光强的比值。

三、实验设备与材料

仪器：XRD 粉末衍射仪、可控强度调光仪、紫外-可见分光光度计、电化学工作站、超声波清洗器、恒温水浴槽、多功能万用表、电动搅拌器、马弗炉、红外线灯、研钵、三室电解池、铂片电极、饱和甘汞电极、石英比色皿、导电玻璃、镀铂导电玻璃、锡纸、生料带、三口烧瓶（500mL）、分液漏斗、布氏漏斗、抽滤瓶、容量瓶、烧杯、镊子等。

试剂材料：钛酸四丁酯、异丙醇、硝酸、无水乙醇、乙二醇、乙腈、碘、碘化钾、TBP、丙酮、石油醚、绿色叶片、红色花瓣、去离子水。

四、实验内容与步骤

1. TiO_2 溶胶制备

（1）在 500mL 的三口烧瓶中加入 1∶100（体积比）的硝酸溶液约 100mL，将三口烧瓶置于 60～70℃的恒温水浴中恒温。

（2）在无水环境中，将 5mL 钛酸四丁酯加入含有 2mL 异丙醇的分液漏斗中，将混合液充分振荡后缓慢滴入（约 1 滴/秒）上述三口烧瓶中的硝酸溶液中，并不断搅拌，直至获得透明的 TiO_2 溶胶。

2. TiO_2 电极制备

取 4 片 ITO 导电玻璃经无水乙醇、去离子水冲洗、干燥，分别将其插入溶胶中浸泡提拉数次，直至形成均匀液膜。取出平置、自然晾干，在红外灯下烘干。最后在 450℃下于马弗炉中煅烧 30min 得到锐态矿型 TiO_2 修饰电极。可用 XRD 粉末衍射仪测定 TiO_2 晶型结构。

3. 染料敏化剂的制备和表征

（1）叶绿素的提取　采集新鲜绿色幼叶，洗净晾干，去主脉，称取 5g 剪碎放入研钵，加入少量石油醚充分研磨，然后转入烧杯；再加入约 20mL 石油醚，超声提取 15min 后过滤，弃去滤液。将滤渣自然风干后转入研钵中，再以同样的方法用 20mL 丙酮提取，过滤后收集滤液，即得到取出了叶黄素的叶绿素丙酮溶液，作为敏化染料待用。

（2）花色素的提取　称取 5g 红花或黄花的花瓣，洗净晾干，放入研钵捣碎；加入 95% 乙醇溶液淹没浸泡 5min 后转入烧杯，继续加入约 20mL 乙醇，超声波提取 20min 后过滤，得到花色素的乙醇溶液，作为敏化染料待用。

（3）染料敏化剂的 UV-Vis 吸收光谱测定　以有机溶剂（丙酮或乙醇）做空白，测定叶绿素和花色素的紫外-可见光吸收光谱，由此确定染料敏化剂的电子吸收波长范围。

4. 染料敏化电极制备和循环伏安曲线测定

（1）敏化电极制备　经过煅烧后的 4 片 TiO_2 电极冷却到 80℃左右，分别浸入上述两类染料溶液中，浸泡 2～3h 后取出，清洗、晾干，即获得经过染料敏化的 4 个 TiO_2 电极。然后采用铜薄膜在未覆盖 TiO_2 膜的导电玻璃上引出导电极，并用生料带外封。

（2）电极循环伏安曲线测定　为考察不同的染料敏化剂在纳米 TiO_2 电极上的电化学行为和可逆性，分别以染料敏化后的 TiO_2 电极为工作电极、铂电极为对电极、饱和甘汞电极为参比电极，pH＝6.86 的磷酸盐缓冲液为支持电解质，测定 0.2～1.4V 电位区间的敏化电极的循环伏安谱，改变扫描速度确定敏化剂发生电化学反应的可逆性。

5. DSSC 电池的组装和光电性能测试

（1）DSSC 电池组装　分别以染料敏化纳米 TiO_2 电极为工作电极，以镀铂电极为光阴极，将电极与光阴极用夹子固定，在其间隙中滴入以乙腈为溶剂、以 0.5mol/L KI＋0.5mol/L I_2＋0.2mol/L TBP 为溶质的液态电解质，封装后即得到不同染料敏化的太阳能电池。

首先，将浸渍好染料的 TiO_2 膜边缘用透明胶（或者封装膜）粘好，留一个尺寸为 5mm×5mm 的槽；其次，将槽口朝上，用注射器滴一两滴上述配置好的含碘和碘离子的电解质；然后把镀铂对电极的导电面朝下压在 TiO_2 膜上，把两个电极稍微错开，以便利用暴露在外面的部分作为电极的测试用；最后用两个鳄鱼夹把电池夹住就得到了一个可拆装的 DSSC，如图 22-2 所示。

（2）光电性能测试　用自组装的光电性能测试系统测定 DSSC 的 *I-V* 特性曲线。光电性能测试系统由电化学工作站、氙灯光源、计算机及有效面积控制挡板组成。测试时，模拟光源的强度用辐照计调整为 $100mW/cm^2$。

五、注意事项

1. 锐钛矿型 TiO_2 的制备

TiO_2 有无定型和结晶型两种，板钛矿型（brookite）属于无定型，晶体有锐钛矿型（anatase）和金红石型（rutile）两种不同晶型，它们的主要区别在于八面体结构中内部扭曲和结合方式不同，结构上的差异导致了两种晶型有不同的质量密度及电子能带结构。锐钛矿

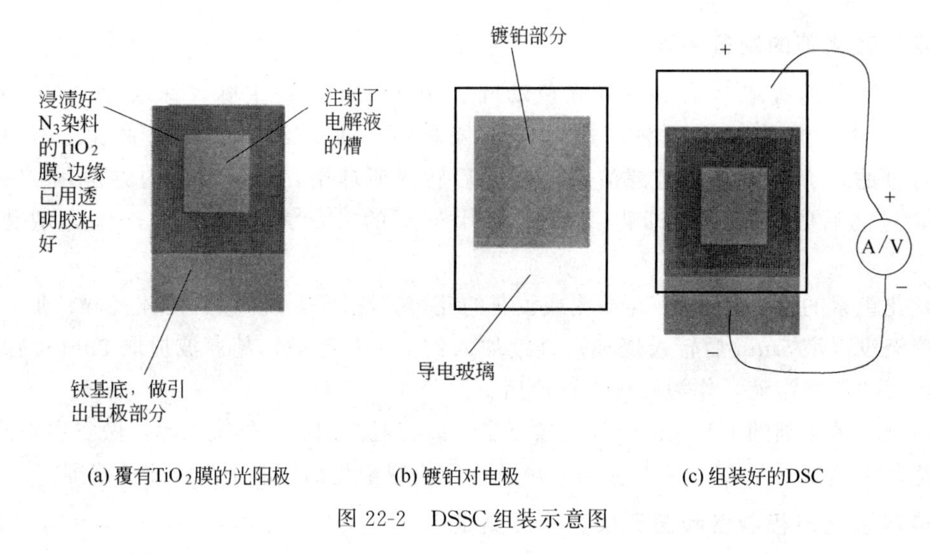

图 22-2　DSSC 组装示意图

型的质量密度 3.894g/cm^3，带隙 3.2eV；金红石型的质量密度（4.250g/cm^3）略大于锐钛矿，能带隙 3.1eV，略小于锐钛矿型。它们在光电化学性质上存在差异，金红石型 TiO_2 比表面积小，对染料的吸附能力差，因而光生电子和空穴容易复合，电子的传输受到一定影响，一般认为锐钛矿型的光活化性能比较高。研究发现，锐钛矿在低温稳定，高温则转化为金红石，纳米级材料的转化温度为 600～1000℃。因此为了得到纯锐钛矿型的 TiO_2，退火温度不能太高，多控制在 450℃。

2. TiO_2 溶胶修饰导电玻璃

TiO_2 薄膜作为染料吸附、电子传输的载体，是染料敏化太阳能电池的关键，其性能直接影响电池的效率。其中 TiO_2 薄膜厚度对 DSSC 的光电转换效率有重要影响。文献研究表明，在一定范围内增加半导体薄膜厚度，可以增加染料吸附量，从而提高电池效率，但当厚度超过 14μm 时，电池的各性能参数均明显下降。因此，在用 TiO_2 溶胶修饰导电玻璃制作电极时，切忌涂层过厚。

3. DSSC 电池组装

液态电解质易挥发和渗漏，进而导致电池失效，因此，组装电池时电解质的添加一定要适量，防止渗漏，且组装后如果不采取密封措施，应尽快检测光电性能，以防电解质挥发，影响电池性能。

六、数据记录及处理

1. 煅烧后 TiO_2 电极的 XRD 图。
2. 染料敏化剂的 UV-Vis 吸收曲线。
3. 染料敏化剂的循环-伏安曲线。
4. 不同波长辐照下 DSSC 的光电转换效应。
5. 记录波长及对应的开路电压和短路电流。

七、思考题

1. 影响染料敏化太阳能电池光-电转化效率的因素有哪些？

2. 敏化剂在 DSSC 电池中的作用有哪些？
3. 光阳极的哪些性质会影响电池性能？
4. 与其他太阳能电池比较，DSSC 电池有哪些优势和局限性？

实验 23 量子点太阳能电池的制作与性能检测

一、实验目的

1. 了解量子点太阳能电池的原理。
2. 了解量子点太阳能电池的结构。
3. 掌握量子点太阳能电池的制备方法。
4. 掌握量子点太阳能电池性能的测试方法。

二、实验原理

1. 太阳能电池的光电转换效率

太阳能电池可以分为两大类：一类是基于半导体 PN 结中载流子输运过程的无机固态太阳能电池；另一类则是基于有机分子材料中光电子化学过程的光电化学太阳能电池。单晶 GaAs 太阳能电池、晶体硅太阳能电池和硅基薄膜太阳能电池属于第一类，而染料敏化太阳能电池和聚合物太阳能电池属于第二类。第一类太阳能电池已经产业化或商业化，而第二类太阳能电池正处于研究与开发之中。目前太阳能电池存在能耗高、光电转换效率低等缺点，尽管人们已采用各种方法来改善太阳能电池的转换效率，但尚不能使其大幅度提高。能否找到一种更有效的途径或对策，使太阳能电池的实际能量转换效率接近其理论预测值，成为材料物理、光伏器件与能源科学的一项重大课题。

量子点是指三维方向尺寸均小于相应物质块体材料激子的德布罗意波长的纳米结构。理论研究指出，采用具有显著量子限制效应和分立光谱特性的量子点作为有源区设计和制作的量子点太阳能电池，可以使其能量转换效率获得超乎寻常的提高，其极限值可以达到 66% 左右，而目前太阳能电池的主流晶体硅技术的光电转换效率理论上最多仅为 30%。尽管目前尚没有制作出这种超高转换效率的实用化太阳能电池，但是大量的理论计算和实验研究已经证实，量子点太阳能电池将会在未来的太阳能转换中显示出巨大的发展前景。

人们针对太阳能电池存在的能耗高、光电转换率低等缺点，提出了三套解决方案：①增加带隙数量，制作多带隙叠层太阳能电池；②热载流子冷却前进行俘获；③一个高能光子产生多个电子空穴对或者多个低能光子产生一个高能电子空穴对。目前，方案①已经得到实际应用，后两套方案基于量子点产生的量子限制效应正处于研究之中。

半导体量子点太阳能电池作为第三代太阳能电池具有潜在的优势，它通过以下两个效应可以大大增加光电转换效率：第一个效应是来自具有充足能量的单光子激发产生多激子；第二个效应是在带隙里形成中间带，可以有多个带隙起作用，来产生电子空穴对。这两个效应的产生是因为量子点中的能级量子化。能级量子化还会产生其他效应：减缓热电子-空穴对的冷却；提高电荷载流子之间的俄歇复合过程和库仑耦合；并且对于三维限制的载流子，动量不再是一个好量子数，跃迁过程不必满足动量守恒。提高转换效率的两种基本的方式（增加光电压或者增加光电流）理论上在三维量子点太阳能电池的结构中能够实现。

（1）量子点多激子太阳能电池的机理　在一般的半导体太阳能电池中，由碰撞电离引起的多个电子空穴对的形成对于提高量子产能并没有多重要的贡献，这主要是因为只有在光子的能量达到光谱的紫外区才会有可观的碰撞电离效应，而大多数半导体无法满足要求，原因有两个：一个是晶体的动量守恒，另一个是碰撞电离的比例必须和由电子-声子散射引起的能量弛豫的比例接近。

在量子点体系中，三维限制效应会形成分裂的量子化能级，能有效地减慢电声子的相互作用。而且对于三维限制载流子，由于动能不再是一个好量子数，因此跃迁过程也不必满足动量守恒，这样碰撞电离效应可得到增强，热电子可产生多个空穴对，因此称为多电子产生。多电子产生现象在不少纳米晶体中有报道，如 PbSe、PbS、PbTe 和 CdSe 等。但在目前的实验研究中，基于量子点的光转换器件的量子产能还不理想。量子点多激子增强效应机制尚处于研究阶段。

（2）量子点中间带太阳能电池的机理　中间带材料［见图 23-1（a）］是在传统半导体材料的价带和导带之间存在一个中间带。由于中间带的形成，电子会从价带跃迁到中间带，以及从中间带跃迁到导带，使低于带隙能量的光子也能够对电池的光电流产生贡献。中间带可通过尺寸为纳米量级的半导体量子点镶嵌在三维的宽带隙半导体材料中来实现：量子点为势阱，宽带隙半导体为势垒。通过调制阱宽可实现不同的量子限制效应；改变能级分裂的距离，可以形成不同的带隙宽度。

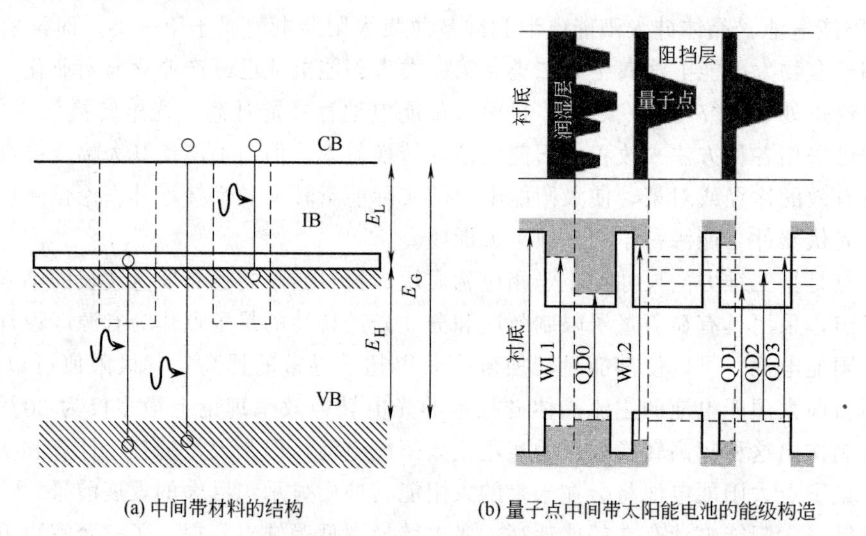

(a) 中间带材料的结构　(b) 量子点中间带太阳能电池的能级构造

图 23-1　中间带太阳能电池

量子点中间带太阳能电池［见图 23-1（b）］能够捕获和吸收低于带隙能量的光子，使太阳能电池可以在没有电压降低的情况下提高光电流，因此中间带太阳能电池研究是目前第三代太阳能电池研究中最为活跃的领域之一。

在中间带太阳能电池需要解决的基本问题中，关键是光的有效吸收问题。为了让光子在最大能量输出的同时使载流子的热损失最小，具有一定能量的光子应首先被相应的最宽的能隙吸收（不同带隙主要吸收与能隙宽度相近能量的光子，避免高能量的光子被窄能带先吸收），同时要求价带到导带的吸收系数比价带到中间带的吸收系数大，价带到中间带的吸收系数比中间带到导带的吸收系数大。其次是要求中间带必须是半满的，且应有足够的电子空穴对浓度，能够满足电子从价带到中间带的跃迁和中间带到导带跃迁的要求。上述要求在实验上是不容易满足的，因此寻找满足上述要求的中间带材料是实现高效中间带太阳能电池的关键之一。

2. 量子点敏化太阳能电池

量子点敏化太阳能电池是以染料敏化太阳能电池（DSSC）为基础构造的，两者的工作原理相似，只是前者选择窄带隙半导体量子点替代有机染料分子作为光敏剂连接到宽带隙半导体如 TiO_2、ZnO 和 SnO_2 等阳极材料上，使其达到敏化效果。

量子点敏化太阳能电池的工作原理（见图 23-2），即光电流的产生过程，电子通常经历以下 7 个过程。

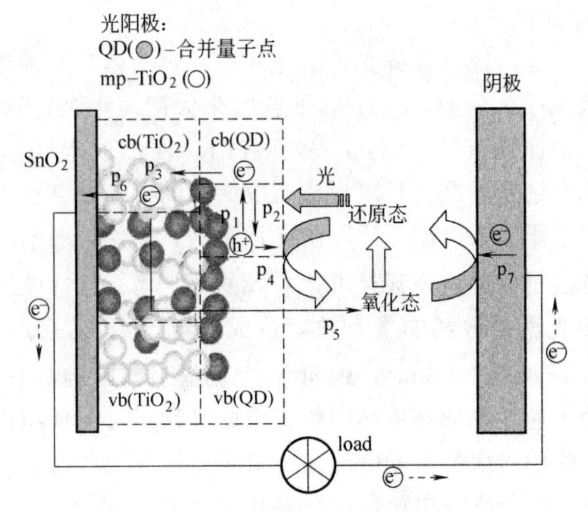

图 23-2 量子点敏化太阳能电池示意图

p_1—光激发；p_2—电子-空穴复合；p_3—电子注入；p_4—空穴注入；

p_5—背反应；p_6—电子收集；p_7—阴极反应；

① 量子点（QD）受光激发由基态跃迁到激发态（QD^*）：

$$QD + h\upsilon \longrightarrow QD^*$$

② 激发态量子点将电子注入到氧化物半导体的导带中（电子注入速率常数为 k_{inj}）：

$$QD^* \longrightarrow QD^+ + e^-(CB)$$

③ 氧化物导带（CB）中的电子在纳米晶网络中传输到后接触面（back contact，BC）后而流入到外电路中：

$$e^-(CB) \longrightarrow e^-(BC)$$

④ 纳米晶膜中传输的电子与进入 TiO_2 膜孔中的 I_3^- 复合（速率常数用 k_{et} 表示）：

$$I_3^- + 2e^-(CB) \longrightarrow 3I^-$$

⑤ 导带中的电子与氧化态量子点之间的复合（电子回传速率常数为 k_b）：

$$QD^+ + e^-(CB) \longrightarrow QD$$

⑥ I_3^- 扩散到对电极（CE）上得到电子再生：

$$I_3^- + 2e^- (CE) \longrightarrow 3I^-$$

⑦ I^- 还原氧化态量子点可以使量子点再生：

$$3I^- + 2QD^+ \longrightarrow I_3^- + QD$$

量子点激发态的寿命越长，越有利于电子的注入，而激发态的寿命越短，激发态分子有可能来不及将电子注入到半导体的导带中就已经通过非辐射衰减而跃迁到基态。②、⑤两步为决定电子注入效率的关键步骤。电子注入速率常数（k_{inj}）与电子回传速率常数（k_b）之比越大（一般大于 3 个数量级），电荷复合的机会越小，电子注入的效率就越高。I^- 还原氧化态染料可以使量子点再生，从而使量子点可以反复不断地将电子注入到二氧化钛的导带中。I^- 还原氧化态量子点的速率常数越大，电子回传被抑制的程度越大，这相当于 I^- 对电子回传进行了拦截（interception）。步骤⑤是造成电流损失的一个主要原因，因此电子在纳米晶网络中的传输速度（步骤③）越大，而且电子与 I_3^- 复合的速率常数 k_{et} 越小，电流损失就越小，光生电流越大。步骤⑦生成的 I_3^- 扩散到对电极上得到电子变成 I^-（步骤⑥），从而使 I^- 再生并完成电流循环。

在常规的半导体太阳能电池（如硅光伏电池）中，半导体起两种作用：其一为捕获入射光；其二为传导光生载流子。但是，对于量子点敏化太阳能电池，这两种作用是分别执行的。当电解液注入电池中而充满整个 TiO_2 多孔膜时，便形成半导体/电解质介面（SEI），由于颗粒的尺寸仅为几十纳米，并不足以形成有效的空间电荷层来使电子空穴对分离，当量子点吸收光后，激发态电子注入 TiO_2 导带在皮秒量级，而结合过程（电子返回染料基态）在微秒量级，因此前者电子传递速率甚至可达后者的 10^6 倍，这样就形成了光诱导电荷分离的动力学基础，可看出光诱导分离非常有效，造成净电子流出，另一过程（电子与 I_3^- 结合）经测量结果为 $10^{-11} \sim 10^{-9} A/cm^2$，但可经过 4-叔丁基吡啶处理或制备复合电极来抑制。电子在多孔膜中的传递并不如在单晶中快，因此必须尽可能地减少电子通过路径与穿越晶界数，故存有一最佳膜厚对应最大光电流值。量子点敏化太阳能电池与 PN 结半导体电池不同之处在于光捕获、电荷分离、电荷传递分别由量子点、量子点/半导体介面和纳米晶多孔膜分别担任，因此电子空穴对能有效地分离。

3. 量子点敏化太阳能电池的结构

量子点敏化太阳能电池的结构与染料敏化太阳能电池的结构相似，只是量子点取代了染料分子。它主要是由透明导电玻璃、纳晶多孔半导体薄膜（光电极）、量子点光敏剂、电解质和对电极几部分组成的三明治结构。

（1）透明导电玻璃　透明导电玻璃（transparent conducting oxide，TCO）是纳晶多孔半导体薄膜的载体，主要起着让光线透过，并收集注入到 TiO_2 的电子将其传至外电路的作用。良好的 TCO 应同时具有高透过率和强导电性，常用的有掺氟氧化锡（fluorine doped tin oxide，FTO）和掺铟氧化锡（indium doped tin oxide，ITO）两种。其中，ITO 的电阻为 7Ω/□，FTO 的电阻为 8Ω/□。两者最大的差异在于 FTO 的电阻不会因为经过高温煅烧而上升，适合后续 TiO_2 高温烧结的制程。

（2）光电极　半导体光电极利用其宽带隙的特性来提供电子传输的通路，它是光敏剂的载体，还负责将光敏剂激发产生的电子传输到导电玻璃。因此，对它的要求为：①对可见光透明，使光敏剂能吸收到足够的可见光而被激发；②具有一定的传导性，使电子可以传导到导电玻璃上；③具有高比表面积，使光敏剂能被充分地吸附；④具有多孔结构，使电解液容易渗透。

常用的半导体为 TiO_2、ZnO、SnO_2 这三种 N 型半导体。其中 TiO_2 最为常见，应用的范围最广，取得的效率最高。TiO_2 的优点为光稳定性好、价格低廉、抗腐蚀性强且无毒。TiO_2 有锐钛矿、金红石和板钛矿三种晶相。其中电子传导阻力较小的锐钛矿主要起电子传递作用，而有利于光子散射的金红石相则可起增加电子被激发机率的作用。以锐钛矿为主，混合适量的金红石相能结合两相的优点，提高电池的转化效率。其他的宽禁带半导体 Nb_2O_5、In_2O_3 和 NiO 等都可用作光电极。

（3）量子点光敏剂　量子点光敏剂起吸收光子并激发产生电子的作用，是区别染料敏化太阳能电池的主要地方。对量子点光敏剂的要求为：①能够有效地附着在纳晶多孔半导体薄膜上；②在可见光区具有较宽的吸收范围和较强的吸光系数；③激发态寿命要长，以保证激发态将电子注入到半导体多孔膜内而不跃迁回基态；④与半导体多孔膜的能级结构相匹配，使激发的电子有效地注入到半导体的导带（conduction band，CB）。目前用到的量子点光敏化剂主要有 CdSe、CdS、CdTe、PbS、AgS、InP、PbSe、InAs 和 AgSe 等。

（4）电解质　电解质（electrolyte，EL）一般由还原态（reduced，Red）物质和氧化态（oxidized，Ox）物质组成，起到还原氧化态敏化剂并使电流循环的作用。换句话说，就是将累积在量子点价带上的空穴通过氧化还原反应向外传递，减少空穴密度以使得热电子不易与量子点的空穴发生再复合，因此电解质对量子点的还原速率必须大于量子点本身电子空穴复合的速率。理想的电池电解质应具备以下特性：

① 氧化/还原电势较低，使开路电压较大。

② 氧化/还原对在溶剂中的溶解度要高，以保证足够浓度的电子。

③ 在溶剂中的扩散系数要大，以利于传质。

④ 在可见光区没有很强的吸收，以免与敏化剂的吸收竞争。

⑤ 其氧化态和还原态的稳定性要高，使用寿命要长。

⑥ 自身有较快的氧化/还原可逆反应速率，有利于再生和电子传输。

⑦ 不会腐蚀电池中的其他部分，如敏化剂、工作电极和对电极。

QDSSC 中的电解质可以分为液态电解质、准固态电解质、固态电解质。常用的氧化/还原对有 I^-/I_3^-，还有 S^{2-}/Sn^{2-}、$K_4Fe(CN)_6/K_3Fe(CN)_6$ 等。

（5）对电极　QDSSC 对电极的制作通常是在 TCO 上镀上一层数十纳米厚的金属薄膜来作为电池的阴极，作用是催化氧化态电解质迅速地被还原并与工作电极构成回路。此层金属薄膜通常选用铂金材质，其优点在于除了降低电阻外，亦具有极高的活性，可扮演触媒的角色来促进氧化态电解质迅速地还原。除此之外，铂金可抵抗碘离子/碘电解质的腐蚀。良好的对电极应具备电阻小以及对所用的电解质的氧化还原反应催化活性好的特性。

4. 量子点敏化太阳能电池的优势

（1）量子限制效应　当半导体体材构成的原子数极大时，电子能级呈现为连续的带状，实际上此带状能级是由无数能级间隔极小的电子能级所构成的。当粒子尺寸下降时，原子数量大幅度减少使得电子能级间隔变大，连续状的能量带逐渐分裂，能带也因此变宽，电子能级随粒子尺寸的变化状况如图 23-3 所示。该效应使材料的光、电、磁等特性与体材料有极大的差异，其中吸收和发光光谱与粒子尺寸间有依赖（size-dependent）关系，如图 23-4 中所示，当粒径逐渐下降时，CdS 的吸收及发光光谱都有明显的蓝移现象（blue shift），代表能带宽度随着粒径的下降而增加。当粒径尺寸小于激子波耳半径时，即达到量子尺寸。

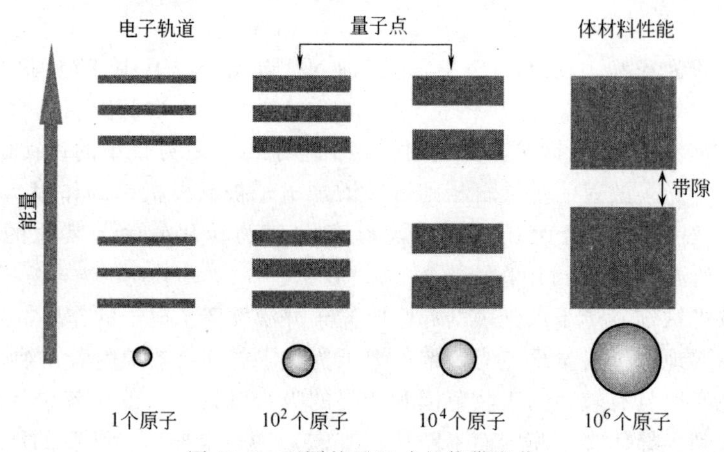

图 23-3 不同粒子尺寸的能带变化

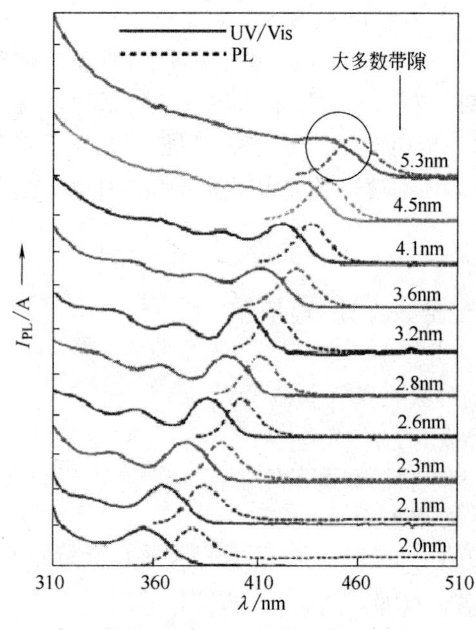

图 23-4 不同粒径的 CdS 纳米晶的紫外可见吸收与荧光光谱

在量子尺度的空间中，由于电子被限制在狭小的范围内，平均自由程缩短，电子容易形成激子（exciton），并产生激子吸收峰。粒径越小，激子的浓度越高，激子的吸收与发光效应将会越明显，这称为量子限制效应。

（2）碰撞离化效应与俄歇复合效应 碰撞离化效应，又称多激子激发效应（multiple exciton generation，MEG），是指在一半导体材料中，当外界提供大于两个能带的能量时，被激发的电子会以热电子的形式存在，当此热电子由高能级激发态回到低能级激发态时，所释放的能量可将另一个电子由价带激发至导带，此效应称为碰撞离化效应。利用此效应，一个高能量的光子可以激发两个或数个热电子。相对于碰撞离化效应，俄歇复合效应意指其中一个热电子与空穴因复合所释放的能量，可驱使另一个热电子向更高的能级跃迁，如此一来可以延长导带中热电子的寿命。但在半导体块材中热电子的冷却速率非常快，所以上述两个效应并不明显；然而，当半导体达到量子点尺寸时，连续的导带逐渐分裂成许多细小的能级，使得热电子冷却速率变慢，所以碰撞离化效应和俄歇复合效应能有效发挥。若以 4eV 的光子来激发硅晶中的电子（大约是 3.6 倍硅晶的能带），只能得到 5%的碰撞离化效率，也就是量子产率（quantum yield）为 105%。若改为以 3.9nm 的 PbSe 量子点为材料，并利用相当于 4 倍能带能量的光子来激发电子时，将可以得到 300%的量子产率。又根据 Shockley 和 Queisser 的计算，利用单一能带材料来吸光的太阳能电池其理论电池效率最高可达 31%，这与目前结晶硅太阳能电池最佳的效率 25%相差不远。然而，若利用量子点的碰撞离化及俄歇复合的效应，则量子点敏化太阳能电池的最高理论电池效率可达到 66%，比单一能级的有机染料 DSSC 高出 1 倍，足见量子点在 DSSC 应用上的潜力。

（3）小带效应 半导体材料在量子化后会产生能带分裂的现象，因此在各量子点之间会产生许多细小而连续的能级，如图 23-5 所示，称为小带。这种能级结构可以降低热电子的冷却速率，且为热电子提供许多良好的传导和收集路径，使热电子能在较高能级处向外传出，因此可得到较高的光电压。此效应与前述的碰撞离化效应不同，通过碰撞离化效应可增加电池的光电流，而小带效应则提高电池的光电压。量子点敏化剂与单一能带的有机染料相比较，量子点敏化太阳能电池能通过碰撞离化效应得到高于 100% 的量子产率，利用俄歇复合效应提高热电子的寿命，通过小带使电子传向外电路并提高电池的光电压，此外通过量子点粒径的控制，或混用不同吸光范围的量子点材料，将可达到媲美有机染料的全波长吸光。除此之外，量子点材料因具有耐热的特性，能适用的范围更广。因此量子点敏化太阳能电池被视为一个具高潜力的未来电池。

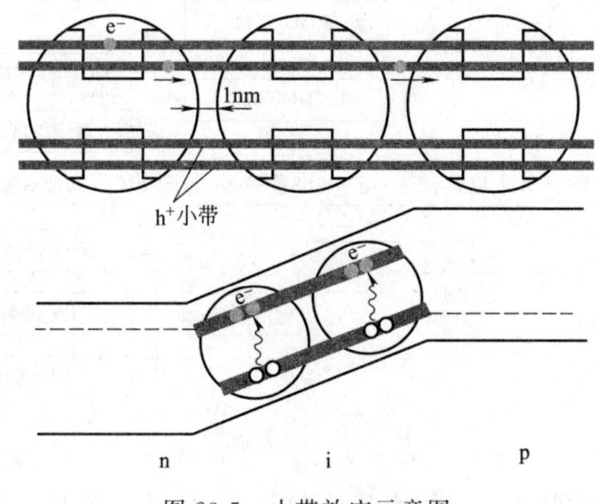

图 23-5　小带效应示意图

5. 量子点敏化电极的制备方法

量子点敏化半导体电极的制备有 4 种方法。

① 预先制备量子点，纯化后分散在溶液里，将纳米多孔 TiO_2 薄膜浸入溶液中吸附量子点。由于量子点靠物理吸附作用结合，电池的稳定性较差。用双官能团的桥连分子（通常一端为羧基，与 TiO_2 相连；一端为巯基，能牢固地结合在量子点表面）能稳定量子点，使其因化学吸附而复合到 TiO_2 薄膜的表面和孔洞中，也称自组装方法（self-assemble，SA）。

② 在纳米多孔 TiO_2 薄膜上原位合成量子点。它分为两种，一种为连续化学浴沉积（successive chemical bath deposition，S-CBD），又称连续离子层吸附与反应（successive ionic layer absorption and reaction，SILAR），即将纳米多孔 TiO_2 薄膜交替浸入两种盐溶液，在其表面生成量子点；另一种为化学浴沉积（chemical bath deposition，CBD），是将纳米多孔 TiO_2 薄膜浸入同时含有阳离子和阴离子的前驱体的溶液中生成量子点。

③ 喷雾热解法（spray pyrolysis deposition，SPD）。将量子点的前驱溶液雾喷在预先放置在加热板上的多孔半导体薄膜上，在加热的条件下，前驱溶液会产生量子点附在多孔半导体薄膜上。

④ 电沉积方法（electro deposition，ED）。将预先制备好的量子点在加压后电场的作用下沉积在多孔半导体薄膜工作电极上。

三、实验设备与材料

仪器：X 射线衍射仪、扫描电子显微镜、太阳能电池 *I-V* 特性测试系统、太阳能电池

IPCE测试系统、紫外-可见分光光度计、连续离子层吸附反应装置、旋转蒸发仪、丝网印刷装置、加热板、恒温箱、水热反应釜等。

试剂材料：钛酸四丁酯、氯铂酸、硝酸铬、硫化钠、乙基纤维素、松油醇、异丙醇、硝酸、无水乙醇、乙二醇、乙腈、硫、丙酮、去离子水等。

四、实验内容与步骤

量子点敏化电极制备的实验流程如图23-6所示。

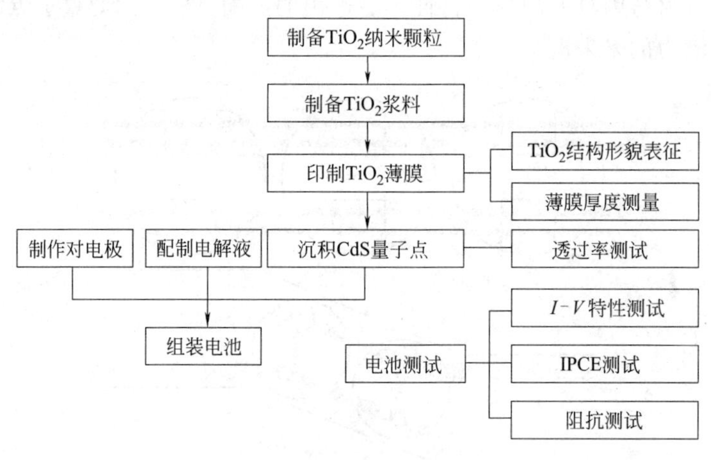

图23-6 实验流程

（1）TiO_2纳米粉末的制备 采用水热法制备TiO_2纳米颗粒。滴加一定量的钛酸四丁酯到无水乙醇中，搅拌使之形成无色透明溶胶，将溶胶转移至水热反应釜中，180℃反应4h，冷却至室温后用去离子水和无水乙醇洗涤干净后，80℃干燥，即获得纳米TiO_2粉末。

（2）TiO_2浆料的制备 将适量的乙基纤维素、纳米TiO_2粉末、松油醇及乙醇超声混合均匀；减压蒸馏除去大部分的水和乙醇后，用三辊机研磨混合物，并挥发掉剩余的水和乙醇，直至获得适于丝网印刷的TiO_2浆料。

（3）TiO_2膜电极的制备 采用丝网印刷技术在FTO（导电玻璃）表面印刷TiO_2浆料，静置除去表面缺陷，125℃干燥后，测量TiO_2薄膜的厚度。通过重复上述“印刷—静置—干燥”步骤，控制TiO_2薄膜厚度。将TiO_2薄膜进行125～500℃的分段升温热处理，冷却至室温后，即得到多孔TiO_2膜电极。

（4）CdS量子点沉积 利用连续离子层吸附反应制备CdS量子点敏化膜电极。所采用的阴、阳离子前驱体溶液分别为Na_2S的乙醇溶液和$Cd(NO_3)_2$的乙醇溶液，洗涤液为甲醇。通过重复“吸附反应—洗涤—吸附反应—洗涤”步骤，控制CdS量子点的吸附量，室温干燥后，即得到CdS量子点敏化的TiO_2膜电极。

（5）铂对电极的制备 采用热解法制备铂对电极。在导电玻璃上滴一滴氯铂酸的乙醇溶液，待其扩散均匀并挥发掉乙醇后，450℃下热解30min。为了方便太阳能电池封装时多流电解液（含S^{2-}/S_x^{2-}）的填充，预先用钻孔机在对电极上钻孔。

（6）太阳能电池组装 太阳能电池在进行光电性能测试之前均封装。将量子点敏化的TiO_2膜电极和铂对电极用热熔化的Surlyn树脂薄膜黏接起来，然后将多流电解液从铂对电极预留的小孔中注入，再用Surlyn树脂薄膜将小孔密封，即得到量子点敏化太阳能电池器件。

(7) 太阳能电池检测 采用太阳能电池 I-V 特性测试系统测试器件的短路电流、开路电压、填充因子以及能量转换效率等，电压扫描范围根据器件的实际表现设定；采用太阳能电池 IPCE 测试系统测试器件的量子效率，光谱响应范围为 200～1100nm。

五、数据记录及处理

1. TiO_2 薄膜的 X 射线衍射和扫描电子显微镜表征，分析 TiO_2 的晶相，并利用谢乐公式计算出纳米 TiO_2 的平均粒径。观测纳米 TiO_2 薄膜的颗粒分布状态。

2. 利用紫外-可见分光光度计测试 TiO_2 薄膜的透过曲线和吸收曲线，分析量子点对入射光的吸收情况，并计算出量子点的禁带宽度。

3. 测试该量子点太阳能电池的 I-V 曲线和 IPCE 曲线，获得量子点敏化太阳能电池的光电性能参数，例如开路电压、短路电流、填充因子以及光电转换效率。

六、思考题

1. 量子点太阳能电池与染料敏化太阳能电池在结构和性能上的区别有哪些？

2. 如何提高量子点太阳能电池的转化效率？

3. 分析关键材料如 TiO_2 纳米颗粒的制备方法、晶型结构、TiO_2 膜电极的厚度、CdS 吸附量、电池面积以及环境温度等对太阳能电池工作状态的影响。

实验 24 低温燃烧合成固体氧化物燃料电池用超细粉体

一、实验目的

1. 了解低温燃烧合成超细粉体的原理及方法。

2. 熟悉 sol-gel 的制备过程。

3. 掌握低温自燃烧法制备 $La_{1-x}Sr_xFeO_3$ 体系材料的方法。

4. 考查粉末合成和陶瓷制备的影响因素。

二、实验原理

固体氧化物燃料电池（solid oxide fuel cell，SOFC）是一种将反应物的化学能直接转化为电能的全固态能量转换装置，其能量利用效率高达 80%，是一种清洁高效的能源转换系统。传统的 SOFC 工作温度高（约 1000℃），存在密封难度大、材料成本高和长期稳定性差等问题，降低 SOFC 工作温度至中温范围（500～800℃）有助于扩大材料的选择范围，降低制备成本及延长电池寿命。然而，工作温度降低，传统的高温阴极材料催化性能急剧降低，电池性能显著恶化。因此，开发中温条件下高性能的阴极材料成为 IT-SOFC 研究领域中的热点。

1. $La_{1-x}Sr_xFeO_3$ 体系材料

钙钛矿型（ABO_3）复合氧化物中 A 位为 La（镧）和 Pr（镨）时，其催化活性最高。当部分 A 位离子被 Ca^{2+}、Sr^{2+}、Ba^{2+} 等碱土金属离子取代时，为了达到电荷平衡，会导致材料中形成部分空穴和氧空位，这有利于电催化活性和电子-离子导电性能的提高。

在 $La_{1-x}Sr_xFeO_3$ 体系中，当 Sr^{2+} 取代 La^{3+} 时，为了维持系统的电中性，部分低价 Fe^{3+} 被氧化为高价 Fe^{4+}，同时形成少量氧空位。由金属离子半径的比较可知，Sr^{2+} 引入时 $La_{1-x}Sr_xFeO_3$ 体系可保持良好的结构稳定性。Sr^{2+} 的半径为 0.144nm，La^{3+} 的半径为 0.136nm，Fe^{3+} 的半径为 0.065nm，Fe^{4+} 的半径为 0.056nm，当 Sr^{2+} 引入时，由于高价 Fe^{4+} 的半径明显小于低价 Fe^{3+} 的半径，于是 BO_6 八面体中的氧离子向高价 Fe^{4+} 偏移，使 B—O 键长随之减小。与此同时，离子半径较大的 Sr^{2+} 取代 La^{3+} 可能引起晶格在 C 轴方向膨胀，这与 Fe^{4+} 的形成所引起的晶格收缩相互补偿，使得由于 Sr^{2+} 掺入引起的晶格畸变减小。对于 $La_{1-x}Sr_xFeO_3$ 体系，Sr^{2+} 含量的变化会导致材料中高价 Fe^{4+} 的浓度、空穴和氧空位浓度的差异，从而引起其电子导电性能、氧离子导电性能和热膨胀系数的变化。

2. 低温燃烧合成法

（1）燃烧合成法　燃烧合成法（combustion synthesis，CS）制备材料可以追溯到 19 世纪，1895 年德国科学家 H. Goldschmit 发明了著名的铝热法，为 CS 法开创了新纪元。苏联很早就应用 CS 法制备材料，但真正开展科学研究则始于 1967 年，苏联科学院院士 Merzhanov 和 Borovinskaya 研究火箭固体推进剂燃烧问题时，将这种燃烧反应命名为“自蔓延高温合成”（self-propagating high-temperature synthesis，SHS），迄今已在国际上获得广泛认可。SHS 是指反应物被点燃后引发化学反应，利用其自身放出的热量，产生高温，使得反应可以自行维持并以燃烧波的形式蔓延通过整个反应物，随着燃烧波的推移，反应物迅速转变为最终产物。总之，凡能得到有用材料或制品的自维持燃烧过程都属于广义的 CS 法，或狭义地称为 SHS 法。然而，随着燃烧合成技术的不断发展以及燃烧合成应用领域的不断扩大，已衍生出多种各具特色的燃烧工艺，因此“SHS”这个词已不能准确地表达出各种燃烧工艺的特点。

（2）低温燃烧合成法　低温燃烧合成法（low-temperature combustion synthesis，LCS）是相对于 SHS 而提出的一种新型材料制备技术，该方法主要是以可溶性金属盐（主要是硝酸盐）和有机燃料（如尿素、柠檬酸、氨基乙酸等）作为反应物，金属硝酸盐在反应中充当氧化剂，有机燃料在反应中充当还原剂，反应物体系在一定温度下点燃引发剧烈的氧化-还原反应。一旦点燃，反应即由氧化-还原反应放出的热量维持自动进行，整个燃烧过程可在数分钟内结束，溢出大量气体，其产物为质地疏松、不结块、易粉碎的超细粉体。

燃烧过程实际上是氧化剂（通常为金属的硝酸盐）和燃料（多为有机化合物）之间所发生的氧化还原反应。这种氧化还原反应会放出大量的热，可以使氧化物直接从前驱体的混合物中结晶出来。与此同时，反应过程中会产生 N_2、CO_2、H_2O 等气体。大量气体的产生不仅阻止了颗粒之间的接触，而且有助于反应所产生热量的迅速扩散，从而防止产物的烧结。因此，用燃烧反应所得到的产物，其一次粒子的粒度可在几十个纳米以内，如果燃料选择得好且量合适，不易形成硬团聚。

燃烧过程中，燃料的本性、燃料与氧化剂的配比等因素会对诸如产生气体的数量、燃烧反应速率、火焰温度产生很大的影响，最终影响到产物的性质。

对于燃料的选择，要求结构、组分简单，含碳量高，以免燃烧后碳残留而污染产物，而且在高温中反应缓和，释放的气体无毒，同时易溶于水，在水溶液中对金属离子具有较强的络合力，以免在燃烧挥发过程中析出某一组分晶体，破坏整体的均匀性。目前为止，用于燃烧法制备粉体的燃料有乙二醇、甘氨酸、柠檬酸、尿素、乙二酰二脲、碳酰肼等。

燃料/盐（还原剂/氧化剂）的比例会影响燃烧温度。其计算方法是：把 O 作为唯一的氧化元素，其原子价为正值，即＋2；C、H 及其他金属阳离子作为还原元素，其原子价为负值，分别为－4、－1 和－2（或者－3），而 N 元素被认为中性，原子价为零；当把这一概念推广到燃烧产物为氧化物的情况时（如燃烧产物 CaO、Al_2O_3、ZrO_2 等），则 Ca^{2+}、Al^{3+}、Zr^{4+} 等就可以认为是＋2、＋3 和＋4 价的还原剂。

把各组分（包括氧化剂和还原剂）中的氧化元素按此计算的原子价总和与相应的还原元素的原子价总和相比，成为元素化学计量系数，以 φ_c 表示：

$$\varphi_c=\frac{\sum \text{氧化剂和还原剂中各氧化元素的原子价}}{\sum \text{氧化剂和还原剂中各还原元素的原子价}}$$

该算法主要是计算原料的总还原价和总氧化价，以这两个数据作为氧化剂和燃料化学计量配比系数的依据。化学计量平衡比为整数时，燃烧反应释放的能量最大。

① $\varphi_c=1$ 时，表面氧化剂和燃料的组成配比符合化学计量比，反应能够保证进行到底，燃烧完全，释放的热量可以达到理论值。

② $\varphi_c<1$ 时，表明燃料过量，释放的热量可能超过理论值。

③ $\varphi_c>1$ 时，表明燃料不足，燃烧可能不完全，释放的热量偏低。

但是，在燃烧反应的最终产物中 N 元素实际上除了 N_2 外，还可能存在 NO_2、NO 或者以一般的形式 N_xO_y 存在。另外，反应式配比的计算中并没有考虑到氧气的参与，这实际上是一种理想的情况，因而上述所得到的配比只是理论值，实际配比需要在此基础上加以调整。

LCS 法的点火温度低，一般在硝酸盐和燃料的分解温度附近。LCS 法中燃料的类型和组成强烈影响燃烧反应的程度与成相情况，如果前驱体溶液只用硝酸盐而不加燃料，则加热过程中不会发生燃烧。燃烧过程受控于加热速率、燃料类型、燃料用量、燃料与硝酸盐比例以及容器容积等诸多因素。

质量/体积比是燃烧合成中气相化学反应放热的重要影响因素。LCS 工艺中，燃烧火焰温度也是影响粉末合成的重要因素，火焰温度影响燃烧产物的化合形态和粒度等，燃烧火焰温度高则合成的粉末粒度较粗。一般来说，LCS 技术中燃烧反应最高温度取决于燃料特性，如硝酸盐与尿素的燃烧火焰温度在 1600℃左右，而尿素的衍生物卡巴肼（含 N，于较低的温度 300℃分解）与硝酸盐燃烧的火焰温度则在 1000℃左右。硝酸盐的种类也影响火焰温度，如硝酸锆与卡巴肼燃烧的火焰温度为 1400℃左右，而硝酸氧锆与卡巴肼则仅在 1100℃左右。此外，燃烧反应最高温度还与混合物的化学计量比有关，富燃料体系温度要高些，贫燃料体系温度低些，甚至发生燃烧不完全或硝酸盐分解不完全的现象。此外，点火温度也影响燃烧火焰温度，点火温度高时，燃烧温度也高，从而粉末粒度变粗。因此可通过控制原材料种类、燃料加入量以及点火温度等参数来控制燃烧合成温度，进而控制粉体的粒度等特性。由于 LCS 工艺过程中燃烧释放大量的气体，如每摩尔尿素可释放 4mol 气体，每摩尔四甲基吡嗪则可释放15mol气体。气体的排出使燃烧产物呈蓬松的泡沫状并带走体系中大量的热，从而保证了体系能够获得晶粒细小的粉末。因此控制反应释放的气体量也是调节粉体性能的方法之一。

燃烧过程短促而剧烈，如不能及时散热，极易造成局部过热，使产物局部烧结形成硬团聚，分散性变差，表观粒径增大，比表面积下降。在燃料中加入助剂可以改变燃烧反应速率，影响燃烧过程，改善产物聚集状态。

与甘氨酸法不同的是，柠檬酸盐法实质上是金属螯合凝胶法，其基本过程是在制备前驱液时加入螯合剂，如柠檬酸或EDTA，通过可溶性螯合物的形成减少前驱液中的自由离子，通过一系列实验条件，如溶液的pH值、温度和浓度的控制，移去溶剂后形成凝胶。但柠檬酸作为络合剂并不适合所有金属离子，且所形成的络合物凝胶易潮解。

无机盐在水中的化学现象很复杂，可通过水解和缩聚反应生成许多分子产物。根据水解程度的不同，金属阳离子可能与三种配位体 H_2O、OH^- 和 O^{2-} 结合。决定水解程度的重要因素包括阳离子的电价和溶液的pH值。水解后的产物通过羟基桥（M—OH—M）或氧桥（M—O—M）发生缩聚进而聚合。但许多情况下水解反应比缩聚反应快得多，往往形成沉淀而无法形成稳定的凝胶。

成功合成稳定凝胶的关键是要减慢水或水-氢氧络合物的水解率，制备出稳定的前驱体液。在溶液中加入有机螯合剂 A^{m-} 替换金属水化物中的配位水分子，生成新的前驱体液，其化学活性得到显著的改变。

三、实验设备与材料

电子天平（称量原料）；电炉（自燃烧加热）；1000mL烧杯及玻璃棒（自燃烧合成）；马弗炉（热处理）；研钵（研磨粉料）；坩埚（粉料的热处理和陶瓷坯体的烧结）；

其他材料：甘氨酸、$La(NO_3)_3 \cdot 6H_2O$、$Sr(NO_3)_2$、$Fe(NO_3)_3 \cdot 9H_2O$、5%PVA溶液（黏结剂）、柠檬酸（$C_6H_8O_7H_2O$）、氨水（NH_4OH）、硝酸（HNO_3）、硝酸锰溶液[$Mn(NO_3)_2$]、硝酸锶[$Sr(NO_3)_2$]、去离子水（H_2O）、氧化镧（La_2O_3）。

四、实验内容与步骤

1. $La_{1-x}Sr_xFeO_3$ 体系材料制备

（1）配料　按制备 $La_{1-x}Sr_xFeO_3$（x=0、0.2、0.4、0.6）所需的化学计量比称取适量 $(LaNO_3)_3 \cdot 6H_2O$、$Sr(NO_3)_2$、$Fe(NO_3)_3 \cdot 9H_2O$ 置于1000mL烧杯中，加入去离子水溶解，用玻璃棒搅拌均匀后，按 G/M^{n+}（甘氨酸与金属离子之比）=2称量甘氨酸倒入该烧杯中，注意加水量不要太多。

（2）燃烧反应　硝酸盐和甘氨酸完全溶解后，用不锈钢网将烧杯口罩住，以防燃烧后生成的粉尘飞扬。将烧杯放在电炉上快速加热至沸腾。当前驱体溶液浓缩到一定程度时会出现鼓泡现象，当水含量很少时即会发生剧烈自燃烧反应，约能持续30s，伴随有大量的气体产生，所得疏松的黑色产物即为初级粉料。

（3）研磨及热处理　将黑色初级粉料取出，稍加研磨后放入瓷坩埚，在马弗炉中进行热处理，以每小时300℃的升温速率升到300℃，保温1h，再升到700℃保温1h，关闭炉子，自然冷却后得到的黑色粉料即为合成粉料。

2. $La_{1-x}Sr_xMnO_3$ 体系材料制备

(1) 预处理 溶胶-凝胶法所需原料均为硝酸盐，有的硝酸盐不能直接得到，就用其氧化物溶于稀硝酸得到；有的硝酸盐易潮解，使用前预先去除里面的水分，但注意不要损失硝酸盐本身带的结晶水。

(2) 计算药品质量 实验所制物质为 $La_{1-x}Sr_xMnO_3$，(x 取值分别为 0.1、0.2、0.3、0.35、0.4)，则摩尔比 La∶Sr∶Mn＝（$1-x$）∶x∶1，按化学计量计算实验中所需药品的质量。

(3) 溶解 将上述药品溶解。①La_2O_3 为白色粉末，用稀硝酸溶解制备，其中去离子水与浓硝酸的体积比为 4∶1，用酸式滴定管逐滴滴入，至 La_2O_3 完全溶解，直至形成无色透明溶液。②将白色小颗粒状 $Sr(NO_3)_2$ 用去离子水溶解，形成无色透明溶液。③量取适量 $Mn(NO_3)_2$ 淡红色溶液备用。

(4) 混合 将 $Mn(NO_3)_2$ 与 $Sr(NO_3)_2$ 溶液缓慢加入到 $La_2(NO_3)_3$ 的混合溶液中，使反应完全而均匀。

按照硝酸盐混合液中金属离子总摩尔数与柠檬酸分子摩尔数之比为 1∶1.1 称量所需柠檬酸。微加热使柠檬酸全部溶解，配置成所需的柠檬酸溶液。

将配制好的柠檬酸溶液用酸式滴定管逐滴滴入放置在磁力搅拌器搅拌的混合液中，控制滴定速度为每秒 2 滴，即控制反应速率。

(5) 溶胶制备 为使络合反应进行完全，使混合溶液的浓度趋于一致、形成均匀的溶胶，将配置的混合液静置 24h。

将静置后的混合液放在磁力搅拌器上边搅拌边加热，温度为 50～70℃，让水分缓慢蒸干，溶胶的浓度逐渐加大。

(6) 凝胶制备 将上述溶胶放入烘箱中烘 24h，箱内温度为 50～80℃，制成淡黄色凝胶。

(7) 热处理 将上述得到的凝胶放在瓷蒸发皿里，置于电炉上加热，约 10min 后凝胶干粉自燃烧，燃烧后为黑色粉末。为使燃烧充分，又将燃烧后的余烬放入瓷坩埚中，置于马弗炉中，煅烧 2h，自然冷却至室温，得到黑色氧化物微粉。这样处理后基本上就得到了所要合成的氧化物单相。

五、注意事项

1. 做实验前必须佩戴防护用具。
2. 原料溶解过程中水的量不宜过多，不要超过 100mL。

六、数据记录及处理

1. 使用光学显微镜或者扫描电镜，观察硅片制绒的表面形貌。
2. 使用紫外可见分光光度计测试其反射率。
3. 使用椭圆偏振光谱仪测量薄膜的厚度和折射率。

七、思考题

1. 溶胶-凝胶粉末的细度、均匀性受什么因素的影响？

2. 低温自燃烧法有哪些优点？据你所知，有哪些化学合成方法可以合成超细粉料？

3. 本实验中，可能影响 $La_{1-x}Sr_xFeO_3$ 体系合成粉末形态的主要因素有哪些？

实验 25 质子交换膜燃料电池的制备与综合特性测试

一、实验目的

1. 了解燃料电池的工作原理。

2. 观察仪器的能量转换过程：光能→太阳能电池→电能→电解池→氢能（能量储存）→燃料电池→电能。

3. 测量燃料电池输出特性，作出所测燃料电池的伏安特性（极化）曲线、电池输出功率随输出电压的变化曲线。计算燃料电池的最大输出功率及效率。

4. 测量质子交换膜电解池的特性，验证法拉第电解定律。

二、实验原理

1839 年，英国人格罗夫（W. R. Grove）发明了燃料电池，历经近两百年，在材料、结构、工艺不断改进之后，进入了实用阶段。燃料电池以氢和氧为燃料，通过电化学反应直接产生电力，能量转换效率高于燃烧燃料的热机。燃料电池的燃料氢（反应所需的氧可从空气中获得）可电解水获得，也可由矿物或生物原料转化制成。燃料电池的反应生成物为水，对环境无污染。

按燃料电池使用的电解质或燃料类型，可将现在和近期可行的燃料电池分为碱性燃料电池、质子交换膜燃料电池、直接甲醇燃料电池、磷酸燃料电池、熔融碳酸盐燃料电池、固体氧化物燃料电池 6 种主要类型，本实验研究其中的质子交换膜燃料电池。

燃料电池单体主要由 4 部分组成，即阳极、阴极、电解质（质子交换膜）和外电路。图 25-1 为组成燃料电池的基本单元的示意图。阳极为氢电极，阴极为氧电极，阳极和阴极上都含有一定量的催化剂（目的是用来加速电极上发生的电化学反应），两极之间是电解质。

工作原理为：氢气通过管道或导气板到达阳极，在阳极催化剂的作用下，氢气发生氧化，释放出电子，如反应式（25-1）所示。氢离子穿过电解质到达阴极，而在电池的另一端，氧气（或空气）通过管道或导气板到达阴极，同时，电子通过外电路也到达阴极。在阴极侧，氧气与氢离子和电子在阴极催化剂的作用下反应生成水，如反应式（25-2）所示。与此同时，电子在外电路的连接下形成电流，可以向负载输出电能。燃料电池总的化学反应如式（25-3）所示。

阳极半反应：$H_2 \longrightarrow 2H^+ + 2e^-$ $\quad E^\circ = 0.00V \quad$ (25-1)

阴极半反应：$1/2O_2 + 2H^+ + 2e^- \longrightarrow H_2O$ $\quad E^\circ = 1.23V \quad$ (25-2)

电池总反应：$H_2(g) + 1/2O_2(g) \longrightarrow H_2O(l)$ $\quad E^\circ_{cell} = 1.23V \quad$ (25-3)

燃料电池的膜电极如图 25-2 所示，由碳纸（气体扩散层）、阳极催化层、质子交换膜、

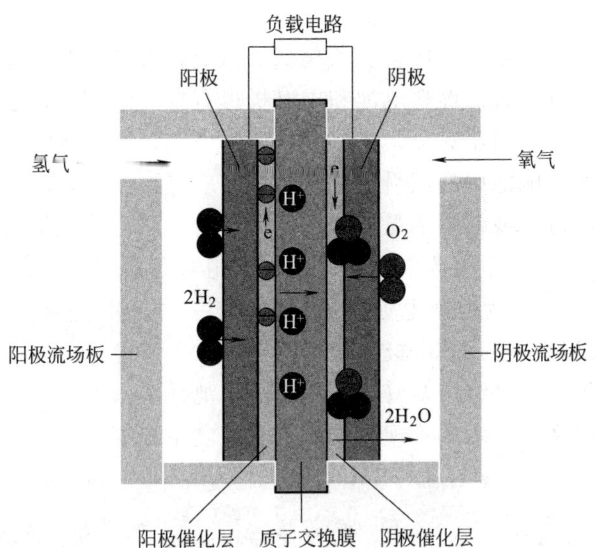

图 25-1　质子交换膜燃料电池结构示意图

阴极催化层构成。其中碳纸作为气体扩散层支撑体起收集电流的作用。因为碳纸上的孔隙率比较大，一般在碳纸表面制备一层中间层来整平（在本实验中省略）。催化层的涂布分两种情况，一种是将催化剂涂覆在碳纸的中间层表面，另一种是直接将催化剂涂覆在膜的两侧。催化剂一般是 2～5nm 的铂颗粒负载在 30nm 左右的碳粉上，与溶剂和 Nafion 等均匀混合配置成浆料，使用时直接涂覆。

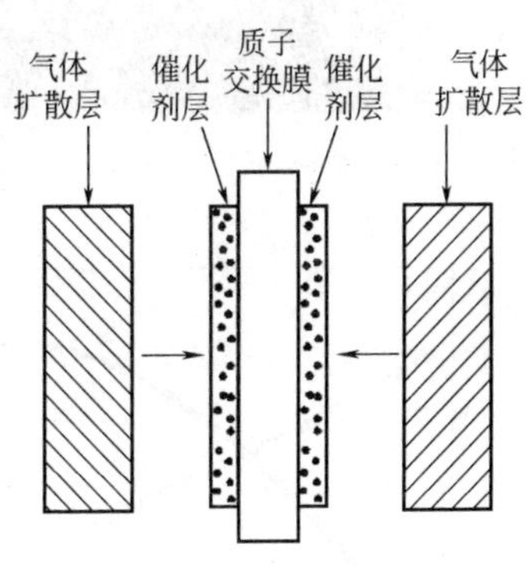

图 25-2　燃料电池膜电极结构

燃料电池阳极和阴极之间由质子交换膜（如杜邦公司的 Nafion 膜）隔开。最常用的 Nafion 212、Nafion115 和 Nafion117 等型号的膜外观为无色透明，平均分子量大概为 10^5～10^6。由分子结构可看出，Nafion 膜是一种不交联的高分子聚合物，在微观上可以分成两部分：一部分是离子基团群，含有大量的磺酸基团，它既能提供游离的质子，又能吸引水分子；另一部分是憎水骨架，与聚四氟乙烯类似，具有良好的化学稳定性和热稳定性。Nafion 系列膜具有体型网络结构，其中有很多微孔（孔径约 10^{-9}m）。人们普遍用"离子簇网络结构模型"来描述这种结构，把它分为三个区域：①憎水的碳氟主链区；②由水分子、固定离子、相对离子和部分碳氟高聚物侧链所组成的"离子簇区"；③前两个区域相间的过渡区。膜中的 $-SO_3H$ 是一种亲水性的阳离子交换基团，当阴极反应时，$-SO_3H$ 中离解出的 H^+ 会参与结合生成水，同时放热。H^+ 离去后，$-SO_3^-$ 会因静电吸引邻近的 H^+ 填充空位，同时还有电势差的驱动，使 H^+ 在膜内由阳极向阴极移动。在有水存在的条件下，$-SO_3H$ 上的 H^+ 与 H_2O 形成 H_3O^+，从而削弱了 $-SO_3^-$ 与 H^+ 间的引力，有利于 H^+ 的移动。由于膜的持水性，在 H^+ 摆脱 $-SO_3^-$ 后，进行了"连锁式的水合质子传递"，即质子沿着氢键链迅速地转移，所以水是质子传递必不可少的条件。质子传递使得两极反应顺利进行，维持了电池回路，所以，质子传递的快慢直接影响电池的内阻和输出功率。

燃料电池虽然和普通化学电池一样，都是通过电化学反应产生电能，但是，反应物的供给方式不同。普通化学电池的阳极和阴极反应物共存于电池体内，而燃料电池的氧化剂和燃料是由燃料电池外部的单独储存系统提供的。因此，普通化学电池只是一个有限的电能输出和储存装置，而燃料电池只要保证燃料和氧化剂的供应，可连续不断地产生电能，是一个发电装置。另外，同为发电装置的燃料电池和内燃机也有根本的不同，这主要是它们产生电能的原理不同。内燃机发电分两步完成，第一步是燃料燃烧，产生热能；第二步是热能驱动机械发电得到电能。而燃料电池中的燃料通过电化学反应直接产生电能。燃料电池由于反应过程中不涉及燃烧，其能量转换效率不受“卡诺循环”的限制，其能量转换效率是普通内燃机的 2～3 倍。前面介绍了燃料电池膜电极的结构，膜电极是燃料电池的核心部件，但是必须组成电堆才能发电。图 25-3 为燃料电池堆和便携式燃料电池发电系统。燃料电池堆由多个单电池组成，单电池是指由一片膜电极组成的电池。除了膜电极之外还需要其他部件，包括密封垫、集流板及端板等，最终由螺钉固定。燃料电池系统由多个单电池串联而成，工作时需要更复杂的燃料供给系统、水热管理系统和电子控制系统等。

图 25-3 燃料电池堆（左）和燃料电池发电系统（右）

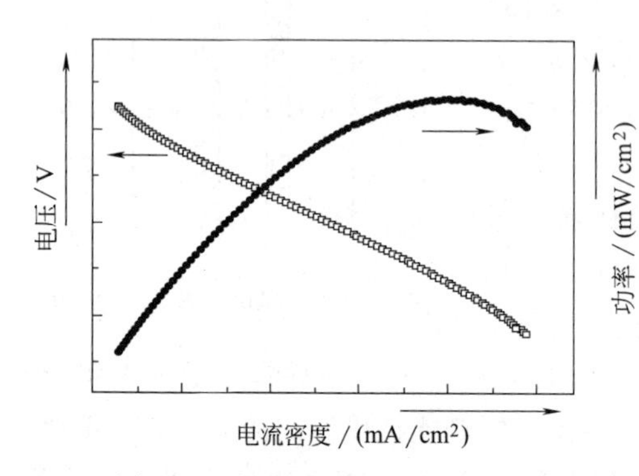

图 25-4 燃料电池的工作极化曲线

燃料电池的工作特性可以用极化曲线表示。图 25-4 是典型的单电池极化曲线，即电压电流曲线。一个单电池的开路电压可以在 1V 左右，但是在工作时电池的输出电压会明显降低，与工作电流有关。从图 25-4 的曲线可以看到，随着电流密度的加大，电压降低。然而，电池输出的功率在某一个电流密度下达到最大值。这表明燃料电池的工作特性与普通化学电池不同，它的输出功率随负载变化。

三、实验设备与材料

ZKY-RLDC 燃料电池综合特性实验仪。

图 25-5 所示的 ZKY-RLDC 燃料电池综合特性实验仪包含燃料电池组件、测试仪（测试电池性能）、电解池（在线提供氢气）、可变负载和风扇（提供负载）等部分。

设备说明如下。

（1）质子交换膜必须含有足够的水分，才能保证质子的传导。但水含量又不能过高，否则电极被水淹没，水阻塞气体通道，燃料不能传导到质子交换膜参与反应。为保持水平衡，我们的电池正常工作时排水口打开，在电解电流不变时，燃料供应量是恒定的。若负载选择不当，电池输出电流太小，未参加反应的气体从排水口泄漏，燃料利用率及效率都低。在适当选择负载时，燃料利用率约为 90%。

（2）气水塔为电解池提供纯水（2 次蒸馏水），可分别储存电解池产生的氢气和氧气，

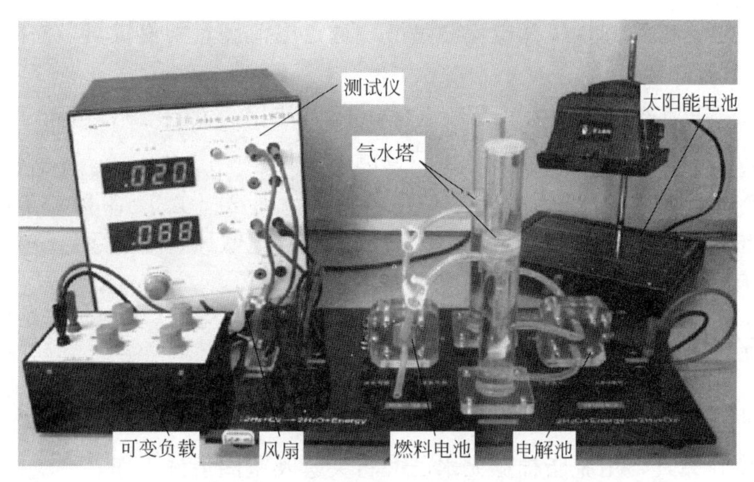

图 25-5　ZKY-RLDC 燃料电池综合特性实验仪装置图

为燃料电池提供燃料气体。每个气水塔都是上下两层结构，上下层之间通过插入下层的连通管连接，下层顶部有一输气管连接到燃料电池。初始时，下层近似充满水，电解池工作时，产生的气体会汇聚在下层顶部，通过输气管输出。若关闭输气管开关，气体产生的压力会使水从下层进入上层，而将气体储存在下层的顶部，通过管壁上的刻度可知储存气体的体积。两个气水塔之间还有一个水连通管，加水时打开使两塔水位平衡，实验时切记关闭该连通管。

(3) 风扇作为定性观察时的负载，可变负载作为定量测量时的负载。

测试仪面板如图 25-6 所示。测试仪可测量电流、电压。若不用太阳能电池作电解池的电源，可从测试仪供电输出端口向电解池供电。实验前需预热 15min。

区域 1——电流表部分：作为一个独立的电流表使用。其中有两个挡位和两个测量通道。

两个挡位：2A 挡和 200mA 挡，可通过电流挡位切换开关选择合适的电流挡位测量电流。

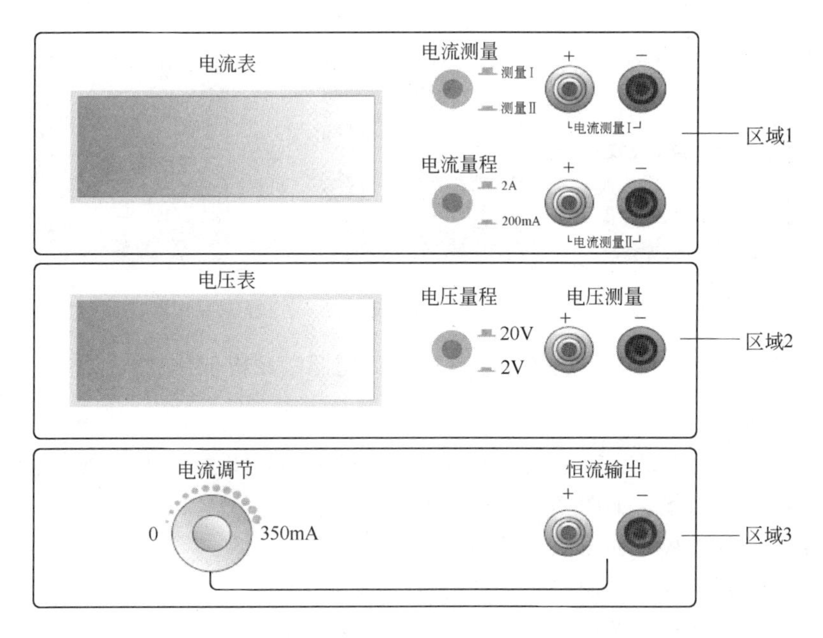

图 25-6　燃料电池测试仪前面板示意图

两个测量通道：电流测量Ⅰ和电流测量Ⅱ，通过电流测量切换键可以同时测量两条通道的电流。

区域2——电压表部分：作为一个独立的电压表使用。共有20V挡和2V挡两个挡位，可通过电压挡位切换开关选择合适的电压挡位测量电压。

区域3——恒流源部分：为燃料电池的电解池部分提供一个0～350mA的可变恒流源。

其他仪器与材料：电化学工作站、万用表、镊子、电吹风、小扳手、烧杯、直尺、玻璃搅棒、烘箱、丙酮、无水乙醇、脱脂棉、去离子水。

四、实验内容与步骤

1. 膜电极制备

(1) 清洗涂膜夹具，用脱脂棉蘸无水乙醇将夹具及垫圈清洗干净。

(2) 按图25-7所示，将质子交换膜装于夹具上。在底座上放上一块密封垫，然后放上质子交换膜，再放上一块密封垫。(质子交换膜要先将两面的保护膜去掉，防止将催化剂涂在保护膜上。)

(3) 如图25-8所示，将夹具面板盖上，然后用螺钉将膜夹紧。将配好的催化剂浆料均匀涂在膜上（此时膜会发生卷曲，属正常现象），用电吹风器吹干。

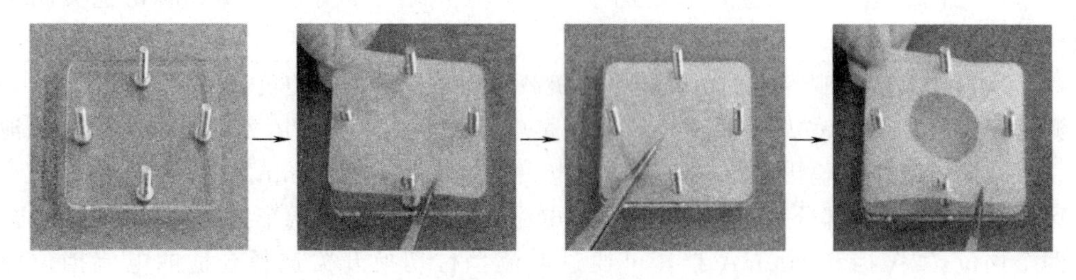

图25-7 步骤图1

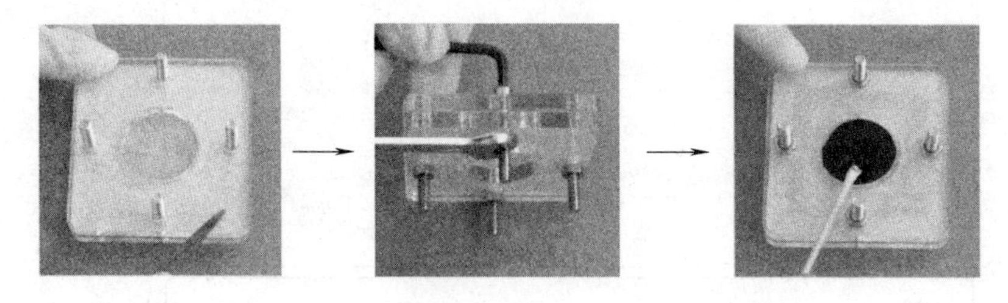

图25-8 步骤图2

(4) 将膜从夹具上取下，将质子交换膜的反面用同法涂覆催化剂。

2. 燃料电池组装

(1) 首先将四个螺钉装在有机玻璃的氢气侧端板上，如图25-9 (a) 所示。

(2) 装上一片密封垫，如图25-9 (b) 所示。

(3) 装上一块集流板，如图25-9 (c) 所示。

(4) 装上另一片密封垫，如图25-9 (d) 所示。

(5) 将一碳纸放在中间部位，如图25-10 (a) 所示。

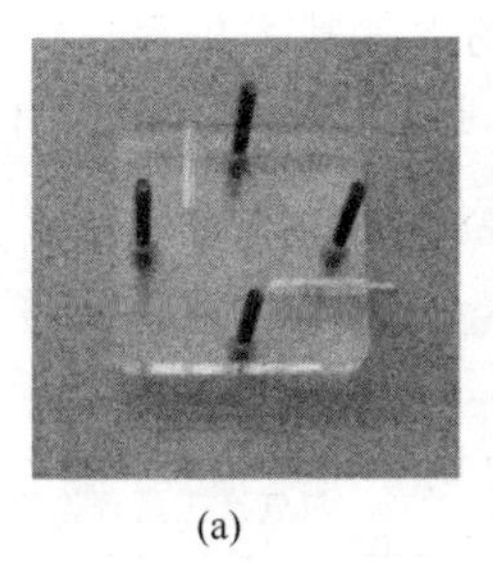
(a)
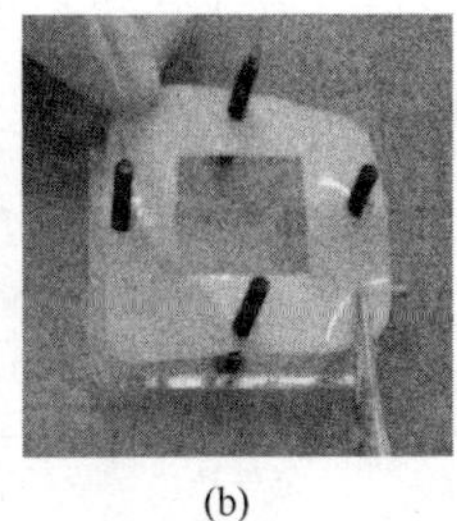
(b)
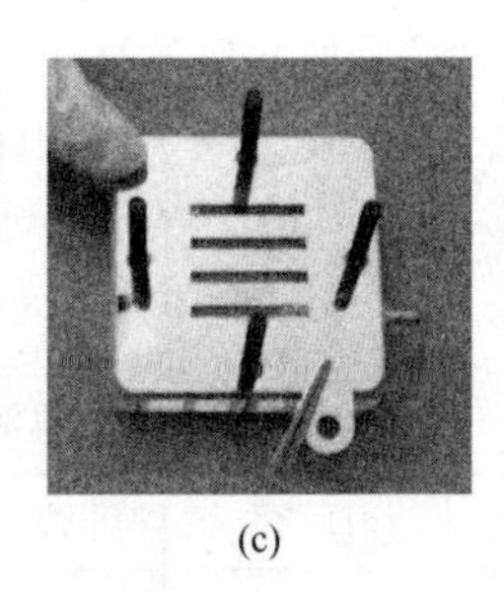
(c)
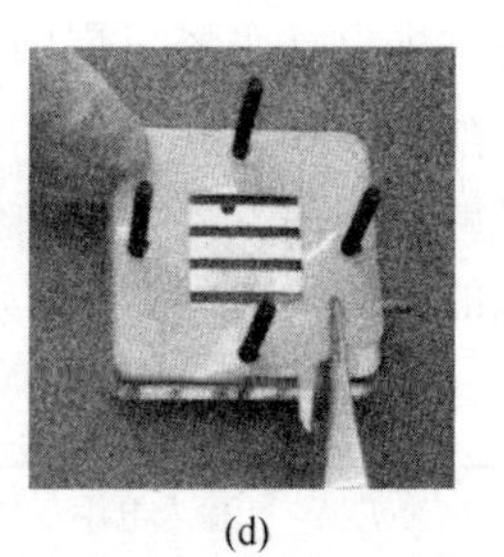
(d)

图 25-9　步骤图 3

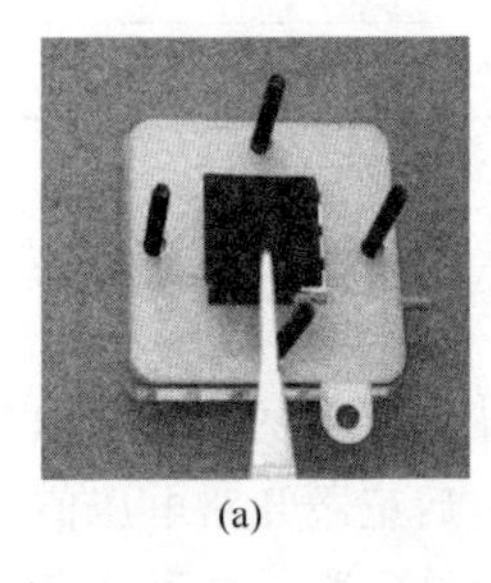
(a)
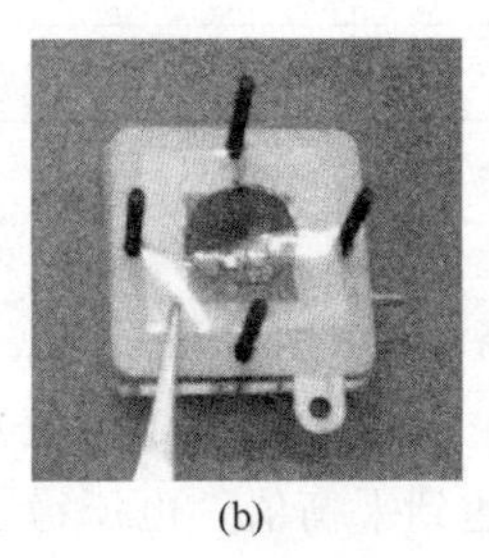
(b)
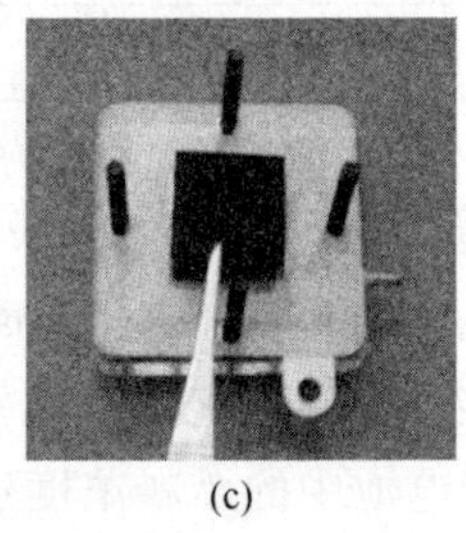
(c)
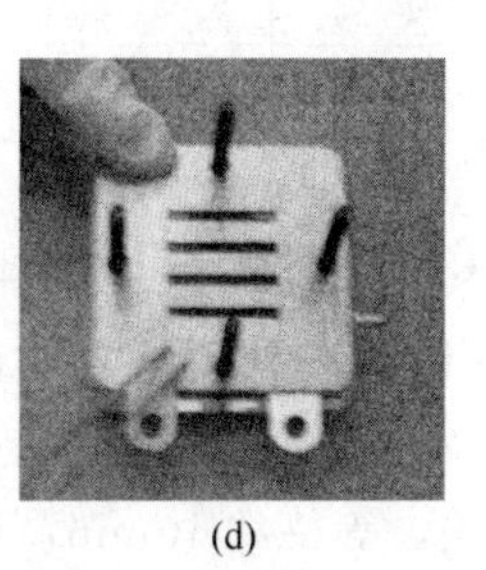
(d)

图 25-10　步骤图 4

（6）将制备好的膜电极放在碳纸上，注意催化剂部分与碳纸覆盖，如图 25-10（b）所示。

（7）装上另外一片碳纸，同样使催化剂部分与碳纸覆盖，如图 25-10（c）所示。

（8）装上另一块集流板。注意此集流板的极耳和上一个集流板不在同一方向，如图 25-10（d）所示。

（9）装上氧气侧端板，如图 25-11（a）所示。

（10）用螺钉将电池锁紧，如图 25-11（b）所示。

（11）装上电极接头，如图 25-11（c）所示。

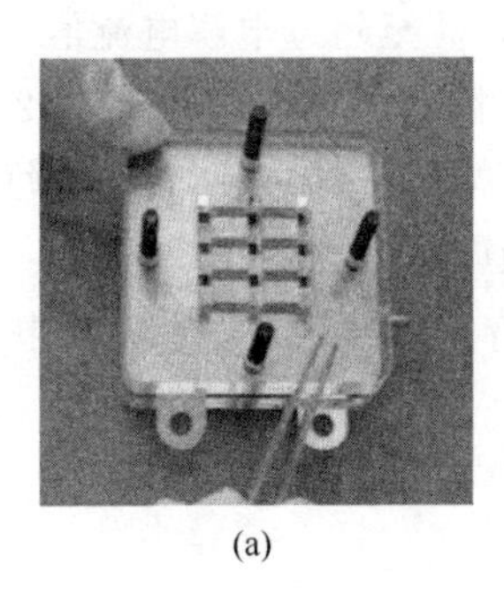
(a)
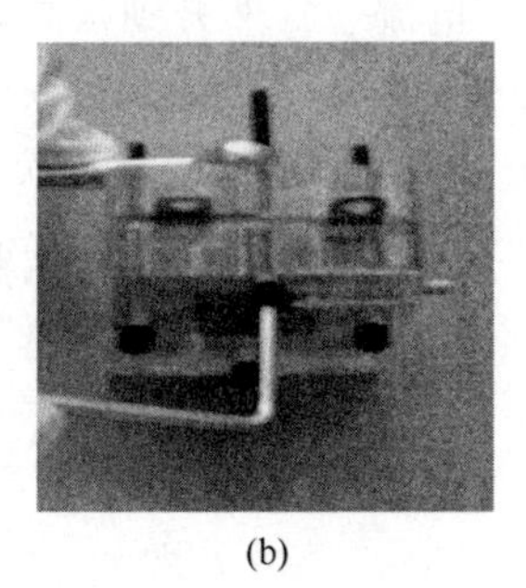
(b)

(c)

图 25-11　步骤图 5

3. 质子交换膜电解池的特性测量

（1）确认气水塔水位在水位上限与下限之间。

（2）将测试仪的电压源输出端串连电流表后接入电解池，将电压表并联到电解池两端。

（3）将气水塔输气管止水夹关闭，调节恒流源输出到最大（旋钮顺时针旋转到底），让电解池迅速地产生气体。当气水塔下层的气体低于最低刻度线的时候，打开气水塔输气管止水夹，排出气水塔下层的空气。如此反复2～3次后，气水塔下层的空气基本排尽，剩下的就是纯净的氢气和氧气了。根据表25-1中的电解池输入电流大小，调节恒流源的输出电流，待电解池输出气体稳定后（约1min），关闭气水塔输气管。测量输入电流、电压及产生一定体积的气体的时间。

表25-1　电解池的特性测量

输入电流 I/A	输入电压 U/V	时间 t/s	电量 I/C	氢气产生量测量值/L	氢气产生量理论值/L
0.10					
0.20					
0.30					

4. 燃料电池输出特性的测量

（1）实验时让电解池输入电流保持在300mA，关闭风扇。

（2）将电压测量端口接到燃料电池输出端。打开燃料电池与气水塔之间的氢气、氧气连接开关，等待约10min，让电池中的燃料浓度达到平衡值，电压稳定后记录开路电压值。

（3）将电流量程按钮切换到200mA。可变负载调至最大，电流测量端口与可变负载串联后接入燃料电池输出端，改变负载电阻的大小，使输出电压值如表25-2所示（输出电压值可能无法精确到表中所示数值，只需相近即可），稳定后记录电压电流值。

表25-2　燃料电池输出特性的测量

电解电流＝　　mA

输出电压 U/V		0.90	0.85	0.80	0.75	0.70				
输出电流 I/mA	0									
功率 $P=UI$/mW	0									

（4）负载电阻猛然调得很低时，电流会猛然升到很高，甚至超过电解电流值，这种情况是不稳定的，重新恢复稳定需较长时间。为避免出现这种情况，输出电流高于210mA后，每次调节减小电阻0.5Ω，输出电流高于240mA后，每次调节减小电阻0.2Ω，每测量一点的平衡时间稍长一些（约需5min）。稳定后记录电压电流值。

（5）实验完毕，关闭燃料电池与气水塔之间的氢气氧气连接开关，切断电解池输入电源。

五、注意事项

1. 使用前应首先详细阅读说明书。

2. 该实验系统必须使用去离子水或二次蒸馏水，容器必须清洁干净，否则将损坏系统。

3. PEM电解池的最高工作电压为6V，最大输入电流为1000mA，否则将极大地损害PEM电解池。

4. PEM电解池所加的电源极性必须正确，否则将毁坏电解池并有起火燃烧的可能。

5. 绝不允许将任何电源加于PEM燃料电池输出端，否则将损坏燃料电池。

6.气水塔中所加入的水面高度必须在上水位线与下水位线之间，以保证PEM燃料电池正常工作。

7.该系统主体系有机玻璃制成，使用时须小心，以免打坏和损伤。

8.太阳能电池板和配套光源在工作时温度很高，切不可用手触摸，以免被烫伤。

9.绝不允许用水打湿太阳能电池板和配套光源，以免触电和损坏该部件。

10.配套“可变负载”所能承受的最大功率是1W，只能使用于该实验系统中。

11.电流表的输入电流不得超过2A，否则将烧毁电流表。

12.电压表的最高输入电压不得超过25V，否则将烧毁电压表。

13.实验时必须关闭两个气水塔之间的连通管。

六、数据记录及处理

1.质子交换膜电解池的特性测量

理论分析表明，若不考虑电解器的能量损失，在电解器上加1.48V电压就可使水分解为氢气和氧气，实际由于各种损失，输入电压高于1.6V电解器才开始工作。

电解器的效率为

$$\eta_{电解}=\frac{1.48}{U_{输入}}\times 100\% \tag{25-4}$$

输入电压较低时虽然能量利用率较高，但电流小，电解的速率低，通常使电解器输入电压在2V左右。

根据法拉第电解定律，电解生成物的量与输入电量成正比。在标准状态下（温度为0℃，电解器产生的氢气保持在101325Pa），设电解电流为I，经过时间t生产的氢气体积（氧气体积为氢气体积的1/2）的理论值为

$$V_{氢气}=\frac{It}{2F}\times 22.4 \tag{25-5}$$

式中，$F=eN=9.65\times 10^4$C/mol为法拉第常数，$e=1.602\times 10^{-19}$C为电子电量，$N=6.022\times 10^{23}$为阿伏伽德罗常数；$It/2F$为产生的氢分子的物质的量；22.4为标准状态下气体的摩尔体积，L。

若实验时的摄氏温度为T，所在地区气压为P，根据理想气体状态方程，可对式（25-5）作修正

$$V_{氢气}=\frac{273.16+T}{273.16}\frac{P_0}{P}\frac{It}{2F}\times 22.4 \tag{25-6}$$

式中，P_0为标准大气压。自然环境中，大气压受各种因素的影响，如温度和海拔高度等，其中海拔对大气压的影响最为明显。由国家标准GB/T 4797.2—2005可查到，海拔每升高1000m，大气压下降约10%。

由于水的分子量为18，且每克水的体积为1cm^3，故电解池消耗水的体积为

$$V_{水}=\frac{It}{2F}\times 18=9.33It\times 10^{-5}(\mathrm{cm}^3) \tag{25-7}$$

应当指出，式（25-6）、式（25-7）的计算对燃料电池同样适用，只是其中的I代表燃料电池的输出电流，$V_{氢气}$代表燃料消耗量，$V_{水}$代表电池中水的生成量。

由式（25-6）计算氢气产生量的理论值，与氢气产生量的测量值比较。若不管输入电

压与电流大小，氢气产生量只与电量成正比，且测量值与理论值接近，即验证了法拉第定律。

2. 燃料电池输出特性的测量

作出所测燃料电池的极化曲线。

作出该电池输出功率随输出电压的变化曲线。

该燃料电池最大输出功率是多少？最大输出功率时对应的效率是多少？

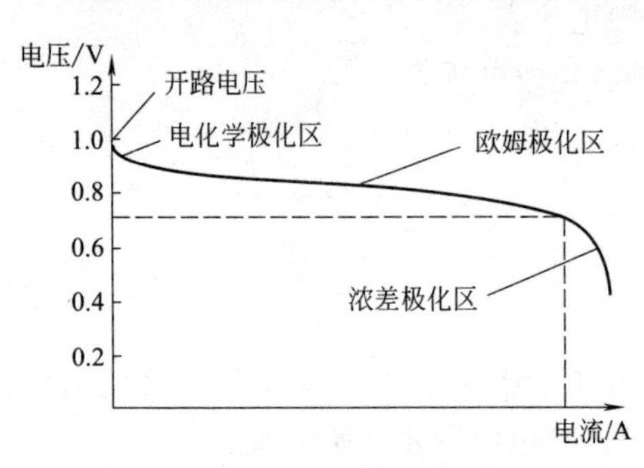

图 25-12　燃料电池的极化特性曲线

在一定的温度与气体压力下，改变负载电阻的大小，测量燃料电池的输出电压与输出电流之间的关系，如图 25-12 所示。电化学家将其称为极化特性曲线，习惯用电压作纵坐标，电流作横坐标。

理论分析表明，如果燃料的所有能量都被转换成电能，则理想电动势为 1.48V。实际燃料的能量不可能全部转换成电能，例如总有一部分能量转换成热能，少量的燃料分子或电子穿过质子交换膜形成内部短路电流等，故燃料电池的开路电压低于理想电动势。

随着电流从零增大，输出电压有一段下降较快，主要是因为电极表面的反应速率有限，有电流输出时，电极表面的带电状态改变，驱动电子输出阳极或输入阴极时，产生的部分电压会被损耗掉，这一段被称为电化学极化区。

输出电压的线性下降区的电压降，主要是电子通过电极材料及各种连接部件、离子通过电解质的阻力引起的，这种电压降与电流成比例，所以被称为欧姆极化区。

输出电流过大时，燃料供应不足，电极表面的反应物浓度下降，使输出电压迅速降低，而输出电流基本不再增加，这一段被称为浓差极化区。

综合考虑燃料的利用率（恒流供应燃料时可表示为燃料电池电流与电解电流之比）及输出电压与理想电动势的差异，燃料电池的效率为：

$$\eta_{电池}=\frac{I_{电池}}{I_{电解}}\frac{U_{输出}}{1.48}\times 100\%=\frac{P_{输出}}{1.48\times I_{电解}}100\% \qquad (25\text{-}8)$$

输出电流时燃料电池的输出功率相当于图 25-12 中虚线围出的矩形区，在使用燃料电池时，应根据伏安特性曲线，选择适当的负载匹配，使效率与输出功率达到最大。

七、思考题

1. 本实验成功的关键是什么？

2. 本实验是氢/空气（氧）燃料电池，是否可以甲醇或乙醇代替氢作燃料？如果可以，阳极的反应是什么？

3. 本实验使用市售的含氢复合材料制氢，能用其他制氢方法代替吗？如果有，举例说明。

4. 本实验的一体化燃料电池系统带动的是一个小风扇，如何设计一个可以带动更大功率电器的燃料电池系统？

实验 26 锂离子电池的制备合成及性能测定

一、实验目的

1. 了解锂离子电池的工作原理，掌握锂离子电池正极材料在电池中所起的作用。
2. 掌握正极材料的一般制备方法。
3. 了解扣式锂离子电池的结构和制备方法。
4. 通过对制备电池性能的测试，掌握表征电池性能的实验技术。
5. 熟悉锂离子电极材料的制备方法，掌握锂离子电极材料工艺路线。
6. 掌握锂离子电池组装的基本方法。

二、实验原理

1. 锂离子电池的工作原理

化学电源也就是通常所说的电池，是一类能够把化学能转化为电能的便携式移动电源系统，现已广泛应用在人们日常的生产和生活中。电池的种类和型号（包括圆柱状、方形、扣式等）很多，其中，对于常用的电池体系来说，通常根据电池能否重复充电使用，把它们分为一次（或原）电池和二次（或可充电）电池两大类，前者主要有锌锰电池和锂电池，后者有铅酸、镍氢、锂离子和镍镉电池等。除此之外，近年来得到快速发展的燃料电池和电化学电容器（也称超级电容器）通常也被归入电池范畴，但由于它们所具有的特殊的工作方式，这些电化学储能系统需特殊对待。在这些电池的制备和使用方法上，有很多相似的地方。

锂离子电池是近 10 年来得到迅猛发展的化学电源体系。其电压高达 4V，是传统电池的 3 倍；能量也远高于传统的二次电池，且无记忆效应、无污染，是目前手机和手提电脑中使用最多的电池。锂离子电池的工作原理如图 26-1 所示，以高电势金属氧化物为正极，低电势储锂炭材料为负极，通过锂离子在正、负极之间的嵌脱反应以储存和释放电能。其基本反应如下：

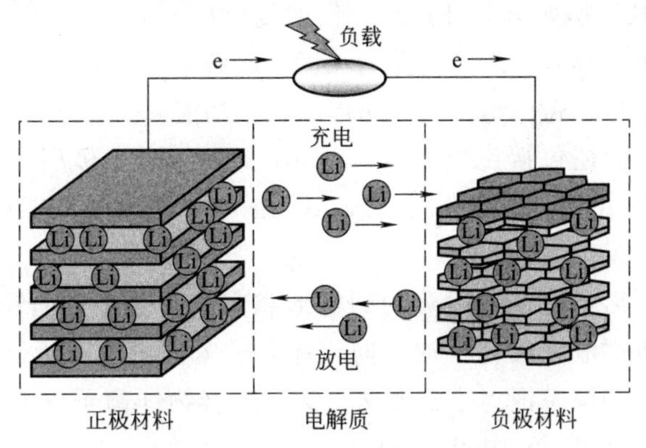

图 26-1 锂离子电池的工作原理

正极　$LiMO_x - ye \rightleftharpoons yLi^+ + Li_{1-y}MO_x$

负极　$C + yLi^+ + ye \rightleftharpoons Li_yC$

电池反应　$LiMO_x + C \rightleftharpoons Li_{1-y}MO_x + Li_yC$

锂离子电池充电过程中，正极活性物质中的部分 Li^+ 脱离其晶格进入到电解液中，同时正极提供电子到外电路，然后，Li^+ 通过隔膜嵌入到负极活性物质的层状结构中，同时负极从外电路得到电子生成 Li_xC，这一过程锂离子电池的端电压上升。当电池放电时，Li_xC 中的 Li 失去电子生成 Li^+，Li^+ 脱出进入到电解液，通过隔膜嵌入到正极，同时电子通过外电路从负极流向正极，这一过程锂离子电池的端电压下降。

2. 锂离子电池的结构

嵌脱反应是一类特殊的反应，其基底材料具有二维或三维的通道，允许外来的质子或原子可逆地嵌脱而本身的晶体结构能保持稳定。一般选择相对锂而言电位大于 3V 且在空气中能稳定地嵌锂的过渡金属氧化物作正极。常规锂离子电池正极材料有层状的过渡金属氧化物 $LiMO_2$（M＝Co、Ni、Mn 等）、尖晶石型的 LiM_2O_2（M＝Co、Ni、Mn 等）以及橄榄石型的磷酸铁锂（$LiFePO_4$），其中，尖晶石锰酸锂中具有供锂离子迁移的三维通道。锂离子在上述化合物中成百上千次地嵌入和脱出，而化合物的结构不发生改变，保证了能量在电池中的储存和释放。钴酸锂（$LiCoO_2$）安全性能差、钴资源也严重缺乏，锰酸锂（$LiMnO_2$）的比容量低和高温性能差，目前商业上使用较多的是 $LiFePO_4$。

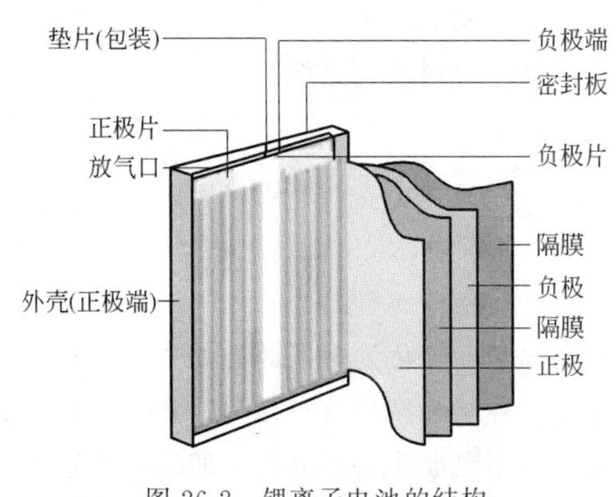

图 26-2　锂离子电池的结构

作为负极的材料则选择电位尽可能接近锂电位的可嵌入锂化合物，如各种碳材料包括天然石墨、合成石墨、碳纤维、中间相小球碳素等和金属氧化物包括 SnO、SnO_2、锡复合氧化物 $SnB_xP_yO_z$ ［$x=0.4\sim0.6$，$y=0.6\sim0.4$，$z=(2+3x+5y)/2$］等。

电解质采用 $LiPF_6$ 的乙烯碳酸酯（EC）、丙烯碳酸酯（PC）和低黏度二乙基碳酸酯（DEC）等烷基碳酸酯搭配的混合溶剂体系。

隔膜采用聚烯微多孔膜如 PE、PP 或它们的复合膜，尤其是 PP/PE/PP 三层隔膜，该隔膜不仅熔点较低，而且具有较高的抗穿刺强度，起到了热保险作用。

外壳采用钢或铝材料，盖体组件具有防爆断电的功能。

除此以外，电池一般还包括正极引线（positive lead）、负极引线（negative plate）、中心端子、绝缘材料（insulator）、安全阀（safety vent）、密封圈（gasket）、PTC（正温度控制端子）等。

从外形来分类，锂离子电池一般分为圆柱形和方形，而聚合物锂离子还可制成任意形状；根据锂离子电池所用电解质材料的不同，锂离子电池可以分为液态锂离子电池（lithium ion battery，LIB）和固态锂离子电池两大类，聚合物锂离子电池（polymer lithium ion battery，PLIB）属于固态锂离子电池中的一种。

图 26-2 所示为锂离子电池的结构，表 26-1 所示为锂离子电池结构的比较。

表 26-1　锂离子电池结构比较

项目	电解质	壳体/包装	隔膜	集流体
液态锂离子电池	液态	不锈钢、铝	PP、PE	铜箔和铝箔
聚合物锂离子电池	胶体聚合物	铝/PP复合膜	没有隔膜	铜箔和铝箔

由于聚合物锂离子电池使用的胶体电解质不会像液态锂离子电池一样电液泄漏，所以装配很容易，使得整体电池很轻、很薄；也不会产生漏液与燃烧爆炸等安全上的问题，因此可以用铝塑复合薄膜制造电池外壳，从而可以提高整个电池的比容量；聚合物锂离子电池还可以采用高分子作正极材料，其质量比能量将会比目前的液态锂离子电池提高 50%以上。此外，聚合物锂离子电池在工作电压、充放电循环寿命等方面都比液态锂离子电池有所提高。基于以上优点，聚合物锂离子电池被誉为下一代锂离子电池。

3. 锂离子电池的充电曲线

单只锂离子电池的充电电压最好保持在 4.1V＋50mV，充电电流通常限制在 1C（500mA）以下，否则会造成锂离子电池永久性损坏。单个锂离子电池充电分为两个阶段，先恒流充电后恒压充电，即先采用 1C 的恒定电流充电，电池电压不断上升，当上升到 4.1V 时充电器应立即转入恒压方式（4.1V＋50mV），充电电流逐渐减小，当电池充足电时，电流降到涓流充电电流。用此方法，大约 2h 电池即可以充足（500mA·h）。一般来说，恒流充电可以将锂电池电量充到 85%～90%。根据这个特性，电子产品的外部充电电路需要与其匹配才能发挥出锂电池的最高特性，或者退一步说才不会使锂离子电池损坏。单只锂离子电池的充电特征见图 26-3。

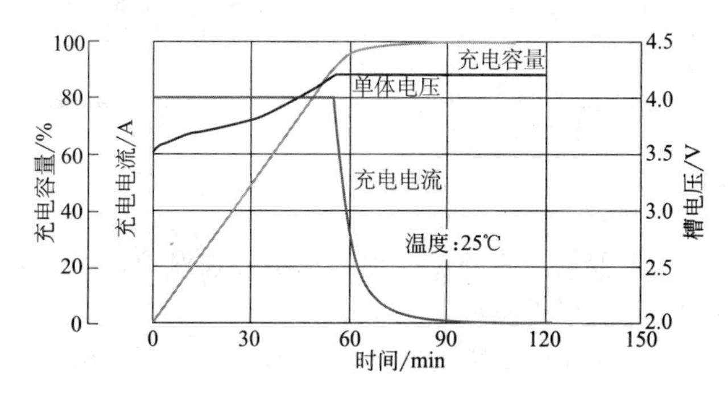

图 26-3　单只锂离子电池的充电特性

电池组在充放电的时候都会比单个电池麻烦，因为由于制作上不能保证 100%的一致，所以就存在着电池之间充放电步调不一致的问题，这样电池组充电实际上分为了 3 个阶段：恒流充电—电量均衡阶段（电池互相充电）—恒压充电；这就需要对每个电池进行监测以此来达到最好效果。如果厂家偷懒直接采用单个电池的充电电路，则可能出现电池间老化问题，或者无法完全充满的现象。

4. 锂离子电池的放电曲线

锂离子电池放电量可以控制，具体最大是多少是由材料与设计结构决定的，而且放电的电压也会与材料有关。通过锂离子电池的放电可以看到，在相同截止电压下小电流放电更完全，而大电流放电后电池的残余会更多，同时小电流放电下电池的电压也会比大电流的高。如果只考虑放电曲线的斜率则会发现，小电流放电的电压会比大电流电压放电平稳，所以如果消费者仅仅用一个放电电流下的电压变化斜率来判断电池的好坏明显是不科学的。

图 26-4 所示为单只锂离子电池的放电特性（I_t 即电池容量单位时间的电流，比如 5000mA·h 的 $1I_t$=5A，$0.2I_t$=1A）。

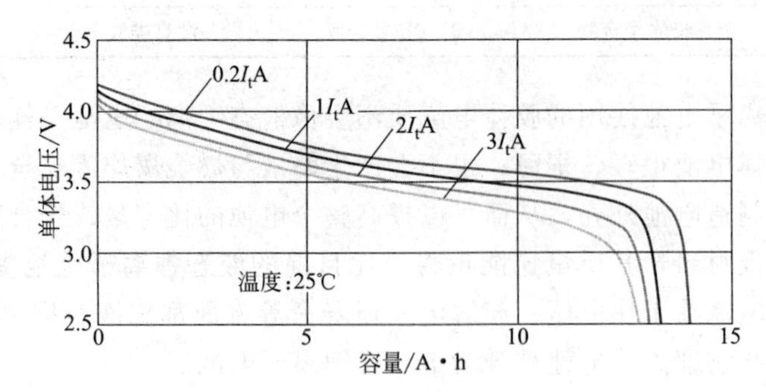

图 26-4 单只锂离子电池的放电特性

5. 锂离子电池的不同温度放电曲线

温度对锂离子电池的影响也比较大（见图 26-5），温度越低，锂离子电池的电压与容量就越小（相同截止电压下），锂离子电池的工作温度一般在－20～60℃。

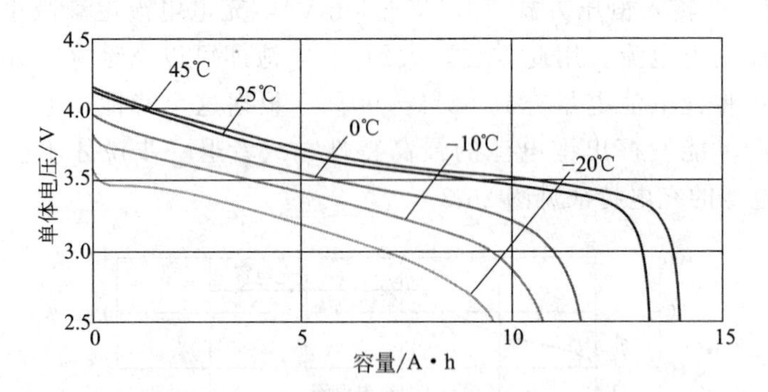

图 26-5 锂离子电池的不同温度放电曲线

为此，人们在应用的时候就对锂离子电池加以了各种保护，其中必须要有的是过充保护、过放保护与过流保护（一般以短路保护替代）。

(1) 过充保护　由于锂离子电池害怕出现过充现象，所以人们根据电池的充电特性对锂离子电池进行了保护，方法是当锂离子电池电压达到材料的最大值时（一般是 4.10～4.35V，材料不同电压不同），监控芯片将关闭输入回路或者阶梯状减少输入电流。第一种方法明显减少了电池的利用率，但是结构简单使用安全；第二种增加了电池的利用率，但是对控制 IC 及电路要求较高。

(2) 过放保护　由于锂离子不能无限地放电，所以为了便于保护，现在统一将锂离子电池的截止电压定在 2.5V 左右，这种控制方式要比充电简单很多，只需要监控芯片、侦测锂离子电池两端电压然后关闭输入即可。

(3) 过流保护　也是锂离子电池在放电过程中的保护，监控芯片、侦测电压来判断电流情况，以此来控制电池的输出。

6. 锂离子电池正极材料合成

固相合成法是电极材料制备中最为常用的一种方法，也是合成 $LiFePO_4$ 的主要方法之一。固相合成以锂源（如碳酸锂、氢氧化锂、乙酸锂及磷酸锂等）、铁源（如草酸亚铁、乙酸铁、磷酸亚铁等）和磷源（如磷酸氢二铵、磷酸二氢铵、磷酸等）为原料，在保护气氛（氮气、氩气或它们与氢气的混合气体）中经300～400℃加热3～6h进行预处理，然后在500～800℃煅烧4～24h可得$LiFePO_4$粉体材料。

液相法合成$LiFePO_4$的主要途径有水热法、溶胶-凝胶法、共沉淀法、氧化-还原法和乳化干燥法等。水热法是以可溶性亚铁盐、锂盐和磷酸盐为原料，在水热条件下直接合成$LiFePO_4$的方法。水热法是在高压釜的高温、高压反应环境中，采用水为反应介质，使得通常难溶或不溶的物质溶解，反应还可以进行重结晶。

7. 锂离子电池制造工艺

锂离子电池制造工艺复杂，工序繁多，总体可分为极片制作、电芯制作和电池组装三个工段。极片制作工艺包括混料、涂布、辊压、分切、极耳焊接等工序，这段工序是保证锂电池性能的基础，尤其对一致性有重大影响；锂电池电芯制造工艺主要包括卷绕或叠片、入壳封装、注入电解液、抽真空并终封等；电池组装工艺主要包括老化、分容、组装、测试等。本文主要研究采用铝塑膜包装的锂电池生产工艺，具体电池制造工艺流程如图26-6所示。

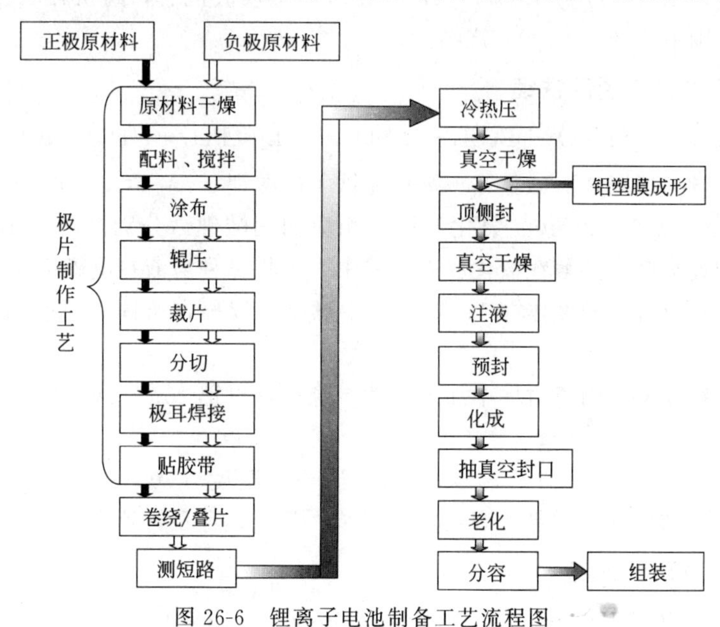

图26-6 锂离子电池制备工艺流程图

三、实验设备与材料

1. 实验装置

恒温槽、冰箱、搅拌器、管式电阻炉、真空干燥箱、鼓风干燥箱、铁夹、分液漏斗、研钵、烧杯、pH试纸、循环水真空泵、布氏漏斗、抽滤瓶、滤纸、玻璃皿、温度计、马弗炉、电磁搅拌器、电子天平、星式球磨机、刮刀、冲片机、封口机、压片机；标准扣式电池模具，规格Φ10mm；真空干燥箱、手套箱、电化学工作站、电池综合测试仪、电子分析天平、新威八通道电池充放电测试仪、干燥箱、扣式电池封口机。

2. 实验材料

乙醇、乙酸镍、乙酸钴、乙酸锰、碳酸钠、去离子水、氨水、乙炔黑、PVDF、NMP、

LiOH、磷酸二氢铵、硫酸亚铁、氯化亚铁、硝酸锂、葡萄糖、活性炭粉；氢氧化锂 LiOH，化学纯；电解氧化锰 MnO_2，电池级；导电炭黑（乙炔炭黑）；铝箔：厚度 (0.1±0.02)mm，Al 99.5%；聚偏氟乙烯乳液；聚偏氟乙烯；高纯石墨粉末（电池级，山东产）；铜箔 20μm 厚度，Cu 99.5%；电解液（标准电解液）；电池隔膜规格 20μm 厚度。

四、实验内容与步骤

1. 碳酸盐共沉淀法制备 $LiNi_{1/3}Co_{1/3}Mn_{1/3}O_2$

分别称取摩尔比为 1∶1∶1 的乙酸镍 [$Ni(CH_3COO)_2\cdot 4H_2O$]、乙酸钴 [$Co(CH_3COO)_2\cdot 4H_2O$]、乙酸锰 [$Mn(CH_3COO)_2\cdot 4H_2O$]，用去离子水溶解，溶液金属离子总浓度为 1mol/L。快速搅拌的同时逐滴加入 Na_2CO_3 溶液，用 $NH_3\cdot H_2O$ 控制反应的 pH 值在 8～12，温度恒定在 40～80℃，生成有着均匀阳离子分布的三元混合碳酸盐 $Ni_{1/3}Co_{1/3}Mn_{1/3}CO_3$，反应完成后继续陈化 18h。将所得碳酸盐沉淀过滤，并用去离子水多次洗涤，以彻底除去所残留的锂盐、钠盐。然后将沉淀物置于鼓风烘箱中 85℃干燥 12h。干燥后按化学计量比 1∶1.05 与 $LiOH\cdot H_2O$ 在研钵中彻底混合，将沉淀物干燥后置于电阻炉中，在空气氛围下于 600～900℃烧结。

2. 固相反应法合成磷酸铁锂

合成反应式：$NH_4H_2PO_4+FeCl_2+LiNO_3 = LiFePO_4+NH_3+HCl+H_2O+NO_2$。

(1) 药品称量　按照磷酸二氢铵∶氯化亚铁∶硝酸锂=1∶1∶x (x=1～1.1) 的比例，分别称取 0.005mol 磷酸二氢铵、氯化亚铁及相应的硝酸锂，分别溶解于 10mL 蒸馏水中。另外称取适量的葡萄糖，溶解在氯化亚铁溶液中，再将三种溶液在电磁搅拌下混合均匀。

(2) 烘干　将混合后的液体在 110℃烘箱中烘干，取出在研钵中研磨均匀，放入 25mL 陶瓷坩埚中。

(3) 埋炭　在 50mL 陶瓷坩埚中加入活性炭颗粒，再把 25mL 陶瓷坩埚放入活性炭中包埋，盖上坩埚盖子。

(4) 煅烧　以 5℃/min 的升温速率升温至一定温度（700～800℃），保温一定时间（4～10h），随炉冷却后取出样品。观察产物形貌、颜色，称量计算产率。

3. 水热法合成磷酸铁锂

合成反应式：$CO(NH_2)_2+NH_4H_2PO_4+FeSO_4+LiNO_3 = LiFePO_4+NH_4NO_3+(NH_4)_2SO_4$。

(1) 药品称量按照磷酸二氢铵∶硫酸亚铁∶硝酸锂=1∶1∶1 的比例，分别称取 0.005mol 磷酸二氢铵、硫酸亚铁、硝酸锂，溶解于 10mL 蒸馏水中。另外称取适量的尿素，溶解在磷酸二氢铵溶液中，再将三种溶液在电磁搅拌下混合均匀。

(2) 根据水热反应釜的容积，按照 60%～80%的填充比例（即液体占容积的比例）加入蒸馏水，锁好反应釜。

(3) 设置水热反应温度为 120～180℃，反应时间为 4～12h。

4. 正尖晶石 $LiMn_2O_4$ 的固相合成

按 n (Li) ∶n (Mn) =1.05∶2.00 混合锂源和处理后的锰源，在行星式球磨机上进行机械球磨，球料比为 8∶1，转速为 200r/min；球磨介质为无水乙醇；球磨时间为 4h。球磨后将料在电烘箱内 70℃以下温度干燥，然后在玛瑙研钵中进行人工研磨，时间为 0.5h。再转移至刚玉坩埚中，在电阻炉中、空气气氛下进行热处理：先以 5℃/min 的速度升温至 470℃并保温 6h，冷却后稍微研磨，使预烧后的粉体散开，再将预烧料以 5℃/min 的速度升温至 750℃并保温 24h。随炉冷却后，将焙烧后的样品研磨粉碎，60 目标准筛网筛分，所得的粉末即为样品。

5. 正负极片的制备

（1）正电极的制备

将合成的正极样品（步骤 1～4 中可任选一种）与导电剂乙炔黑（工业级）、黏结剂聚偏氟乙烯（工业级）按质量比 85∶10∶5 混匀，用刮刀涂覆在 20μm 厚的铝箔（成都产，99.5%）上，涂层厚度 0.5mm，然后在压片机上压制至厚度 0.2mm 制成正极基片，最后在 120℃下真空（真空度为－0.1MPa）干燥 8h，制成 Φ10mm 的正极片，其中活性物质含量为 85%。

（2）锂电池负极极片的制备

以石墨为负极活性物质，聚偏四氟树脂为黏结剂，铜箔为集电极，用压片法制备电池负极。按照石墨粉∶聚偏氟乙烯乳液＝1∶1（质量比）的比例称量，在玛瑙碾钵中人工混合 1h，可以加入无水乙醇稀释。然后用刮刀涂覆在铜箔上，涂层厚度 0.5mm。然后在压片机上压制至 0.2mm 厚度，最后在 120℃下真空（真空度为－0.1MPa）干燥 8h，制成 Φ10mm 的负极片。

6. 扣式模拟电池的组装

手套箱的使用：整体换气，需要打开中间的舱门，先抽气到－0.1MPa，再充氩气到 0MPa，如此反复进行 3 次；如果需要往手套箱中放物品，不需要整体换气，中间的舱门必须关死，打开外舱门，先把物品放入外舱，关闭舱门，如上所述先抽气再充氩气，如此反复 3 次，再打开中间舱门，拿入物品，关闭舱门（注：放入手套箱的物品必须真空干燥 10h 方可）。无论何时只要卸下手套位置铁盘，铁盘与手套箱连接的阀门就应该关闭。

（1）称重正电极片，并计算所涂实际正极活性物质量（85%）。

（2）配置电解液 1 mol/L Li_2SO_4（或 $LiNO_3$）溶液。

（3）冲制玻璃纤维隔膜片，在切片机上切出直径为 16mm 的纤维片。

（4）冲制 $LiMn_2O_4$ 电极片，在切片机上冲出直径为 16mm 的电极片，并计算电极片的活性物质的质量。

（5）组装电池：取正极壳口（正极壳一般较大，且朝外一面上面有“＋”号）朝上，放入正极电极片，保证活性物质的面向上（一般黑色面为电极面）；然后放入玻璃纤维隔膜片 1 片；滴加数滴电解质溶液保证能够润湿电极片和隔膜；然后将负极电极片放入（保证活性物质面向下）；根据电池壳的尺寸决定是否放入垫片和弹簧片；盖上负极壳。

（6）封口：用塑料镊子将电池壳小心放到封口机上，保证电池的正极壳在下面、负极壳朝上（负极一般为粗糙的一面）；调整至中心；关上封口机的油压阀门；反复压下手柄直至压力到 5 MPa 以上，将电池壳封住。

（7）取下电池，用纸巾将溢出的电解质擦干净。

（8）用万用表测试电池的开路电压（可能有偏差，但不应等于零）、电池的电阻（不应等于零）；经过老化处理数小时。

7. 锂离子电池充放电性能测试

(1) 将密封好的电池连接到新威电池测试系统上，在室温下及 0.5～1.8V 间测试电池性能。预先编好充放电程序，输入活性物质量。例如充电，设定电流 50mA/g，充电结束电压为 1.8V；放电，设定电流 50mA/g，放电结束电压为 0.5V，循环次数 50 圈。

(2) 在电化学工作站上测试电池在不同扫描电压下的 *I-V* 曲线，在电池综合测试仪上，测试不同倍率充放电条件下容量密度。

(3) 装备的电池在电池综合测试仪上以 0.5C (60mA/g) 的电流进行一次恒流预充放电 (3.40～4.35V) 激活，再进行测试。

(4) 在电化学工作站上进行循环伏安测试，扫描速度为 0.15mV/s，电压为 3.4～4.5V。

(5) 在电池综合测试仪上进行充放电测试，以 0.5C 在 3.40～4.35V 恒流充放电 20 次。记录 *I-V* 曲线及数据；20 次充放电曲线及数据。

五、注意事项

1. 电池组装、测试过程中不能短路。

2. 不可用手直接触摸电极片。

六、数据记录及处理

1. 使用激光粒度仪测试所得粉体的粒径。

2. 使用 XRD 测试煅烧后粉体的晶相。

3. 使用 SEM 或 TEM 观察粉体的形貌。

4. 模拟电池的首次充放电性能 (容量-电压图)。

5. 模拟电池的循环性能 (循环次数-容量图)。

七、思考题

1. 高性能正极分体的性能要求是什么 (提示：从粉体粒径、晶相结构等分析)?

2. 以尖晶石 $LiMn_2O_4$ 为例计算电池的理论比容量 (提示：尖晶石在充放电过程中得失电子数为 1)。

3. 实验过程中检测电池的性能时，测试电压范围为什么限制在一定区间，不能超过太多 (可以从水的分解电位角度考虑)?

4. 分析 CV 曲线中氧化还原峰形成的原因，以及两次循环中峰位置和形状的变化。

实验 27 超级电容器的制作与性能检测

一、实验目的

1. 了解超级电容器的原理。

2. 了解超级电容器的比电容的测试原理及方法。

3. 了解超级电容器双电层储能机理的特点。

4. 掌握超级电容器电极材料的制备方法。

5. 掌握利用循环伏安法及恒流充放电的测定材料比电容的测试方法。

二、实验原理

超级电容器（sueper capacitor）是一种新型储能装置，它具有充电时间短、使用寿命长、温度特性好、节约能源和绿色环保等特点。超级电容器用途广泛，用作起重装置的电力平衡电源，可提供超大电流的电力；用作车辆启动电源，启动效率和可靠性都比传统的蓄电池高，可以全部或部分替代传统的蓄电池；用作车辆的牵引能源可以生产电动汽车、替代传统的内燃机、改造现有的无轨电车；此外还可用于其他机电设备的储能能源。用于超级电容器电极的材料有各种碳材料、金属氧化物和导电聚合物，尤其是导电聚合物，自从 1970 年导电聚乙炔薄膜被成功合成出来后，科学家对导电聚合物就产生了浓厚的兴趣。

1. 电容器的分类

电容器是一种电荷存储器件，按其储存电荷的原理可分为 3 种：传统静电电容器、双电层电容器和法拉第准电容器。

传统静电电容器主要是通过电介质的极化来储存电荷，它的载流子为电子。

双电层电容器和法拉第准电容储存电荷主要是通过电解质离子在电极/溶液界面的聚集或发生氧化还原反应，它们具有比传统静电电容器大得多的比电容量，载流子为电子和离子，因此两者都被称为超级电容器，也称为电化学电容器。

2. 双电层电容器

双电层理论由 19 世纪末的 Helmhotz 等提出。Helmhotz 模型认为，金属表面的净电荷将从溶液中吸收部分不规则的分配离子，使它们在电极/溶液界面的溶液一侧，离电极一定距离排成一排，形成一个电荷数量与电极表面剩余电荷数量相等而符号相反的界面层。于是，在电极上和溶液中就形成了两个电荷层，即双电层。

双电层电容器的基本构成如图 27-1 所示，它是由一对可极化电极和电解液组成的。

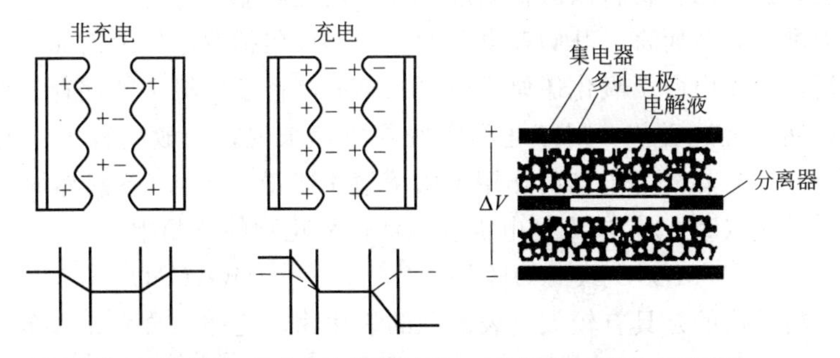

图 27-1 双电层电容器工作原理及结构示意图

双电层由一对理想极化电极组成，即在所施加的电位范围内并不产生法拉第反应，所有聚集的电荷均用来在电极的溶液界面建立双电层。这里极化过程包括两种：①电荷传递极化；②欧姆电阻极化。

双电层电容是在电极/溶液界面通过电子或离子的定向排列造成电荷的对峙所产生的。对一个电极/溶液体系，会在电子导电的电极和离子导电的电解质溶液界面上形成双电层。当在两个电极上施加电场后，溶液中的阴、阳离子分别向正、负电极迁移，在电极表面形成双电层；撤销电场后，电极上的正负电荷与溶液中的相反电荷离子相互吸引而使双电层稳定，在正负极间产生相对稳定的电位差。这时对某一电极而言，会在一定距离内（分散层）产生与电极上的电荷等量的异性离子电荷，使其保持电中性；当将两极与外电路连通时，电极上的电荷迁移而在外电路中产生电流，溶液中的离子迁移到溶液中成电中性，这便是双电层电容的充放电原理。根据双电层理论，双电层的微分电容约为 $20\mu F/cm^2$，采用具有很大比表面积的碳材料可获得较大的容量。双电层电容具有响应速度快、放电倍率高的特点，但储能比电容较小。

超级电容器与电解电容或者电池的结构非常相似，主要差别是用到的电极材料不一样。在超级电容器里，电极基于碳材料技术，可提供非常大的表面面积。表面面积大且电荷间隔很小，使超级电容器具有很高的能量密度。大多数超级电容器的容量用法拉（F）标定，通常在 1～5000F。

3. 法拉第准电容器（法拉第赝电容）

法拉第准电容器是在电极表面或体相中的二维或准二维空间上，电极活性物质进行欠电位沉积，发生高度可逆的化学吸附脱附或氧化还原反应，产生与电极充电电位有关的电容。对于法拉第准电容器，其储存电荷的过程不仅包括双电层上的存储，而且包括电解液中离子在电极活性物质中由于氧化还原反应而将电荷储存于电极中的储存。其双电层中的电荷存储与上述类似，对于化学吸脱附机理来说，一般过程为电解液中的离子由或在外加电场的作用下由溶液中扩散到电极溶液界面，而后通过界面的电化学反应进入到电极表面活性氧化物的体相中；若电极材料具有较大比表面积的氧化物，就会有相当多的这样的电化学反应发生，大量的电荷就被存储在电极中。放电时这些进入氧化物中的离子又会重新返回到电解液中，同时所存储的电荷通过外电路而释放出来，这就是法拉第准电容器的充放电机理。法拉第准电容器可以产生高的比电容，但因为法拉第反应的限制，倍率性能比双电层电容小。

目前使用的电极材料主要有碳材料、金属氧化物材料和导电聚合物材料，其中碳材料以双电层机理储能，而后两种材料以法拉第准电容器机理储能。

对于法拉第准电容器而言，其储存电荷的过程不仅包括双电层上的储存，还包括电解液中离子在电极活性物质中由于氧化还原反应而将电荷储存于电极中的储存。对于其双电层电容器中的电荷存储与上述类似，对于化学吸脱附机理来说，一般过程为：电解液中的离子（一般为 H^+ 或 OH^-）在外加电场的作用下由溶液中扩散到电极/溶液界面，而后通过界面的电化学反应［见式（27-1）］进入到电极表面活性氧化物的体相中。

$$MO_x + H^+(OH^-) + (-)e^- \longrightarrow MO(OH) \tag{27-1}$$

由于电极材料采用的是具有较大比表面积的氧化物，这样就会有相当多的这样的电化学反应发生，大量的电荷就被存储在电极中。根据式（27-1），放电时这些进入氧化物中的离子又会重新返回到电解液中，同时所存储的电荷通过外电路而释放出来，这就是法拉第准电容器的充放电机理。

在电活性物质中，随着存在法拉第电荷传递化学变化的电化学过程的进行，极化电极上发生欠电位沉积或发生氧化还原反应，充放电行为类似于电容器，而不同于二次电池，不同之处为：

（1）极化电极上的电压与电量几乎呈线性关系；

（2）当电压与时间呈线性关系 $dv/dt=k$ 时，电容器的充放电电流为恒定值。

$$I=dv/dt=Ck \tag{27-2}$$

4. 电容量及等效串连内阻的计算

对于超级电容器的双电层电容，可以用平板电容器模型进行理想等效处理。根据平板电容模型，电容量计算公式为

$$C=\frac{\varepsilon S}{4\pi d} \tag{27-3}$$

式中，C 为电容，F；ε 为介电常数；S 为电极板正对面积，等效双电层有效面积，m^2；d 为电容器两极板之间的距离，等效双电层厚度，m。

利用公式 $dQ=i\,dt$ 和 $C=Q/\varphi$ 得

$$i=\frac{dQ}{dt}=C\frac{d\varphi}{dt} \tag{27-4}$$

式中，i 为电流，A；dQ 为电量微分，C；dt 为时间微分，s；$d\varphi$ 为电位的微分，V。

采用恒流充放电测试方法时，对于超级电容，由公式（27-4）可知，如果电容量 C 为恒定值，那么 $d\varphi/dt$ 将会是一个常数，即电位随时间是线性变化的关系。也就是说，理想电容器的恒流充放电曲线是一个直线，如图 27-2（a）所示。我们可以利用恒流充放电曲线来计算电极活性物质的比容量

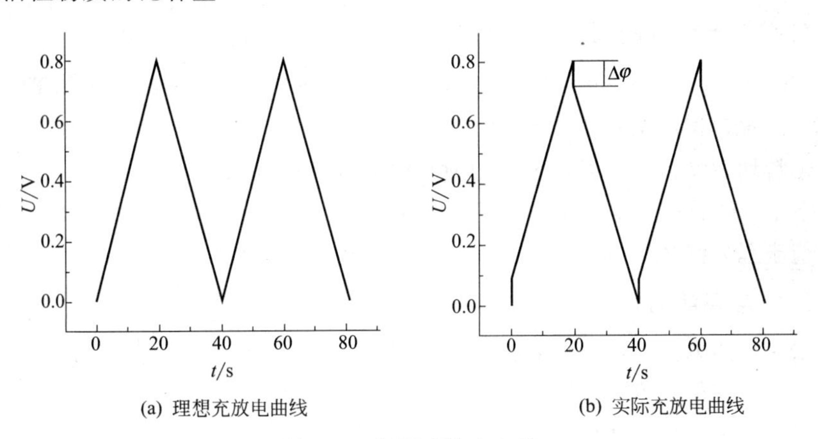

(a) 理想充放电曲线　　(b) 实际充放电曲线

图 27-2　恒流充放电曲线

$$C_m=\frac{it_d}{m\Delta V} \tag{27-5}$$

式中，t_d 为充/放电时间，s；ΔV 为充/放电电压升高/降低平均值，可以利用充放电曲线进行积分计算而得到。

$$\Delta V=\frac{1}{t_2-t_1}\int_1^2 V\,dt \tag{27-6}$$

在实际求比容量时，为了方便计算，常采用 t_2 和 t_1 时的电压差值，即：

$$\Delta V=V_2-V_1 \tag{27-7}$$

对于单电极比容量，式（27-5）中的 m 为单电极上活性物质的质量。若计算的是电容器的比容量，m 则为两个电极上活性物质质量的总和。

在实际情况中，由于电容器存在一定的内阻，充放电转换的瞬间会有一个电位的突变

$\Delta\varphi$，如图 27-2（b）所示。

利用这一突变可计算电极或者电容器的等效串联电阻：

$$R=\Delta\varphi/2i \tag{27-8}$$

式中，R 为等效串联电阻，Ω；i 为充放电电流，A；$\Delta\varphi$ 为电位突变的值，V。

等效串联电阻是影响电容器功率特性最直接的因素之一，也是评价电容器大电流充放电性能的一个直接指标。

三、实验设备与材料

仪器设备：电子天平、真空干燥箱、Land 电池测试系统、压片机、扣式电池封装机、扣式电池钢壳等。

CS350 系列电化学工作站。该设备的应用领域：①研究电化学机理，物质的定性定量分析；②常规电化学测试，包括电合成、电镀和电池性能评价；③功能和能源材料的机理和制备研究；④缓蚀剂、水质稳定剂、涂层以及阴极保护效率快速评价以及氢渗测试等；⑤金属材料在导电性介质（包括水/混凝土等环境）中的腐蚀电化学测试。

该设备可以对电池进行循环伏安测试、交流阻抗测试、恒电流充放电测试。

药品：MnO_2、KOH、泡沫镍、乙炔黑、黏结剂（HPMC）、隔膜、去离子水等。

四、实验内容与步骤

1. 超级电容器电极片的制备

（1）按 75∶15∶10（质量分数）称取活性物质 MnO_2、导电剂乙炔黑和黏结剂 HPMC，加入适量去离子水，调成浆状。

（2）将浆料均匀涂覆于 $\Phi=10$mm 的泡沫镍上（已称重）。

（3）真空 120℃干燥 1h，压片，称重，备用。

制备工艺流程如图 27-3 所示。

2. 扣式超级电容器的组装

（1）将制备好的电极片作为电容器的正负极；

（2）正负极之间用隔膜隔离；

（3）电解液为 3mol/L 的 KOH；

（4）在电极片与电容外壳之间垫一层泡沫镍，使得电极片与电容外壳接触良好；

（5）用封装机把扣式壳封好。

具体组装方法如图 27-4、图 27-5 所示。

3. 电化学性能检测

（1）把组装好的扣式超级电容器连接到 Land 电池测试仪上；

（2）测试在室温下进行；

（3）采用恒电流充放电的方式，设定充放电流均为 5mA，充放电截止电压为 0～0.8V；

（4）计算电容器的比容量及内阻。

五、注意事项

1. 必须严格按照操作规程进行实验。

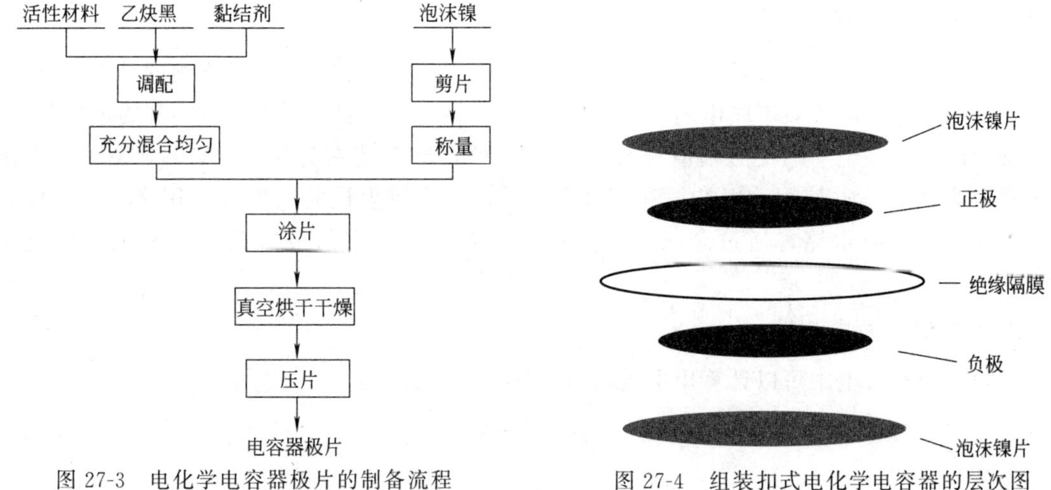

图 27-3 电化学电容器极片的制备流程

图 27-4 组装扣式电化学电容器的层次图

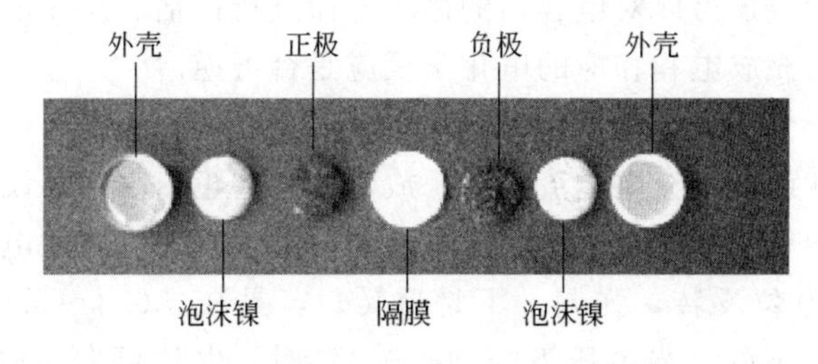

图 27-5 组装扣式电化学电容器的实物图

2. 遵守实验室的规章制度，保持实验室及实验台清洁。

六、数据记录及处理

1. 循环伏安测试

基于 C-V 曲线的电容器容量计算，可以根据公式（27-9）计算。

$$C=\frac{q}{\Delta V}=i\ \frac{\Delta t}{\Delta V}=i/v(v\ \text{为扫速,单位 V/s}) \tag{27-9}$$

从式（27-9）来看，对于一个电容器来说，在一定的扫速 v 下做 C-V 测试。充电状态下，通过电容器的电流 i 是一个恒定的正值，而放电状态下的电流则为一个恒定的负值。这样，在 C-V 图上就表现为一个理想的矩形。由于界面可能会发生氧化还原反应，实际电容器的 C-V 图总是会略微偏离矩形。因此，C-V 曲线的形状可以反映所制备材料的电容性能。对双电层电容器，C-V 曲线越接近矩形，说明电容性能越理想；而对于赝电容型电容器，从循环伏安图中所表现出的氧化还原峰的位置，我们可以判断体系中发生了哪些氧化还原反应。

C-V 测试步骤：从 corrtest 软件中选择“测试方法”→“循环伏安”→“线性循环伏安”。

对 C-V 图的后期处理可以在电化学工作站自带的 cview 软件中进行。可以进行 C-V 的电流对电压的积分，算出材料的比容量。此外，C-V 也可以做电池的循环寿命测试。设置固定的扫速和循环次数，就可以进行电容器的寿命测试。

2. 交流阻抗测试

交流阻抗可以反映电极材料在电极/溶液界面的电荷传递和物质扩散方面的动力学细节。可以计算出电容器的等效串联电阻、溶液电阻、材料/电解液界面双电层电容和赝电容等。

交流阻抗测试施加的交流幅值一般为5mV，测试频率范围为10^{-2}～10^{5}，测试时输出衰减设定为0.01，并使用欧姆补偿和信号去偏功能。交流阻抗的结果可以用Zview软件处理，构建一个等效电路，通过全频段进行拟合，即可计算出与电容充放电相关的电化学参数。

3. 恒电流充放电测试

从恒电流充放电中可以计算出电极材料的比容量，其依据为公式

$$C=\frac{I\Delta t}{m\Delta V} \tag{27-10}$$

式中，I为充电电流；Δt为放（充）电时间；ΔV为放（充）电电势差；m为材料质量。通过多次循环测量，还可以对电容器的循环寿命进行评估。从充电曲线和放电曲线是否对称，可以判断电容器充放电和相应的电化学反应是否可逆。

恒电流充放电参数如下。

充电电流：系统默认的是充电电流为负，放电电流为正，因此在设置的时候注意充电电流和放电电流是一对相反数。充放电的时间也是一样的，只要将充放电时间设置的大于实际的充放电时间就行。电位反转，强调一下是反转，若是在−0.4～0.6V进行电化学测试，电容器充电的时候电压下降，当电压下降到−0.4V时，电位反向；放电的时候电压增大，当增大到0.6V的时候电位发生反转，因此在设定的时候根据所选取的电位范围，设置充电电位小于较负的值，放电电位大于较正的值。

对一个非理想电容器，由于存在各种电阻（材料的接触电阻、孔电阻、电解液电阻等），因此，在不同的电流密度下所得到的电容是不同的。循环次数则根据需要来设置：如果仅仅想知道在不同充放电流密度下的比容量，可以只循环几次来计算电容值。若是要进行电容器的循环寿命测试，则应该将循环测试设置为所需要循环的次数，比如将第1000次循环计算的电容值除以第1次循环计算得到的电容值，我们就可以评价电容器在1000次循环后的稳定性。

七、思考题

1. 超级电容器与传统电容器的区别。
2. 影响超级电容器性能的因素。
3. 如何降低超级电容器的内阻。

新能源转化与存储创新性实验

本章包含3个实验，主要涉及固体氧化物燃料电池、锂离子电池、超级电容器等当前新能源转化与存储研究热点。实验的目的是利用这三种新能源转化与存储器件，让学生在掌握基本知识和实验技能的基础上，根据个人对新能源材料与器件的兴趣，掌握查阅文献、设计实验、开展实验并最终解决问题的能力，为进入本行业奠定创新能力基础。

固体氧化物燃料电池的设计与改进

一、实验目的

1. 引导学生进行文献调研，了解当前固体氧化物燃料电池（SOFC）的研究现状和发展趋势。

2. 结合SOFC的工作原理、性能要求和文献调研，学生能够设计出一种稳定的、电化学催化活性较高的电极材料，或者设计出稳定的、离子导电率较高的电解质材料。

3. 针对提出的新材料，能够提出切实可行的实验方案，并成功制备此材料。

4. 用设计制备的材料，合理选择其他所需材料，完成SOFC纽扣电池的制作及测试，分析所设计材料的性能优劣及其机理。

二、创新实验背景

1. SOFC的工作原理

SOFC是一种直接将化学能转换成电能的装置。它除了具有其他类型燃料电池的高能量转化效率、无污染、低噪声等特点外，还具有燃料适应性强和使用全固态组件的优点，使其更适合进行模块化设计和放大，并避免了液态电解质带来的漏液、腐蚀等问题。这些特点使SOFC电池的发电效率在热电联供的系统中高达80%。SOFC被认为是高效的、万能的发电系统，特别适合用作分散电站，可用于发电、热联供、交通、空间宇航和其他许多领域，因而，被誉为21世纪的绿色能源。

SOFC的基本构成为阳极、电解质、阴极组成的三明治结构，其基本工作原理如图28-1所示。

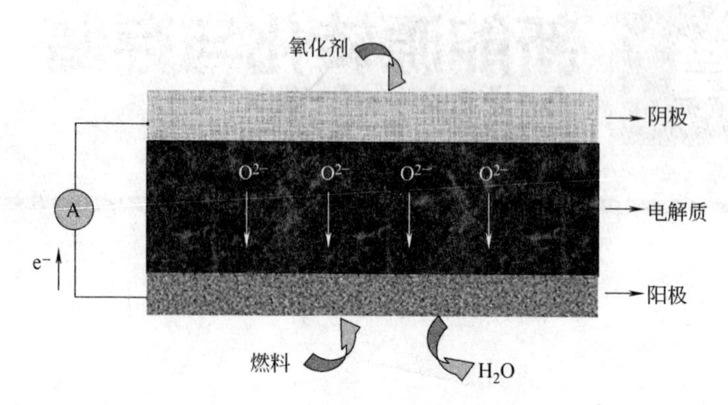

图28-1 SOFC电池的工作原理

SOFC电池工作时，阳极侧持续通入燃料气如H_2、CH_4、煤气等，阴极侧持续通入氧气或空气。在阴极侧，具有多孔结构的阴极表面吸附氧分子并在其催化作用下使O_2得到电子转变为O^{2-}。O^{2-}通过具有氧离子导体作用的固体电解质传输到阳极侧，在阳极的催化作用下与燃料气体发生催化氧化反应。燃料气体在氧化反应过程中失去的电子通过外电路输送到阴极形成工作电流，同时气态的产物水等由阳极孔隙排出。以H_2作为燃料气体为例，电池中发生的电化学反应为

阴极反应 $$O_2+4e^- \longrightarrow 2O^{2-} \quad (28\text{-}1)$$

阳极反应 $$2H_2+2O_2^{2-} \longrightarrow 2H_2O+4e^- \quad (28\text{-}2)$$

总反应 $$2H_2+O_2 \longrightarrow 2H_2O \quad (28\text{-}3)$$

SOFC工作于较高温度下（400～1000℃）。高运行温度有利于提高固体电解的离子电导率，进而提高电池的电化学性能。同时，SOFC的阳极和阴极分别处于还原气氛和氧化气氛下。复杂的工作条件对SOFC电解质、阳极、阴极的显微结构和性能方面就有了诸多的要求，在材料设计、材料制备和器件制作过程中要充分考虑。下面对SOFC电解质和电极的应用要求进行简要总结，并对相关材料的发展概况进行引导性介绍，帮助学生确定查阅文献的基本方向。

2. SOFC电解质必须满足的条件及其材料发展现状

固体电解质是SOFC的核心部分，它决定了电池的整体性能。SOFC单电池中，电解质两侧分别与阳极和阴极相互接触，其主要作用是传导离子及隔绝还原气体和氧化气体，并与外电路一起构成完整的电池回路。在制备过程和电池运行环境下，对电解质的材料和器件要求主要包括：

（1）电解质层必须致密，以阻止还原气体和氧化气体相互接触，避免发生直接燃烧反应。

（2）在高温环境下必须具备良好的结构稳定性，避免材料被破坏。

（3）与阴、阳极有良好的热膨胀匹配性能，避免电解质和电极分离、剥落。

（4）电解质与阴、阳极有良好的化学相容性，避免电解质-电极界面反应物的产生。

（5）在高温环境下，电解质必须具有较高的机械强度和抗热震性。

（6）必须具备足够高的离子电导率和足够低的电子电导率。

常见电解质材料包括萤石和钙钛矿结构氧化物，前者如掺杂的 ZrO_2、CeO_2、Bi_2O_3 等，后者如掺杂的 $LaGaO_3$ 基电解质材料。

掺杂的 ZrO_2 电解质，特别是 Y_2O_3 掺杂的 ZrO_2（YSZ），因为在离子电导、机械强度、氧化和还原气氛下的稳定性以及与电极材料的兼容性等方面表现出优良的综合性能，是目前应用最为广泛的 SOFC 电解质材料。在掺杂浓度方面，有报道称 10（摩尔分数）YSZ 掺杂的 ZrO_2 接近于理想的萤石结构，退火后具有最佳离子电导率值。YSZ 的缺点是在中低温下（500～800℃）电导率偏低，限制了其应用。常用于 ZrO_2 基电解质掺杂的阳离子还包括 Sc^{3+}、Ca^{2+}、Sm^{3+} 和 Mg^{2+} 等。其中，Sc^{3+} 是促进离子电导率最有效的，而 Mg^{2+} 是最低效的。氧化钪稳定的氧化锆（SSZ）比 YSZ 电解质具有更高的离子导电性，并因此可以应用于更低的工作温度。然而，考虑到在高温下的机械稳定性和化学稳定性，8YSZ 仍然是目前最有前景的电解质候选材料。

掺杂的 CeO_2 基、Bi_2O_3 基和 $LaGaO_3$ 基电解质材料是中低温 SOFC 电解质材料发展的主要趋势。CeO_2 基电解质常采用 Gd^{3+}、Sm^{3+}、Y^{3+} 等阳离子进行掺杂，通过低价离子取代 Ce^{4+} 引入更多的氧空位，以提高材料的离子传导能力。Bi_2O_3 基电解质常用 Y^{3+}、La^{3+}、Er^{3+} 等稀土元素阳离子进行掺杂，其作用是将 Bi_2O_3 高温下的立方萤石相结构稳定到室温，使其在较低温度下依然具有高的离子电导率。$LaGaO_3$ 基电解质主要采用 Sr^{2+} 和 Mg^{2+} 分别进行 A 位和 B 位掺杂。这些材料在中低温下的离子电导率要显著高于传统的 ZrO_2 基电解质，但都存在一些不足。如在还原气氛下，CeO_2 基电解质材料中的 Ce^{4+} 易被还原为 Ce^{3+} 而使材料产生一定的电子电导能力，造成电池的短路；Bi_2O_3 基电解质材料在还原气氛下化学性质不稳定（Bi^{3+} 易被还原成金属铋）且与电极材料的化学兼容性差；$LaGaO_3$ 基电解质材料存在易与 Ni 基阳极反应、Ga 在高温还原气氛下易挥发和原料价格昂贵等问题。

此外，近年来还出现了一些新型的氧离子固体电解质材料如钼酸镧（$La_2Mo_2O_9$）基、硅酸镧（$La_{10-x}Si_6O_{24+y}$）基材料，但受到的关注程度相对较低。

3. SOFC 阳极必须满足的条件及其材料发展现状

SOFC 阳极的主要功能是提供电催化氧化反应的场所，同时也是实现电子的转移和反应产生气体进行转移的场所，所以在实际工作环境中需满足的要求包括：

（1）具备足够高的孔隙率，以保障燃料快速传输到达反应活性位置（三相界面），并且能够及时排出气态反应产物。

（2）具备良好的催化活性和足够大的比表面积，使得氧化反应高效进行。

（3）较高的电子电导率，减小欧姆极化。

（4）和电解质、连接体具有较好的化学相容性，避免生成高电阻的产物。

（5）与电解质的膨胀系数相匹配，以防止出现电极开裂、剥落情况。

（6）在还原气氛下具有较高的物理化学稳定性。

（7）使用含碳燃料或纯度不高的燃料时，阳极材料应具备较好的抗积炭能力，并对燃料里的杂质如 H_2S 具有很好的容忍度以防止硫中毒。

（8）和电解质的膨胀系数和化学相容性要有比较好的匹配性，以防止出现开裂、剥落的情况和防止相互之间发生反应形成高电阻化合物。

Ni、Co、Ru、Pt 等金属都是催化活性良好的阳极材料。Ni 具有催化活性高和价格便宜的优点；Ru 具有更好的性能和稳定性，但价格昂贵且毒性很大；Pt 也很贵；Co 的催化性能不如 Ni。因此，Ni 是最常用的金属阳极材料。尽管如此，Ni 阳极材料也存在一些缺点。如长期工作于较高工作温度下，金属 Ni 易发生颗粒团聚而降低阳极三相界面长度；与 ZrO_2 基和 CeO_2 基电解质相比，Ni 基阳极的热膨胀系数偏高。

为了保证阳极层的多孔结构，缓解阳极与电解质间的热膨胀不匹配，常将上述金属阳极材料与电解质材料进行复合，制成金属陶瓷阳极。该多孔复合材料能将电化学反应活性区扩大到阳极内部。在使用氢作为燃料的情况下，这种金属陶瓷阳极是现阶段最好的阳极材料。对于直接使用甲烷等含碳燃料的情况，镍基金属陶瓷阳极会由于炭沉积和硫中毒而失效。为了提高含碳含硫燃料中镍基阳极的抗积炭性能和抗硫化性能，可以引入离子导电材料或其他催化活性材料进行改性，如掺杂或浸渍 CeO_2、Nb_2O_5、Sc_2O_3、BaO、Sn 和 Sb 等。这类经过修饰改性的镍基陶瓷阳极材料目前仍处于探索发展阶段。

对于直接使用碳氢化合物作为燃料的阳极，目前主要的发展趋势是采用具有电子-离子混合电导的钙钛矿结构或双钙钛矿结构的镧系、铬系、钛系化合物等，如 $La_{0.4}Sr_{0.6}TiO_{3-\delta}$、$La_{1-x}Sr_xVO_{3-\delta}$、$La_{0.75}Sr_{0.25}Cr_{1-x}Mn_xO_{3-\delta}$、$Ce_{0.9}Sr_{0.1}Cr_{0.5}Fe_{0.5}O_{3-\delta}$、$Sr_2Mg_{1-x}Mn_xMoO_{6-\delta}$。这类材料具有良好的抗积炭能力和抗硫中毒能力。由于具有电子-离子混合导电性能，阳极的电化学反应活性区不再局限于三相界面。这类阳极材料的不足之处是，其综合性能受到低电导率和对碳氢燃料的低催化活性的限制。在高温还原气氛下，这类材料的结构稳定性和化学稳定性以及与电解质间的热膨胀匹配性能和化学兼容性等都相对较差。

4. SOFC 阴极必须满足的条件及其材料发展现状

SOFC 阴极的主要功能是提供电化学还原反应的场所，在实际工作条件下需满足的条件包括：

（1）必须具有较高的电子电导率和离子电导率，保证电子的传输和 O^{2-} 顺利传输到达电解质。

（2）对氧裂解和还原具有高的催化活性，降低与氧还原反应相关的电化学极化。

（3）与电解质的膨胀系数相匹配，以防止出现电极开裂、剥落情况。

（4）和电解质间具有较好的化学相容性，避免相互之间发生反应形成高电阻化合物。

（5）有足够的空隙，确保反应气体能够传输到反应位置。

SOFC 阴极材料以钙钛矿结构材料为主。通过将离子导电性的电解质材料与钙钛矿阴极材料进行复合，以调整材料的热膨胀匹配性能和改善阴极的混合导电性。A 位掺杂 Sr^{2+} 的锰酸镧（$La_{1-x}Sr_xMnO_3$，LSM）是发展最早的 SOFC 阴极材料。A 位掺杂低价阳离子时，由于要保持晶体内部的电中性，$LaMnO_3$ 中的部分 Mn^{3+} 转变为 Mn^{4+}，可以有效提高材料的电子电导率。当工作于 1000℃高温时，LSM 被认为是最先进的阴极材料，然而在较低温度下其氧离子电导率差导致电极电阻偏高。此外，在 $LaMnO_3$ 的 A 位和 B 位分别掺杂 Ca^{2+} 和 Co^{4+} 离子作为阴极材料的研究也有报道。

近年来掺杂改性的 $LaCoO_3$ 钙钛矿作为阴极材料取得较大发展。为了改善 $LaCoO_3$ 材料的电极性能，可以在 A 位掺杂 Sr、Ca、Ba 等元素，在 B 位掺杂 Cr、Cu、Fe、Ni 等元素。将碱土金属引入 $LaCoO_3$ 的 A 位，部分 La^{3+} 被 M^{2+} 取代，引起钴离子平均价态的升高和氧空位浓度的增大以维持晶体的电中性，从而改善材料的电子导电性和离子导电性。在 B 位进行掺杂通常会损失一定的离子导电性能，但是可以起到改善材料的稳定性和调整热膨胀系数等作用。这一系列材料中，$Ba_{0.5}Sr_{0.5}Co_{0.8}Fe_{0.2}O_{3-\delta}$（BSCF）体现出较好的电极性能，在目前受到较多的关注。

与 LSM 系阴极材料相比，改性的 $LaCoO_3$ 基钙钛矿材料在更大的温度范围内具有更高的电子和离子导电性，更适用于低温 SOFC。该体系材料存在的不足是氧化气氛下稳定性较差、热膨胀系数偏高、与电解质易发生界面反应（如与 ZrO_2 基电解质反应以形成高阻 Sr_2ZrO_4 和 $La_2Zr_2O_7$ 化合物）等，使其应用受到一定程度的限制。虽然如此，改性的 $LaCoO_3$ 基钙钛矿阴极材料仍然是基于 CeO_2 基电解质的 SOFC 的良好选择。

其他阴极材料还有 $YNi_xMn_{1-x}O_3$ 和 $Sr_{0.5}Sm_{0.5}CoO$。$YNi_xMn_{1-x}O_3$ 具有较高的电导率和良好的化学兼容性，缺点是电导率随工作时间的延长会有衰减。$Sr_{0.5}Sm_{0.5}CoO$ 极化电阻较低，与 $La_{0.9}Sr_{0.1}Ga_{0.8}Mg_{0.2}O_3$ 电解质匹配良好，但其他方面性能有待进一步研究。

5. 设计和选择 SOFC 电解质、电极材料的一般原则

在进行 SOFC 电解质、阳极材料、阴极材料的设计和选择时，应优先保证电池的基本功能和稳定性，在此基础上尝试进行电化学输出性能的改善。具体地，可以依次从以下三个方面进行考虑：

首先应考虑各组件材料的结构稳定性和化学稳定性，以确保材料在高温和相应气氛下保持应有的性质和性能。

其次应考虑各组件材料之间的热膨胀匹配特性和化学兼容性，以保证各组件不发生力学损坏，相互之间接触良好，从而使电池具有良好的气密性以及较低的内阻。

最后考虑电解质、阳极材料、阴极材料的性能，如提高电解质材料的离子电导率、改善阳极材料和阴极材料的催化性能及离子-电子混合导电性能等。

三、实验课题

根据前文叙述，可以从下面选择一些课题进行研究，但并不限于这些课题，可以根据文献调研情况自己提出研究课题，但要与老师讨论课题的可行性。

（1）萤石结构、钙钛矿结构的电解质阳极的制备与性能表征。如对 ZrO_2 基、CeO_2 基、Bi_2O_3 基和 $LaGaO_3$ 基电解质的掺杂改性等。

（2）金属陶瓷阳极的制备与表征。如采用稀土元素或过渡金属元素对 Ni/YSZ 阳极的修饰改性等。

（3）钙钛矿或双钙钛矿阳极的制备与性能表征。如对钛酸盐、铬酸盐体系混合导电阳极的掺杂改性、形貌调控等。

（4）钙钛矿结构阴极的制备和性能表征。如对 $LaMnO_3$ 基、$LaCoO_3$ 基阴极材料的掺杂改性和形貌调控等。

四、实验要求

根据实验过程及实验数据的整理和分析结果，撰写实验报告，总结实验目的的达成情况。实验报告应含有如下内容。

（1）研究名称　实验研究的课题。

（2）研究目的　实验拟解决的科学或技术问题。

（3）选题依据　根据收集的文献资料，分析选题的研究情况，重点是要给出选择此种电极材料的理由。

(4) 实验方案　根据选题提出详细的实验方案，给出实验流程图或详细的实验步骤。

(5) 实验设计（步骤）　根据实验方案，撰写出详细、具有可操作性的实验步骤。

(6) 实验过程　记录详细的实验操作过程。

(7) 实验结果与分析　对得到的实验结果进行分析、归纳。如果实验结果未能符合预期目的，需分析存在的问题及原因。

五、参考文献

[1] Xu X. Ceramics in solid oxide fuel cells for energy generation, in Advances in Ceramic Matrix Composites (Second Edition), I. M. Low, Editor. 2018, Woodhead Publishing.

[2] Goodenough J, Goodenough B. Oxide-ion electrolytes. Annu. Rev. Mater. Res., 2003, 33: 91-128.

[3] Sammes, N M, et al. Bismuth based oxide electrolytes-structure and ionic conductivity. Journal of the European Ceramic Society, 1999, 19 (10): 1801-1826.

[4] Inaba H, Tagawa H. Ceria-based solid electrolytes - Review. Solid State Ionics, 1996, 83 (1-2): 1-16.

[5] Kharton V V, Marques F M B, Atkinson A. Transport Properties of Solid Oxide Electrolyte Ceramics: a Brief Review. Solid State Ionics, 2004, 174 (1-2): 135-149.

[6] Minh N Q, Takahashi T. Science and Technology of Ceramic Fuel Cells. 1995, Elsevier: 69-116.

[7] Shiono M, et al. Effect of CeO_2 interlayer on ZrO_2 electrolyte/La (Sr) CoO_3 cathode for low-temperature SOFCs. Solid State Ionics, 2004, 170 (1): 1-7.

[8] Menzler N H, et al. Materials and manufacturing technologies for solid oxide fuel cells. Journal of Materials Science, 2010, 45 (12): 3109-3135.

[9] Badwal S P S. Zirconia-based solid electrolytes: microstructure, stability and ionic conductivity. Solid State Ionics, 1992, 52 (1-2): 23-32.

[10] Singhal S C, Kendal K. High Temperature and Solid Oxide Fuel Cells: Fundamentals, Design and Applications. 2003, Amsterdam: Elsevier Science.

[11] Feng L I, Jin J, et al. Advances in the Research of Apatite-Type Low-Temperature Solid Electrolyte Material. Bulletin of the Chinese Ceramic Society, 2006, 25 (4): 137-141.

[12] Slater P R, Sansom J E H, et al. Development of apatite-type oxide ion conductors. Chemical Record, 2004, 4 (6): 373-384.

[13] Lee J H, et al. Characterization of the electrical properties of Y_2O_3-doped CeO_2-rich CeO_2-ZrO_2 solid solutions. Solid State Ionics, 2004, 166 (1-2): 45-52.

[14] Liu L, et al. Sulfur tolerance improvement of Ni-YSZ anode by alkaline earth metal oxide BaO for solid oxide fuel cells. Electrochemistry Communications, 2012, 19 (1): 63-66.

[15] Marina O A, et al. Mitigation of Sulfur Poisoning of Ni/Zirconia SOFC Anodes by Antimony and Tin. Journal of the Electrochemical Society, 2011, 158 (4): 608-20.

[16] Sasaki K, et al. H_2S Poisoning of Solid Oxide Fuel Cells. Chinese Journal of Radio Science, 2006, 153 (11): A2023-A2029.

[17] Kurokawa H, et al. Ceria Nano-coating for Sulfur Tolerant Ni-based Anodes of SolidOxide Fuel Cells. Electrochemical and Solid-State Letters, 2007, 10 (9).

[18] Choi S, et al. Surface Modification of Ni-YSZ Using Niobium Oxide for Sulfur-Tolerant Anodes in Solid Oxide Fuel Cells. Journal of the Electrochemical Society, 2008, 155 (5): B449-B454.

[19] Gong M, et al. Sulfur-tolerant anode materials for solid oxide fuel cell application. Journal of Power Sources, 2007, 168 (2): 289-298.

[20] Sun C, Stimming U. Recent anode advances in solid oxide fuel cells. Journal of Power Sources, 2007, 171 (2): 247-260.

[21] Cheng Z, et al. From Ni-YSZ to Sulfur-Tolerant Anode Materials for SOFCs: Electrochemical Behavior, in situ

Characterization, Modeling, and Future Perspectives. Cheminform, 2011, 43 (32): 4380-4409.
[22] Wang S, Liu M, et al. Winnick, Stabilities and electrical conductivities of electrode materials for use in H_2S-containing gases. Journal of Solid State Electrochemistry, 2001, 5 (3): 188-195.
[23] Kharton V V, et al. Mixed electronic and ionic conductivity of LaCo(M)O_3 (M=Ga, Cr, Fe or Ni): III. Diffusion of oxygen through $LaCo_{1-x-y}Fe_xNi_yO_{3-d}$ ceramics. Solid State Ionics, 1998, 110 (1-2): 61-68.
[24] Petrov A N, Cherepanov V A, et al. Thermodynamics, defect structure, and charge transfer in doped lanthanum cobaltites: an overview. Journal of Solid State Electrochemistry, 2006, 10 (8): 517-537.
[25] Shao Z, et al. Synthesis and oxygen permeation study of novel perovskite-type BaBi x $Co_{0.2}Fe_{0.8-x}O_{3-d}$ ceramic membranes. Journal of Membraneence, 2000, 164 (1-2): 167-176.
[26] Shao Z, Haile S M. A high-performance cathode for the next generation of solid-oxide fuel cells. Nature, 2004, 431 (7005): 170.
[27] Aguadero A, et al. Materials development for intermediate-temperature solid oxide electrochemical devices. Journal of Materials Science, 2012, 47 (9): 3925-3948.
[28] Nesaraj S. Recent developments in solid oxide fuel cell technology - A review. Journal of Scientific & Industrial Research, 2010, 69 (3): 169-176.
[29] Badwal S P S, Foger K. Solid oxide electrolyte fuel cell review. Ceramics International, 1996, 22 (3): 257-265.
[30] Moure C, et al. Synthesis, sintering and electrical properties of $YNi_{0.33}Mn_{0.67}O_3$ perovskite prepared by a polymerized method. Journal of the European Ceramic Society, 2003, 23 (5): 729-736.
[31] Xia C, et al. $Sm_{0.5}Sr_{0.5}CoO_3$ cathodes for low-temperature SOFCs. Solid State Ionics, 2002, 149 (1): 11-19.

实验29 高倍率性能锂离子电池的设计和制备

一、实验目的

1. 通过文献调研了解当前锂离子电池的发展现状、存在的问题及解决问题的策略。

2. 根据影响锂离子电池性能的因素，结合文献资料中了解的情况，学生能够设计出一种高倍率性能的锂离子电池电极材料。

3. 针对提出的新材料，能够设计切实可行的实验方案，并成功制备此电极材料。

4. 利用设计制备的材料完成锂离子电池的制作及测试，分析所设计材料的性能优劣及其原因。

二、创新实验背景

1. 锂离子电池高倍率性能的影响因素

锂离子电池主要由正极、负极、电解液和隔膜4个部分组成。每个组成部分均会对性能产生一定的影响，电极材料尤其是集流体表面的活性物质是其中最关键的因素之一，它的结构和特征决定着锂离子电池的性能好坏，同时，电解液也是影响锂离子电池性能的另一重要因素。

（1）负极高倍率充放电性能的影响因素

① 材料结构。碳材料是最早研究用于锂离子电池的负极材料，具有各种各样的结构，

这对其高倍率性能产生很大的影响。如石墨化中间相沥青碳微球的球形片层结构利于锂离子从球的各个方向嵌入和脱出，减小了锂离子在固相中的扩散电阻，从而提高了电极的高倍率性能，在 1C 充放电时容量可达到 230mA・h/g，而二维片层结构的天然石墨具有比较差的高倍率性能，如 Zaghib 等研究的天然石墨 NG40 在 C/4 放电时容量只有 55.8mA・h/g。

② 材料尺寸。锂离子电池负极材料的尺寸直接关系着锂离子在其中扩散路径的长短，对电极高倍率性能产生很大的影响。当电极材料尺寸较小时，比表面积一般较大，一方面，可以使电极的电流密度降低，减少电极的极化作用；另一方面可以提供更多的锂离子迁移通道，缩短迁移路径，降低扩散阻抗，从而提高电极的高倍率性能。因此，粒径较小的颗粒和纳米结构的材料（纳米球、纳米线、纳米棒、纳米管和纳米膜等）作为锂离子电池负极材料时，通常表现出较好的倍率性能。如小颗粒石墨（约 6μm）以 C/2 充放电时，其容量可以达到 C/24 充放电容量的 80%；而大颗粒石墨（约 44μm）在相同的充放电制度下仅具有 C/24 充放电容量的 20%。

③ 电极表面电阻。锂离子在嵌入负极的过程中，首先要扩散到固体电解质相界面膜（SEI 膜）与负极材料的界面处，因此电极表面电阻相当于锂离子扩散过程中的一道门槛，影响着锂离子的嵌入和脱出，尤其在高倍率充放电时更加明显。

④ 电极导电性。隔膜起到导通电解液中导电离子的作用，同时，防止两片电极物理接触，形成短路。电阻小、高孔隙率是隔膜的基本要求，另外，隔膜的选择透过性和稳定性也是重要的参数。

(2) 正极高倍率充放性能的影响因素　锂离子在电极内部的扩散是影响锂离子电池正极高倍率充放电性能的一个重要因素。一切影响锂离子扩散的因素，如正极材料的结构尺寸、比表面积和电极的膜厚、导电性空隙率，应该对锂离子电池正极的高倍率性能同样产生很大的影响。

① 正极材料的结构。常见的锂离子电池的正极材料如 $LiCoO_2$、$LiNiO_2$ 和 $LiMnO_2$ 都是具有二维通道的层状结构，一般认为锂离子在其中的扩散系数比较小，是高倍率充放电的制约因素。而 $LiMn_2O_4$ 是立方晶系结构，具有三维通道，有利于锂离子在其中的快速迁移，被认为是适合高倍率充放的电极材料，已经成为高倍率正极材料的研究热点。因此，开发新型有利于锂离子迁移的电极材料是今后锂离子电池高倍率性能提高的关键。

② 正极材料的颗粒大小和电极膜厚。诸多研究表明，大电流充放时电极的容量和性能与电极活性物质颗粒的大小有很大关系。另外，无论放电容量还是大电流的循环性能都与电极膜的厚度有一定的关系：电极膜越厚，在大电流下表现出来的比容量越小；越薄，大电流下的循环性能越好。

③ 电极的导电性。常见的正极材料如 $LiCoO_2$、$LiMn_2O_4$ 等均具有较低的电导率，在制备工作电极时通常需要加入导电剂（炭黑、乙炔黑）来提高其导电性。在高倍率充放电时，导电剂对正极材料性能的影响尤为突出。

因此，具有良好高倍率性能的正极材料既要具有良好的导电性又要具有短的锂离子扩散路径。

(3) 电解质的影响因素　除了电极材料，电解质对锂离子电池的高倍率充放电性能也有很大的影响。目前，锂离子电池所用的电解质都是有机电解质，传导能力和稳定性方面都有欠缺，成为阻碍锂离子电池在大型电动设备上使用的一个重要因素。

① 传导能力。目前锂离子电池所用有机电解质，不管是液体电解质还是固体电解质，

电导率都比较低，电解质的电阻成为整个电池电阻的重要组成部分，对锂离子电池高倍率性能产生很大的影响。研发具有高传导能力的电解质是提高锂离子电池高倍率性能的重要环节。

② 稳定性。电解质的化学稳定性在正极上表现得比较突出，因为部分电解质会在正极表面被氧化分解。由于锂离子电池在高倍率充放电时更容易过充过放，选择在较宽电化学窗口中具有较高化学稳定性的电解质是高功率锂离子电池用电解质的一个基本要求。另外，电解质的热稳定性对锂离子电池的安全和循环性能也有较大的影响，因为电解质热分解时产生很多气体，不但会构成安全隐患，有些气体对负极表面的 SEI 膜还会产生破坏作用，影响其循环性能。

因此，选择具有较高的传导能力、较高的化学稳定性和热稳定性且与电极匹配的电解质是今后开发高功率锂离子电池用电解质的发展方向。

2. 锂离子电池电极材料的发展现状

(1) 锂离子电池负极材料的分类及存在的问题　目前重点研究的锂离子电池负极材料主要有碳材料、合金类材料、金属氧化物材料、金属硫化物材料和其他负极材料。研究内容主要包括如何增加能量密度，提高材料的循环稳定性，提高材料的倍率性能和改善首次库伦效率等几个方面。

① 碳材料。碳基材料是最早被作为替代金属锂的锂离子电池负极材料，也是目前最主流并已商业化应用的负极材料。其比容量大约在 200～400mA·h/g，电极电位＜1.0V vs Li^+/Li，循环性能在 1000 周以上，理化性能稳定。碳基材料主要包括石墨类和无定形类，石墨类碳材料如天然石墨、人造石墨等，无定形类碳材料主要包括软碳和硬碳两种。

总之，碳基负极材料的理论比容量相对较低，可发展的空间很小，同时在大电流放电时存在安全隐患，已经不能满足人们对动力电池负极材料的需求。因此研究者们正在寻求高比容量的非碳基材料来替代商业化的碳基材料。

② 合金负极材料。早期的锂电池用金属锂作负极，其理论比容量高达 3860mA·h/g，但在循环过程中由于锂的不均匀沉积而形成锂枝晶，造成严重的安全问题。锂是一种活泼金属，锂与许多金属或非金属（Si、Sn、Al、Ge 等）可形成合金，形成锂合金的过程是可逆的，可以储存大量锂，反应电位相对较低，这给锂离子电池提供了理想的嵌锂材料。锂合金作为负极材料使用可以很好地避免锂枝晶的产生，改善了电池的安全问题，并具有容量高、导电性好、适应电解液能力强、可快速充放电等优点。在合金负极材料中，研究最多的是硅基材料和锡基材料。

但锂合金作为锂离子电池负极材料也有个很大的缺点，即嵌锂和脱锂前后体积变化巨大。这导致材料在循环过程中发生粉化，材料之间及材料和集流体之间失去电接触，造成容量快速衰减。

因此缓解嵌锂过程中的体积膨胀问题是合金类负极材料要解决的关键问题。研究工作中一般采用材料纳米化、多孔空心结构、材料复合或以两种及两种以上金属形成金属间化合物替代单一金属的方法解决这些常见的问题。

③ 过渡金属氧化物负极材料。过渡金属氧化物由于其来源广泛、价格低廉且比容量大等优势，在锂离子电池方面的应用引起了研究者的广泛关注。研究发现，过渡金属氧化物按嵌锂机理可分为两类：一类为嵌锂型氧化物，锂离子在充电时嵌入氧化物晶格间隙里，反应

过程中没有氧化锂的生成。这类氧化物包括 TiO_2、MoO_2、VO_2、WO_2、Nb_2O_5 等。另一类为氧化还原型氧化物，在充电时会生成具有电化学活性的氧化锂，这种氧化锂在放电时会重新还原为锂。这类氧化物主要是具有岩盐结构的氧化物 MO（M＝Fe、Co、Ni、Cu）。

过渡金属氧化物在首次放电过程中 SEI 膜的生成会导致一部分锂的损失，因此过渡金属氧化物的首次库仑效率一般较低。此外，过渡金属氧化物在嵌锂时体积会发生膨胀，脱锂时又发生收缩，使活性材料从电极上脱落从而使电池容量衰减，严重影响了材料的循环稳定性。最后，过渡金属氧化物导电性能不佳，致使材料的可逆比容量较低。针对上述问题，常用一些方法对其进行改善：一是纳米化，制备如纳米颗粒、纳米棒、纳米片、纳米多孔结构或中空结构等特殊结构，缓解反应过程中的体积变化，并减少锂离子的传输路径，从而提高倍率性能和循环稳定性；二是将过渡金属氧化物与其他高导电材料复合（碳基材料、金属、导电聚合物等），防止材料与电解液的直接接触，提高复合材料的电子电导率，从而改善材料的电化学性能；三是制备多元金属氧化物来改善体积变化及电导率低的问题，具体参阅参考文献［16］。

④ 过渡金属硫化物负极材料。过渡金属硫化物具有较高的理论比容量，作为新一代锂离子电池负极材料引起了人们的关注。然而，过渡金属硫化物较低的锂离子扩散速率限制了材料的倍率性能；在充放电过程中生成的多硫化锂会部分溶解在电解液中，在降低离子电导性的同时会随着电解质溶液与锂发生反应使其纯化，造成活化锂的丧失，导致循环性能下降；此外，该材料的电子电导也无法满足其作为高比容量负极材料的需求。针对上述问题，研究者们普遍采用纳米结构化、制备复合材料或者掺杂的方法来提高过渡金属硫化物的电化学性能。各种过渡金属硫化物中，MoS_2 被认为是性能最好的硫化物，而且人们合成了各种形貌结构的硫化物，具体参阅参考文献［17］。

（2）锂离子电池正极材料的分类及存在的问题　通常，锂离子电池正极材料为过渡金属氧化物，如 $LiCoO_2$、$LiMn_2O_4$、$LiFePO_4$ 等。根据材料的结构类型可分为层状结构、尖晶石型和橄榄石型。

① 层状结构。钴酸锂（$LiCoO_2$）为层状结构，是目前商业应用最广泛的锂离子电池正极材料，它的理论比容量为 274mA·h/g，然而实际工作时只能放出 140mA·h/g 的比容量。原因一是结构不稳定，容易出现坍塌，可逆容量迅速下降；二是 Co 元素溶解到电解液中，造成材料晶体结构破坏。镍酸锂（$LiNiO_2$）、锰酸锂（$LiMnO_2$）也具有类似的层状结构。为了改善其性能，人们主要采用掺杂和包覆两种方法提高结构的稳定性，提高其循环性能。另外，通过加入别的种类的金属元素制备二元或三元正极材料也可提高电池的循环性能和倍率性能，如 $Li(NiCoMn)O_2$、$Li(NiCoAl)O_2$ 等。三种元素的结合可以弥补单一元素带来的缺陷，提高材料的结构稳定性，并可降低成本，对实际生产应用是十分有利的。

② 尖晶石型。研究较多的尖晶石型锂离子正极材料主要有 $LiMn_2O_4$ 和 $LiNi_{0.5}Mn_{1.5}O_4$，这类材料具有较好的循环稳定性和倍率性能。但是，在高温下材料容量衰减严重，储存性能也下降。一个原因是循环过程中结构发生变化，另一个原因是锰离子的溶解。针对这个问题，人们采取的措施主要是掺杂和包覆。

③ 橄榄石型。橄榄石型结构正极材料以 $LiFePO_4$ 材料为代表，属于聚阴离子正极材料，其中 Fe 元素可以被 Ni、Co、Mn 取代，由于其骨架的特殊结构，导致充电时，锂离子在全部脱出的情况下，材料的结构也不会被破坏，结构稳定性和耐过充性好，并且材料的充放电平台较低。然而，这种材料本身导电率差，导致其循环性能和倍率性能不够。另外，振

实密度较尖晶石型及层状材料低，影响实际生产应用。针对这个问题，研究人员采取的主要策略仍然是掺杂和包覆。

3. 电极材料选取原则

（1）锂离子电池负极材料的选取原则　锂离子电池负极材料是锂离子电池的关键组成部分，目前，发展高比容量锂离子电池的关键在于制备能够可逆插入和脱插锂离子的负极材料。理想的负极材料一般满足如下条件：

① 锂离子在负极材料中的插入氧化还原电位尽可能低，接近金属锂的电位，从而使电池的输出电压高。

② 在锂离子电池负极材料中，大量的锂能够尽可能多地在主体材料中可逆地脱嵌，以得到高容量密度负极材料。

③ 在整个插入脱插过程中，主体结构没有或很少发生变化，以确保良好的循环性能。

④ 氧化还原电位随锂离子插入量的变化应该尽可能小，这样电池的电压不会发生显著变化，可保持较平稳的充电和放电。

⑤ 插入化合物应有良好的电子电导率和离子电导率以及较大的锂离子扩散系数，这样可以减少极化，并能进行大电流充放电。

⑥ 主体材料具有良好的热力学稳定性和表面结构，能够与液体电解质形成良好的固体电解质界面（solidelectrolyte interface，SEI）膜，在形成 SEI 膜后应具有良好的化学稳定性，在整个电压范围内不与电解质等发生反应。

⑦ 从实用角度来看，负极材料应该具有价格便宜、资源丰富、对环境无污染、制备工艺尽可能简单等特点。

（2）锂离子电池正极材料的选取原则

① 正极材料应有较高的氧化还原电位，从而使电池有较高的输出电压。

② 正极材料的可逆充放电比容量高，材料堆积密度大，以获得高的电池容量。

③ 在锂离子嵌入/脱嵌过程中，正极材料的结构要稳定，以保证电池良好的循环性能。

④ 正极材料应有较高的电导率，以满足电池快速充放电的需求。

⑤ 化学稳定性和热稳定性要高，以保证使用安全。

⑥ 价格便宜，对环境无污染。

4. 提高锂离子电池性能的思路

综前所述，当前锂离子电池电极材料还存在着一些问题，为了进一步提升锂离子电池的性能，我们选取设计电极材料时可以考虑以下设计思路：

（1）设计新材料提高锂离子电池的工作电压，提高正负极材料的容量。

（2）材料纳米化。可以提高离子和电子的传输速率，增大反应比表面积，减小锂嵌入脱嵌过程中体积变化产生的应力，提高力学稳定性和循环性能。

（3）采用复合材料。与导电材料复合提高导电性，与支撑材料复合提高结构稳定性，不同材料复合避免单一材料性能上的缺点，使各种材料在性能上相互取长补短，产生协同效应，可以获得比单一材料更稳定的结构、更好的循环性能以及更高的安全性能。

（4）掺杂改性。可以提高导电性，增大离子、电子传输速率，增强材料的化学稳定性和热稳定性。

（5）形貌控制。如制备多孔空心结构材料、一维材料等。可以提高材料的结构稳定性，增加离子、电子、声子的传输，改变反应活性。

（6）包覆改性。可以防止电解质的腐蚀，还可以增强表面反应的稳定性。用导电材料包覆，还可以增大导电性。

三、实验课题

根据前文叙述，可以从下面选择一些课题进行研究，但并不限于这些课题，可以根据文献调研情况，自己提出研究课题，但要与老师讨论课题的可行性。

（1）微/纳米结构的过渡金属氧化物锂离子电池负极材料的制备与表征。如各种形貌结构的 Fe_2O_3、CuO、SnO_2 等。

（2）过渡金属硫化物锂离子电池负极材料的制备与表征。如 NiS 纳米棒、MoS_2 纳米球、ZnS 纳米颗粒等。

（3）三元锂离子电池正极材料的制备与表征。如 $LiNi_xCo_yMn_zO_2$ 的掺杂改性、包覆改性等。

（4）复合锂离子电池正极材料的制备与表征。如 $LiFePO_4$ 与 $LiCoO_2$、$LiNi_xCo_yMn_zO_2$ 的复合。在选择相互复合的正极材料时，除了考虑组分材料的电化学性质匹配外，组分材料的微观形貌、粒径尺寸以及两相材料复合界面也会影响最终复合材料的性能。

四、实验要求

根据实验过程及实验数据的整理和分析结果，撰写实验报告，总结实验目的的达成情况。实验报告应含有如下内容。

（1）研究名称　实验研究的课题。

（2）研究目的　实验拟解决的科学或技术问题。

（3）选题依据　根据收集的文献资料，分析选题的研究情况，重点是要给出选择此种电极材料的理由。

（4）实验方案　根据选题提出详细的实验方案，给出实验流程图或详细的实验步骤。

（5）实验设计（步骤）　根据实验方案，撰写出详细、具有可操作性的实验步骤。

（6）实验过程　记录详细的实验操作过程。

（7）实验结果与分析　对得到的实验结果进行分析、归纳。如果实验结果未能符合预期目的，需分析出存在的问题及原因。

五、参考文献

[1] 宋怀河，杨树斌，陈晓红.影响锂离子电池高倍率充放电性能的因素 [J].电源技术-评论，2009，33（6）：443-448.

[2] 章颂云，宋怀河，陈晓红.中间相沥青炭微球的嵌锂模型 [J].电源技术，2002，26（3）：176-179.

[3] AHN S，KIM Y，KIM K J，et al. Development of high capacity，high rate lithium ion batteries utilizing metal fiber conductive additives [J]. J Power Sources，1999，81-82：896-901.

[4] ZAGHIB K，BROCHU F，GUERFI A，et al. Effect of particle size on lithium intercalationrates in natural graphite [J]. J Power Sources，2001，103（1）：140-146.

[5] SU F B，ZHAO X S，WANG Y，et al. Hollow carbon spheres with a controllable shell structure [J]. J Mater Chem，2006，16（45）：4413-4419.

[6] WANG Y，SU F B，LEE J Y，et al. Crystalline carbon hollow spheres，crystalline carbon-SnO_2 hollow spheres，and crystalline SnO_2 hollow spheres：Synthesis and performance inreversible Li-ion storage [J]. Chem of Mater，2006，18（5）：1347-1353.

[7] CHAN C K, ZHANG X F, CUI Y. High capacity Li ion battery anodes using Ge nanowires [J]. Nano Lett, 2008, 8 (1): 307-309.

[8] KIM H, CHO J. Hard templating synthesis of mesoporous and nanowire SnO_2 lithium battery anode materials [J]. J Mater Chem, 2008, 18 (7): 771-775.

[9] CHEN G, WANG Z Y, XIA D G. One-pot synthesis of carbon nanotube@SnO_2-Au coaxial nanocable for lithium-ion batteries with high rate capability [J]. Chem Mater, 2008, 20 (22): 6951-6956.

[10] LI Y G, TAN B, WU Y Y. Mesoporous CO_3O_4 nanowire arrays for lithium ion batteries with high capacity and rate capability [J]. NanoLett, 2008, 8 (1): 265-270.

[11] CHAN C K, PENG H L, LIU G, et al. High-performance lithium battery anodes using silicon nanowires [J]. Nat Nanotechnol, 2008, 3 (1): 31-35.

[12] NAGARAJAN G S, VAN ZEE J W, APOTNITZ R M. A mathematical model for intercalation electrode behavior. I. Effect of particle-size distribution on discharge capacity [J]. J Electrochem Soc, 1998, 145 (3): 771-779.

[13] Naoki Nitta, Feixiang Wu, Jung Tae Lee and Gleb Yushin, Li-ion battery materials: present and Future [J]. Materials Today, 2015, 18 (5): 252-264.

[14] Wu Y P, Rahm E, Holze R. Carbon anode materials for lithium ion batteries [J]. Journal of Power Sources, 2003, 114: 228-236.

[15] Zhang Wei-Jun. A review of the electrochemical performance of alloy anodes for lithium-ion batteries [J]. Journal of Power Sources, 2011, 196 (1) : 13-24.

[16] Zhao Yang, Li Xifei, Yan Bo, et al. Recent Developments and Understanding of Novel Mixed Transition - Metal Oxides as Anodes in Lithium Ion Batteries, Adv [J]. Energy Mater, 2016, 6: 1-19.

[17] Xu Xiaodong, Liu Wen, Kim Youngsik, Cho Jaephil. Nanostructured transition metal sulfides for lithium ion batteries: Progress and challenges [J]. Nano Today, Volume 9, 2014, 5: 604-630.

[18] Liu J, Banis M N, Sun Q, et al. Rational Design of Atomic-Layer-Deposited Li Fe PO_4 as a High-Performance Cathode for Lithium-Ion Batteries [J]. Advanced Materials, 2014, 26: 6472-6477.

[19] 黄可龙，王兆祥，刘素琴. 锂离子电池原理与关键技术 [M]. 北京：化学工业出版社，2007.

实验30 超级电容器的设计与性能改进

一、实验目的

1. 通过文献调研了解当前超级电容器的发展现状、存在的问题及解决问题的方向。

2. 根据影响超级电容器性能的因素，结合文献资料中了解的情况，设计出一种高能量密度、高功率密度、循环稳定性高、倍率性能突出的电极材料。

3. 针对提出的新材料，能够设计切实可行的实验方案，并成功制备此电极材料。

4. 利用设计制备的材料完成超级电容器的制作及测试，分析所设计材料的性能优劣及其机理。

二、创新实验背景

1. 超级电容器性能的影响因素

超级电容器主要是由正极、负极、离子电解液和导离子隔膜组的。每个组成部分均会对性能产生一定的影响，电极材料尤其是集流体表面的活性物质是其中最关键的因素之一，它的结构和特征决定着电容器的性能好坏，同时，电解液也是影响超级电容器性能的另一重要因素。

（1）电极表面活性材料的微观结构与形貌。对于双电层电容器，材料的比表面积、孔结构和孔尺寸对性能有很大影响，一个平滑的表面双电层电容只有 $10\sim20\mu F/cm^2$，而对于一比表面积 $1000m^2/g$ 的材料，其双电层电容可达到 100F/g。对赝电容超级电容器，离子的氧化还原反应主要发生在材料表面的一定深度内，因此材料的结构形貌也对其有着很大的影响。

（2）电极材料的电输运性能。无论是双电层型超级电容器还是赝电容型超级电容器，其工作原理都涉及离子的输运传输，因此电极材料的电输运性能至关重要。

（3）电解液的种类、工作电位窗口。电解液的种类需要和电极材料相匹配，为不同的电极活性物质提供氧化还原反应的条件。电容器的能量密度 $E=0.5CV^2$，因此，增大电容器的电位窗口是增大其能量密度的有效途径。水系电解液的电位窗口一般在 1.2V 左右，而有机电解液的电位窗口一般在 2.7～3.5V。

（4）导离子隔膜的性能。隔膜起到导通电解液中导电离子的作用，同时，防止两片电极物理接触，形成短路。电阻小、高孔隙率是隔膜的基本要求，另外，隔膜的选择透过性和稳定性也是重要的参数。

影响超级电容器性能的因素很多，但最重要、最亟待研发解决的还是电极材料。电容器的容量和电荷的储存机理有关，而电荷的储存机理又和电极材料直接相关。因此开发出高性能的电极材料是提高电容器性能最有效的办法。

2. 超级电容器电极材料的分类及目前发展状况

目前超级电容器电极材料可分类如下：碳材料、过渡金属氧族化物材料、导电聚合物、复合材料。

（1）碳材料　应用于超级电容器的碳材料有很多种，如石墨烯、碳纳米管、纤维碳、碳气凝胶和活性炭，以及其他衍生的碳材料。活性炭是一种双电层电极材料，活性炭在水系电解液中的比电容为 100～300F/g，在有机电解液中一般不超过 150F/g。活性炭的微孔结构对电容器的性能有重要影响，Largeot 指出，想要取得最高的双电层电容，离子大小与孔洞大小须相互匹配。另外，活性炭表面的官能团同时也会对电化学性能有重要影响，因为官能团影响了碳材料表面的润湿性。所以，设计一种具有集中孔径分布（电解液离子能够进入）、孔结构之间相互连接、孔深度较浅、表面化学性质可控的活性炭材料有助于提高其能量密度而不损害其高功率密度和循环寿命。石墨烯被发现以来，因其独特的性质，被广泛用于研究显示，在水系、有机系和离子液电解质中，石墨烯的比电容分别是 135F/g、99F/g 和 75F/g。其他种类碳材料超级电容器性能研究请参阅参考文献。

（2）过渡金属氧族化物材料　过渡金属氧族化物超级电容器电极材料一般包含过渡金属氧化物、过渡金属氢氧化物、过渡金属硫化物及过渡金属硒化物。

① 过渡金属氧化物：过渡金属氧化物材料有多种氧化态，使其拥有优越的电容性能，这是碳材料和导电聚合物材料所不能比的。过渡金属氧化物被用作超级电容器电极活性的材料可以被分为贵金属氧化物和非贵金属氧化物。贵金属氧化物如 RuO_2 和 IrO_2 都有很好的导电性和极佳的功率密度，然而它们高昂的成本和有可能对环境造成严重污染都限制了其在超级电容器电极材料领域的广泛应用。RuO_2 的理论比电容经测算可达 1300～2200F/g，Ru

通过使用膜模板合成工艺制备得到水合 RuO_2（$RuO_2 \cdot xH_2O$），其比电容高达 1300F/g，而且在 1000mV/s 充放电下显示出极好的循环性能。IrO_2 本身的相对分子质量过高，使其在质量比电容这个指标上不占优势，Chen 在多层碳纳米管上溅射 IrO_x 纳米箔，比电容可以提高到 370F/g。

就非贵金属氧化物而言，如 MnO_2、NiO、Fe_3O_4、ZnO、V_2O_5、TiO_2、SnO_2、Nb_2O_5、MoO_3、CuO、Cr_2O_3、Co_3O_4 等，它们出色的赝电容性能、实际应用的可能性、环境承受力和低廉的成本相对于贵金属氧化物都有极大的优势。其中 Mn、Ni、Co 氧化物研究较多，具体参阅参考文献 [1] 和参考文献 [10]。

② 过渡金属硫化物及过渡金属硒化物。对于超级电容器这种需要进行高倍率下充放电的装置，高导电性是必不可少的，过渡金属硫化物和硒化物相对氧化物有更窄的能隙，导电性相对更好，因此，过渡金属硫化物和硒化物也引起了人们的注意。已有很多期刊报道了过渡金属硫化物作为超级电容器电极材料的研究，有关过渡金属硒化物的报道相对较少。有关过渡金属硫硒化物的报道见参考文献。

（3）导电聚合物　导电聚合物具有高比电容、高电导率、合成简便和成本低等优点，成为一种重要的赝电容超级电容器电极材料。常见的导电聚合物材料有聚苯胺（PANI）、聚吡咯（PPy）、聚乙二烯噻吩（PEDOT）和它们的衍生物等。使用一步电聚合法制备的 PANI 纳米线阵列比电容是 950F/g，并且在 40A/g 时还能有 780F/g。有关导电聚合物的相关研究结果请参阅参考文献。

（4）复合材料　以上介绍了超级电容器用碳基材料、导电聚合物材料和过渡金属氧族化物材料。一般情况下，综合电化学性能优越的超级电容器电极材料基本都是由以上材料搭配而成的复合材料，这样能得到比较优越的综合电化学性能。常见的超级电容器复合电极材料有碳基-过渡金属氧族化物、碳基-导电聚合物、导电聚合物-过渡金属氧族化物、两种及多种碳基材料复合、两种及多种导电聚合物材料复合、两种及多种过渡金属氧族化物材料复合、碳基-导电聚合物-过渡金属氧族化物。

3. 提高超级电容器性能的思路

目前研究者们大量的工作也是在努力提高超级电容器的能量密度，目标是使其能达到 20～30W·h/kg。目前提高电容器能量密度的方法如图 30-1 所示，一是通过调节材料的微观结构及电导性能来提高其电容，二是通过选择合适的电解液和构建非对称电容器来增大电压，具体如下：

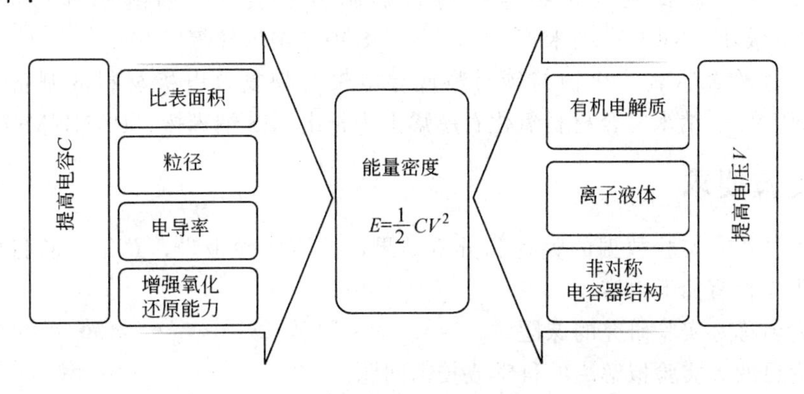

图 30-1　提高超级电容器能量密度的主要方法

（1）使用更高电容量的碳或者其他具有氧化还原性的材料；

（2）使用更高电压的混合单元配置和耐用的电解质（比如离子液体）；

（3）开发混合型电容器。混合型电容器，其实就是电容器的正负电极分别为两种不同的电极材料，这种电容器的设计是基于由一个电池型电极（法拉第或嵌入式金属氧化物）和一个双电层型电容器电极组成的电容器。

4. 电极材料选取原则

综上所述，电极材料是超级电容器最重要的部分，很大程度上影响了电容器的性能。电极材料应有良好的离子、电子电导率；适合离子嵌入的最佳空隙尺寸和分布；大的比表面积；长的循环寿命；对电解液要具有化学、电化学稳定性；要易形成双电子层电容或能提供大的活性物质负载面积且纯度要高。具体原则如下。

（1）电极材料与集电极、电解液良好的接触。

（2）电极材料稳定性高，可逆性好，循环寿命要长。

（3）电极材料比表面积大。

（4）高的离子及电子电导率。

（5）原料来源广泛、价格便宜、加工工艺简单。

（6）非对称型电容器电极选择一般还有如下要求：

① 选择大充放电倍率性能的法拉第和非法拉第电极；

② 选择的法拉第和非法拉第电极应让它们的电位要么接近工作电压窗口的最低点要么接近最高点，这将会使非对称电容器的工作电压和能量密度最大化；

③ 因为法拉第电极比非法拉第电极拥有更高的比容量，为了使两种电极匹配，应该通过平衡两电极活性物质的质量来弥补，这就需要我们使用厚的或致密的非法拉第电极。

三、实验课题

根据前文叙述，可以从下面选择一些课题进行研究，但并不限于这些课题，可以根据文献调研情况，自己提出研究课题，但要与老师讨论课题的可行性。

（1）过渡金属氧化物、氢氧化物电极材料的制备与表征。如各种形貌结构的 MnO_2、MnOOH、NiO、Ni（OH）$_2$ 等。

（2）过渡金属硫化物、硒化物电极材料的制备与性能表征。如 Ni_3S_2 纳米棒、Ni_3S_4 纳米片、MoS_2 纳米球、$MoSe_2$ 纳米片、多孔 $CoSe_2$ 等。

（3）多元过渡金属氧族化物电极材料的制备及表征。如纳米针形的 $NiCo_2O_4$、$CoMn_2O_4$ 中空微球、$NiCoS_2$ 纳米管、$Ni_xCo_{3-x}S$ 中空纳米柱等。

（4）多元过渡金属氧族化物与碳材料或导电聚合物复合电极材料的制备与表征。如 $NiCo_2O_4$/SWCNT、纳米复合材料氧化石墨烯上生长出 NiS 纳米棒、PANI/MnO_2 薄膜等。

四、实验要求

根据实验过程及实验数据的整理和分析结果，撰写实验报告，总结实验目的的达成情况。实验报告应含有如下内容。

（1）研究名称　实验研究的课题。

（2）研究目的　实验拟解决的科学或技术问题。

（3）选题依据　根据收集的文献资料，分析选题的研究情况，重点是要给出选择此种电极材料的理由。

（4）实验方案　根据选题提出详细的实验方案，给出实验流程图或详细的实验步骤。

（5）实验设计（步骤）　根据实验方案，撰写出详细、具有可操作性的实验步骤。

（6）实验过程　记录详细的实验操作过程。

（7）实验结果与分析　对得到的实验结果进行分析、归纳。如果实验结果未能符合预期目的，需分析存在的问题及原因。

五、参考文献

[1] Zhang Qifeng, Evan Uchaker, Stephanie L. Candelariaz, Guozhong Cao, Nanomaterials for energy conversion and storage [J]. Chem. Soc. Rev., 2013, 42: 3127-3171.

[2] Zhang LiLi, Zhao X S. Carbon-based materials as supercapacitor electrodes [J]. Chemical Society Reviews, 2009, 9: 2497-2812.

[3] Wang Guoping, Zhang Lei, Zhang Jiujun, A review of electrode materials for electrochemical supercapacitors [J]. Chem. Soc. Rev., 2012, 41: 797-828.

[4] Bose S, Kuila T, Mishra A K, et al. Carbon-based nanostructured materials and their composites as supercapacitor electrodes [J]. Journal of Materials Chemistry, 2012, 22: 767-784.

[5] Largeot C, Portet C, Chmiola J, et al. Relation between the ion size and pore size for an electric double-layer capacitor [J]. Journal of the American Chemical Society, 2008, 130: 2730-2731.

[6] Raymundo-Piñero E, Leroux F, Béguin F. A high - performance carbon for supercapacitors obtained by carbonization of a seaweed biopolymer [J]. Advanced Materials, 2006, 18: 1877-1882.

[7] Stoller M D, Park S, Zhu Y, et al. Graphene-based ultracapacitors [J]. Nano Letters, 2008, 8: 3498-3502.

[8] Zheng J P, Cygan P J, Jow T R. Hydrous ruthenium oxide as an electrode material for electrochemical capacitors [J]. Journal of the Electrochemical Society, 1995, 142: 2699-2703.

[9] Chen Y M, Cai J H, Huang Y S, et al. A nanostructured electrode of IrO_x foil on the carbon nanotubes for supercapacitors [J]. Nanotechnology, 2011, 22: 355708.

[10] Patrice Simon, Yury Gogotsi. Materials for electrochemical capacitors [J]. Nature Materials volume 7, 2008: 845-854.

[11] Jayaraman Theerthagiri, Karuppasamy K, Govindarajan Durai, et al. Recent Advances in Metal Chalcogenides (MX; X = S, Se) Nanostructures for Electrochemical Supercapacitor Applications: A Brief Review [J]. Nanomaterials 2018, 8 (4): 256.

[12] Wang K, Huang J, Wei Z. Conducting polyaniline nanowire arrays for high performance supercapacitors [J]. The Journal of Physical Chemistry C, 2010, 114: 8062-8067.

[13] Qiufeng Meng, Kefeng Cai, Yuanxun Chen, Lidong Chen. Research progress on conducting polymer based supercapacitor electrode materials [J]. Nano Energy, 2017, 36: 268-285.

五、参考文献